AF572903

REICHE ERNTE DURCH PROFESSIONELLE BESTÄUBUNG

Friedhelm Kemmeter

REICHE ERNTE DURCH PROFESSIONELLE BESTÄUBUNG

Praxisbuch für Imker, Landwirte und Gärtner

Inhalt

Vorwort

Jeder kennt es sicherlich – viele Ideen müssen erst reifen, und es bedarf eines Funkens, um sie letztlich zu zünden und auf den Weg zu bringen. Nach 15 Jahren Praxis in der Bestäubungsimkerei und damit einhergehend vielen Gesprächen mit Imkern und Landwirten wurde offensichtlich, dass es an deutscher Literatur zu diesem Thema fehlt. Mit jedem Vortrag, in sämtlichen Lehrgängen und Schulungen wurde dies noch deutlicher: Es muss ein Buch geschrieben werden.

Das Thema Bestäubungsimkerei spricht vor allem die Imker in unterschiedlicher Weise an. Die einen halten sie für überflüssig und sind der Meinung, allein durch das Vorhandensein der Bienen eine ausreichende Bestäubung zu ermöglichen. Die anderen erkennen, dass das übliche Aufstellen von Bienenvölkern nicht ausreicht, um dem Landwirt eine Ertragssicherheit zu gewährleisten. Sie wollen sich mit diesem Thema intensiver auseinandersetzen.

Den meisten Landwirten ist schon eher bewusst, dass ihre Ertragserfolge insbesondere im Obstbau in unmittelbarer Abhängigkeit zu einer funktionierenden Bestäubung stehen. Die sich verändernde Vorgehensweise in der Landwirtschaft, das Wagnis mit Sonderkulturen, aber auch neuartige Schadorganismen und -erreger bedeuten eine Verunsicherung und fordern ein schnelles Umdenken. Folientunnel und Unter-Glas-Anbau sind der neue Trend. Viele Landwirte wollen daher aktiv werden, fragen nach imkerlichen Dienstleistungen und entsprechender Literatur.

Mein Anspruch an solch eine Fachliteratur ist, sowohl Imker als auch Landwirte anzusprechen und die Praxis mit der notwendigen Theorie zu verbinden, ähnlich wie es Ley Hensels in niederländischer Sprache mit seinem Praxisbuch getan hat.

Ohne Mithilfe wäre dieses Buch nicht so vollständig und mit diesem Themenspektrum ausgestattet, wie es nun vorliegt. Daher danke ich allen, die mich mit Anregungen und Bildmaterial unterstützt haben. Hervorheben möchte ich hierbei Dr. Jürgen Lorenz, der mit seiner Einschätzung zur Entwicklung im Obstbau wesentlich zu diesem Themenkomplex beigetragen hat. Besonders bedanken möchte ich mich bei meiner Frau Karin Fuchs, die geduldig meine Entwürfe gelesen und bearbeitet hat.

Zu guter Letzt hoffe ich, dass der Leser dieselbe Freude beim Lesen hat wie ich beim Schreiben.

Reiche Ernte durch gezielte Bestäubung – Ein Blick zurück

Genius im Palast von Ashurnasirpal II, ca. 883–859 v. Chr.

Honig und Wachs sind seit der Frühsteinzeit wichtige vom Menschen genutzte Bienenprodukte. Einer der ältesten Belege hierfür findet sich in den Cuevas de La Araña, einer Gruppe von Höhlen in der Nähe von Valencia, Spanien. Dort ist eine circa 6000–10.000 Jahre alte Höhlenzeichnung zu sehen, auf der eine Honigsammlerin bei der Honigernte abgebildet ist.

Wenig belegt ist der weit bedeutendere Nutzen von Insekten, insbesondere der Bienen, zur Steigerung des Ernteertrags. Ein Grund hierfür kann mangelnde Kenntnis der Zusammenhänge einer Blüte, von deren Bestäubung und Befruchtung und des dann folgenden Fruchtertrages sein. Zudem war die Notwendigkeit, sich mit diesem Thema zu befassen, wahrscheinlich nicht gegeben, da es in vielen bäuerlichen Haushalten üblich war, Bienen für den Eigenbedarf an Honig und Wachs zu halten. Somit waren zugleich ausreichend Bestäuber vorhanden.

Eines der ältesten Zeugnisse einer gezielten Bestäubung bzw. Befruchtung ist auf einem rund 3000 Jahre alten assyrischen Steinrelief zu finden (Abb. oben links). Dargestellt wird die künstliche Bestäubung der heiligen Dattelpalme durch einen geflügelten Genius im Palast von König Ashurnasirpal II.

Erst sehr viel später gibt es Hinweise, dass auch die Bestäubungsleistungen von Insekten als wichtig erachtet wurden. Ein Bild aus dem 15. Jahrhundert zeigt eine Person in Imkerkleidung, die eine übergroße Bohnenhülse in der Hand hält. Im Hintergrund befinden sich mehrere Bienenvölker (Abb. oben rechts). Interpretieren lässt sich diese symbolische Darstellung in dreifacher Weise: Wenn Bienenvölker in der Nähe von Kulturpflanzen stehen, ist die Erntemenge (Hülsenanzahl) deutlich erhöht. Die Fruchtqualität (Hülsengröße) wird gesteigert. Und letztendlich liegt der Ernteerfolg in der Hand des Imkers.

Rudolf Jacob Camerarius, Botaniker und Professor für Medizin (1665–1721), erbrachte in seiner 1694 erschienenen Veröffentlichung „De sexu plantarum epistola“ den Nachweis, dass reife Samen nur dann gebildet werden, wenn die Pflanzen-Narben durch Pollen bestäubt werden. Daraus folgerte er, dass Pflanzen sich sexuell fortpflanzen.

Dieses Thema griff der deutsche Botanikprofessor **Joseph Gottlieb Kölreuter** (1733–1806) auf und bestätigte durch zahlreiche Kreuzungsversuche die Sexualität der Pflanzen. Auch bewies er durch die Herstellung von Bastarden die effektive Rolle des Pollens als Überträger von Eigenschaften der Vaterpflanze.

In seinem Buch „Vorläufige Nachrichten von einigen das Geschlecht der Pflanzen betreffenden Versuchen und Beobachtungen" unterschied er drei Möglichkeiten der Bestäubung:

- „Ohne fremde oder äußerliche Beyhülfe",
- „Durch den Wind ...",
- „Durch Insekten beim Nektarsaugen an den Blüten".

Damit stellte er als erster Wissenschaftler die bedeutende Rolle von Insekten zur Bestäubung von Blütenpflanzen als wichtig heraus.

Ernteerfolg in imkerlicher Hand.

„Die Blumenwelt hat sich in ihrer Entwicklung nicht für den Menschen so herausgeputzt, sondern für ihre Bestäuber." Pflanze und Insekt – beide profitieren voneinander, beide passen sich in ihrer Entwicklung (Co-Evolution) einander an. Diesen Zusammenhang stellte erstmals **Christian Konrad Sprengel** (1750–1816), ein Gymnasialdirektor in Berlin, 1793 in der wissenschaftlichen Publikation „Das entdeckte Geheimnis der Natur im Bau und der Befruchtung der Blumen" fest. Zitat: „Drittens haben die meisten Zwitterblumen eine solche Struktur, daß sie, auch im vollkommensten Zustande ihrer Geschlechtsteile, schlechterdings nicht anders befruchtet werden können, also von den Bienen und anderen Insekten. Dieses werde ich in der Folge durch so viele Beyspiele, und auf eine solche Art beweisen, daß auch der hartnäckigste Zweifler nicht ferner daran wird zweifeln können" (1). Mit seinen Erkenntnissen gilt Sprengel als Begründer der Blütenökologie.

In einem weiteren Buch – „Die Nützlichkeit der Bienen und die Notwendigkeit der Bienenzucht, von einer neuen Seite dargestellt" aus dem Jahr 1811 – geht Sprengel auf die Notwendigkeit ein, landwirtschaftlichen Anbau mit Bienenzucht zu kombinieren, um so den Ernteertrag zu sichern beziehungsweise ihn zu steigern, also das volle Potenzial zu nutzen. Zitat am Beispiel Buchweizen: „... denn eben deswegen, weil die Blumen nur eine kurze Zeit geblühet haben, konnten nicht alle Blumen von den Bienen, und, da der Bienen nur sehr wenige waren, nur die allerwenigsten von denselben besucht und befruchtet werden ..." (2).

Etwa 50 Jahre nach Sprengels Tod machte der bekannte englische Gelehrte **Charles Robert Darwin** auf die wissenschaftliche Bedeutung des Buches aufmerksam. Neben seinen berühmten Forschungen zur Evolution der Arten führte er in Anlehnung an die Beschreibungen von Sprengel erfolgreich Kreuzungsversuche an Orchideen durch. In seiner 1862 erschienenen

Erstausgabe „Die verschiedenen Einrichtungen durch welche Orchideen von Insekten befruchtet werden“ vertiefte er die Beobachtungen von Christian Konrad Sprengel.

Bei seinen Forschungen bekam er auch eine neu entdeckte und in England kultivierte madagassische Orchidee, *Angraecum sesquipedale*, auch Stern von Madagaskar genannt, zu sehen. Diese nachts stark duftende Pflanze hat als Besonderheit einen bis zu 40 cm langen Sporn, an dessen Ende sich der Nektar befindet. Charles Darwin postulierte, dass es für diese Orchideenart mit Sicherheit einen spezialisierten Bestäuber geben müsse. Er nahm an, dass es sich um einen Nachtschwärmer mit einem entsprechend langen Rüssel handle. Erst 1903 wurde der Nachtschwärmer *Xanthopan morgani praedicta* beschrieben und noch viel später, nämlich 1997, konnte das Bestäubungsverhalten fotografisch dokumentiert werden.

Anders als Gottlieb Kölreuter führte der Priester und Abt **Gregor Mendel** (1822–1884) Kreuzungsversuche mit reinerbigen Pflanzenarten durch. Er stellte fest, dass durch gezielte Fremdbestäubung von Pflanzen deren Eigenschaften miteinander kombinierbar sind. Außerdem fand er heraus, dass durch gezielte Auslese explizit die gewünschten Eigenschaften selektiert und weiter vermehrt werden können. Mit seinen Publikationen zur Vererbungslehre aus dem Jahr 1866 ebnete er den Weg zur modernen Pflanzenzucht.

Hummelvölker in Zucht zu nehmen, wurde aus wissenschaftlichem Interesse bereits zu Beginn des 20. Jahrhunderts begonnen. In den darauf folgenden 60 Jahren gelang es, Hummelvölker einen kompletten Entwicklungszyklus lang unter künstlichen Bedingungen zu halten. Besonders eine Zucht der Dunklen Erdhummel *Bombus terrestris* erwies sich als stabil reproduzierbar.

Der Beginn der kommerziellen Hummelzucht geht auf die Entdeckung des belgischen Tierarztes **Roland De Jonghe** zurück. 1985 setzte er ein Hummelvolk in einem Gewächshaus ein, in dem Tomaten angebaut wurden. Er beobachtete, dass das Hummelvolk keine wesentlichen Beeinträchtigungen durch die künstliche Gewächshausumgebung erfuhr. Wichtiger jedoch war die weitere Beobachtung der überaus erfolgreichen Bestäubung der Tomatenblüten. Zudem waren die hieraus hervorgegangenen Früchte qualitativ hochwertiger. Diese Entdeckung war eine Sensation, denn bisher musste jede einzelne Blüte der sich selbst bestäubenden Tomatenpflanze durch ein Vibrationsgerät in Schwingung gebracht werden, damit die Antheren (die Staubbeutel) aufplatzten und der Pollen auf die Narbe fiel.

1987 gründete De Jonghe die Firma Biobest mit dem Ziel, gezüchtete Hummelvölker zur kommerziellen Bestäubung zu vermarkten. Nach nun rund 30 Jahren werden heute weltweit jährlich mehr als 1,5 Mio. Hummelvölker zu Bestäubungszwecken eingesetzt.

Heute beträgt der ökonomische Wert beziehungsweise Mehrwert der gesamten Bestäubungsleistung an Kulturpflanzen weltweit etwa 200 Mrd. Euro, in Deutschland circa 1,2 Mrd. Euro. Der ökonomische Wert der Bestäubungsleistung von Honigbienen wird heutzutage um das 10- bis 15fache höher bewertet als die gesamten produzierten Bienenprodukte (3). Nicht umsonst stehen die Bienen an dritter Stelle der landwirtschaftlichen Nutztiere (nach Rind und Schwein).

Veränderungen in Landwirtschaft und Natur

Leben bedeutet ständige Anpassung und Wandel. Dabei laufen Veränderungen meist kontinuierlich und schleichend ab – oder aber plötzlich mit einem klaren Schnitt und den damit verbundenen Verwerfungen. Auch die Landwirtschaft unterliegt diesem System und verändert sich stetig. Die Ursachen für betriebliche Entscheidungen können vielfältig sein, Auswirkungen von Entscheidungen dabei auch auf das Umfeld eine weite Strahlkraft haben. Es ist an dieser Stelle nicht möglich, eine umfassende Entwicklungsgeschichte darzustellen. Dennoch sollen einzelne Aspekte genannt werden, um deutlich zu machen, warum die Landwirtschaft ihr heutiges Bild zeigt.

PRODUKTIONSFAKTOREN Neben der Arbeitskraft ist der Faktor Boden das wichtigste Gut in der landwirtschaftlichen Urproduktion. Durch andere Nutzungsformen wie Baugebiete, Straßenbau und sonstige Flächennutzung werden der landwirtschaftlichen Nutzung kontinuierlich Flächen entzogen. Boden ist daher ein abnehmendes Gut, denn er ist nicht vermehrbar. Man kann davon ausgehen, dass jeder Landwirt bestrebt ist, die Qualität und Leistungsfähigkeit seines Bodens möglichst zu erhalten oder gar zu verbessern, um diesen Produktionsfaktor gut an die Nachkommen zu übergeben. Den Sinnspruch vor Augen „Wir haben die Erde nur geliehen!“ wird eine entsprechende Sensibilität vorausgesetzt.

RENTABILITÄT Wirtschaftende Betriebe müssen sich immer an aktuelle Rahmenbedingungen anpassen, wenn sie denn erfolgreich sein und langfristig bestehen wollen. Verkauft werden können nur Produkte, die am Markt nachgefragt werden und im Preis konkurrenzfähig sind oder dem Kunden einen besonderen Mehrwert bieten. Auch die heimische Landwirtschaft ist einem globalen Markt ausgesetzt und konkurriert bei vielen Produkten weltweit. Dem Handel, aber auch dem Verbraucher ist es häufig egal, woher das Lebensmittel kommt, wenn denn der Preis günstig ist. Für den Produzenten kann das aber bedeuten, dass eine Kultur unter den aktuellen Marktbedingungen in Deutschland nicht mehr angebaut werden kann.

Landwirtschaftliche Betriebe sind in Deutschland in der Regel Familienbetriebe, die zum Leben ein entsprechendes Einkommen erwirtschaften müssen. Dazu ist eine gewisse Größe und Flächenausstattung oder aber die Kultur von Erzeugnissen mit einem hohen Deckungsbeitrag und optimaler Vermarktungsmöglichkeit erforderlich. Entsprechend wuchsen die Betriebe in den letzten Jahren kontinuierlich. Bleibende Betriebe übernahmen die Flächen der Betriebe, die aufgegeben wurden. Als Beispiel sei der Obstbau in Rheinland-Pfalz, einem typischen Gebiet mit Realteilung in der Erbfolge, aufgezeigt. Lag beispielsweise die Baumobstfläche je Betrieb im Jahr 1987 im Mittel bei 1,3 ha, war der Wert 2017 im Mittel bereits bei

7,2 ha angelangt (Statistisches Landesamt RLP). Entsprechend reduzierte sich die Anzahl der Betriebe im Land um circa 80 %. In anderen Bundesländern gibt es ähnliche Tendenzen.

Mit zunehmender Industrialisierung insbesondere im 20. Jahrhundert hat sich auch die Landwirtschaft in Deutschland verändert. Neben der erforderlichen Erhöhung der Einkünfte in Konkurrenz zur Arbeit im Gewerbe fand neben einer Mechanisierung meist auch eine Spezialisierung der landwirtschaftlichen Betriebe in Viehhaltung, Ackerbau oder Sonderkulturen statt.

QUALITÄTSSICHERUNG Heute unterliegen alle Lebensmittelproduzenten einem Qualitätssicherungssystem oder anderen Zertifizierungen, wie z. B. Öko-Anbau. Durch Qualitätssicherung sollen Risiken in der Produktion möglichst ausgeschlossen, hohe einheitliche Standards erfüllt und garantiert werden. In der Konsequenz gelten heimische Produkte im Lebensmitteleinzelhandel als sehr sicher. Da der Kontrollaufwand jedoch hoch ist und finanziert werden muss, stehen Aufwand und Ertrag bei kleineren Betrieben oftmals nicht im gesunden Verhältnis. Die Konsequenz ist dann insbesondere im Generationswechsel eine Produktionsaufgabe. Auch dies führt zu einer weiteren Konzentration und größeren Betrieben. Die Alternative „Direktvermarktung" von Obst und Gemüse kann einzelbetrieblich sinnvoll sein, ist im gesamten Anbau aber nur als eine Nische zu sehen. Die hier abfließenden Mengen liegen im unteren einstelligen Prozentbereich des produzierten Angebots und sind in Schwerpunktregionen des Anbaus nur sehr begrenzt umzusetzen.

Insbesondere Obst und Gemüse soll über einen langen Zeitraum verfügbar sein, darf weder Fehler noch Rückstände von Pestiziden haben und muss beim Kunden lange halten. Diese Forderungen können oftmals nur mit einer geschützten Kultur, also einem Anbau in Gewächshaus oder Folientunnel, erfüllt werden. Diese Anbauform hat auf vielen Ebenen Vorteile, insbesondere die Qualität der Produkte ist in der Regel besser. Der Infektionsdruck durch Pilze ist ohne Regeneinfluss deutlich geringer; das spart direkt verschiedene Pflanzenschutzmitteleinsätze und trägt zu geringeren Rückstandswerten im Ernteprodukt bei. Die Düngung kann perfekt gesteuert werden und minimiert die Auswaschung von Nährstoffen in Boden und Grundwasser. Die Früchte bleiben sauber und gesund. Das Mikroklima im geschützten Bereich sorgt für eine frühere Ernte, um beispielsweise Erdbeeren bereits Anfang Mai aus heimischer Produktion anbieten zu können. Die Ernte kann witterungsunabhängig stattfinden und dadurch Lieferverpflichtungen eingehalten werden. Die geschützten Kulturen sind allerdings für natürlich vorkommende Bestäuberinsekten weniger attraktiv, so dass hier gezielt mit einem passenden Konzept bestäubt werden muss. Dieser Anbau ist aufwendig und teuer, wird vom Konsumenten durch sein Handeln aber gefordert.

AUSWIRKUNGEN AUF DIE NATUR Hohe Löhne und niedrige Preise führen zu einer Steigerung der Mechanisierung und damit verbunden größeren Bewirtschaftungseinheiten. Flurbereinigungsverfahren schaffen einheitliche und effektiv nutzbare Flächen. Der Anteil an Saumstruktur wird dadurch reduziert. Unrentable Flächen geringer Güte werden nicht mehr genutzt, verbrachen und verarmen langfristig in ihrer Artenvielfalt. Die früher allein durch die Vielzahl der Bewirtschafter typische und intensive Mosaikpflege der Landschaft ist vielfach verloren, Rückzugsbereiche fehlen. Nach täglichem Bedarf genutzte Futterflächen für die Versorgung der Tiere im Betrieb sind mit Aufgabe der Viehhaltung in vielen Betrieben weggefallen. Damit fehlt das artenreiche Grünland, Kleegras oder Luzerne in der Flächennutzung zahlreicher Regionen. Typische Kulturen im Ackerbau sind heute Getreide, Mais, Raps und teilweise Zuckerrüben, letztere stark abnehmend, weil im Weltmarkt nicht konkurrenzfähig.

Für Insekten nicht ausreichend: Blühstrukturen nur im Randbereich, zudem auf das Frühjahr begrenzt.

Agrarförderprogramme geben in der Regel früheste oder späteste Mahdtermine vor. In der Folge wird zu einem Termin eine ganze Landschaft durch das Mähen extrem verändert. Auch hier fehlt ein natürliches Nutzungsmosaik, das für eine kontinuierliche Nahrungsversorgung von Insekten und anderen Tieren wichtig wäre. Den Landwirt trifft hier keine Schuld; er arbeitet regelkonform und hält sich an die Vorgaben des Gesetzgebers. Da viele Lebewesen sich seit Jahrhunderten an eine Bewirtschaftung von Naturraum angepasst haben beziehungsweise gerade durch die Bewirtschaftung geeignete Habitate für diese Tiere geschaffen werden, nimmt eine Nutzungsaufgabe diesen Tieren den erforderlichen Lebensraum. Fest steht: Natur ist ständige Veränderung und lässt sich nicht konservieren.

MASSNAHMEN UND KONSEQUENZEN FÜR IMKER

Durch die Veränderungen in der Landnutzung sowie die fehlenden Nutzungsmosaike mit unterschiedlichen Entwicklungsstadien ist eine kontinuierliche Tracht nicht immer gegeben. Im landwirtschaftlich genutzten Bereich der Landschaft wechseln sich Phasen mit einem sehr üppigen Trachtangebot durch Raps, Obstblüte oder Sonnenblume mit Phasen ohne auskömmliche Trachten ab. Immer öfter bekommt das traditionelle Trachtfließband Lücken. Der Klimawandel mit trocken-heißen Phasen oder Extremniederschlägen schafft zusätzliche Lücken, da auch Trachtquellen wie Linde oder Robinie unter Umständen keinen Nektar bilden. Inwieweit Nadelwald als Tracht bei Klimaextremen in Frage kommen kann, wird sich rückblickend zeigen. Auch der öffentliche Raum, wie z. B. kommunale Flächen oder Straßenbegleitgrün, könnten zur Tracht für zahlreiche Insekten beitragen, wenn die Nutzungskonzepte angepasst werden. Hierzu hat die FLL (Forschungsgesellschaft Landschaftsentwicklung Landschaftsbau e. V.) 2020 einen „Fachbericht Bienenweide" veröffentlicht. Insgesamt fehlt eine Trachtkontinuität durch großflächige, schnelle und umfangreiche Nutzung der landwirtschaftlichen Flächen wie oben beschrieben.

Auf der einen Seite besteht für zu bestäubende Kulturen wie Raps, Obst, Sonnenblume ein Bedarf an Bestäubern in großer Zahl, auf der anderen Seite arbeiten nur etwa 2 % der Imker als Berufsimker und maximal 7 % als Nebenerwerbsimker mit größeren Völkerzahlen. Hobbyimker halten im Schnitt acht Bienenvölker. Damit könnte ein Hobbyimker etwa 2 ha Süßkirsche bestäuben. Entsprechend müssten größere Betriebe mit fünf bis zehn Imkern mit den unterschiedlichsten Bedürfnissen auf einem Obstbaubetrieb zusammenarbeiten. Das macht ein professionelles Arbeiten auf Augenhöhe nicht einfach. Ein Ausweg kann die Dienstleistung des Bestäubungsimkers sein, der die Bedürfnisse des Landnutzers kennt und als erster Ansprechpartner entsprechend reagieren kann. Denkbar ist dabei natürlich auch, in Zusammenarbeit mit Hobbyimkern deren Bienenvölker in die Bestäubungsleistung zu integrieren.

MASSNAHMEN UND KONSEQUENZEN FÜR DEN LANDWIRT

Ein Ziel der Landwirtschaft ist überwiegend die Lebensmittelversorgung der Bevölkerung durch die sogenannte Urproduktion. Verarbeiter und Verbraucher erwarten saubere und sichere Produkte in einer hohen und einheitlichen Qualität. Diese lässt sich in der Regel

durch eine gute Kulturführung erzeugen. Gesetzliche Vorgaben definieren den zulässigen Aktionsspielraum. Zusätzlich erheben Handel und andere Akteursgruppen Forderungen, was sie vom Landbewirtschafter erwarten. Diese Erwartungen sind unter fachlichen Aspekten oftmals nicht nachhaltig und tragen so nicht zwingend zu einer Verbesserung der Situation bei. Zwei Beispiele machen die Konflikte deutlich. Gerade in den Dauerkulturen Baumobst und Weinbau könnten sehr große Flächenanteile in Form von blühenden Fahrgassen Trachtangebot liefern. Im Obstbau lässt dies die Bienenschutzverordnung nicht zu, da in seltenen Fällen die Notwendigkeit bestehen kann, ein als bienengefährlich eingestuftes Pflanzenschutzmittel einsetzen zu müssen. Im Weinbau ist dies in der Regel nicht nötig, da es weniger relevante Schadinsekten gibt und diese in geschlossenen Anbaugebieten mit Duftstoffen verwirrt werden können. Nun monieren einzelne Imker, dass im Pollenbrot minimale, aber nachweisbare Rückstände von zugelassenen und als bienenungefährlich geltenden Stoffen wie beispielsweise Fungizide gefunden werden und dies aus ihrer Sicht nicht sein dürfe. Die Konsequenzen sind klar und nachvollziehbar: Wenn bei den Imkern trotz Einhaltung aller gesetzlicher Vorgaben durch die Winzer eine Null-Toleranz besteht, reagiert der Flächennutzer, indem die Rebgassen mit Gras statt mit blühenden Strukturen eingesät werden. Wir reden in Deutschland von einer Rebfläche von circa 100.000 ha, die ein Nahrungsangebot für zahlreiche Insekten liefern könnte. Dieses Beispiel zeigt, dass durch eine offene und konstruktive Diskussion und Akzeptanz der Bedürfnisse aller Flächennutzer sehr viel zum allseitigen Nutzen optimiert werden kann. Diese Veröffentlichung will einen Beitrag dazu leisten.

Neben der Qualität der Produkte muss immer auch die Marktnachfrage und Wirtschaftlichkeit für die erzeugten Produkte gegeben sein. Märkte können teilweise geschaffen werden. Kaum ein Landwirt wird sich einer auskömmlichen Kultur verschließen, wenn diese in seinen Anbauplan passt.

Als letzter Punkt sei der gesellschaftliche Aspekt erwähnt. Sofern Leistungen von Landwirten eine hohe gesellschaftliche Relevanz haben, wäre diese auskömmlich zu honorieren. Der Flächennutzer wäre in diesem Fall Dienstleister für die Gesellschaft.

Als Bestäubungsimker steht man in engem Kontakt zu den anfragenden Landnutzern. Auf beiden Seiten geht es um Bedürfnisse für die jeweilige Kultur. Hier ist der Imker Dienstleister. Bei einem kollegialen Verhältnis ist mancher Landnutzer sicher nach seinen Möglichkeiten bereit, an Lösungen zur Verbesserung des Trachtangebots außerhalb der zu bestäubenden Kultur beizutragen. Gemeinsame Lösungen erscheinen immer besser als einseitige Forderungen.

UMSETZUNG NATURSCHUTZRECHTLICHER VORGABEN

Auch hier wird es nicht gelingen, den Sachverhalt umfassend darzustellen. Zu vielfältig und umfangreich ist das Thema. Möglicherweise wird dieser Punkt sogar die stärkste Diskussion verursachen, da die Autoren einzelne Punkte herausgreifen und andere unberücksichtigt lassen müssen. Jede Entscheidung birgt Vor- und Nachteile. Jedes Handeln zeigt Vorzüge und verursacht Schäden. Manchmal kann eine Störung auch von Vorteil sein. Es gilt daher immer unvoreingenommen abzuwägen, welche Auswirkungen das jeweilige Handeln hat, und nach deren Bewertung bestmöglich zu entscheiden.

Unstrittig ist, dass der Umgang mit der Natur so schonend wie möglich stattfinden soll. Landnutzung bedeutet aber immer auch einen Eingriff in ein sich entwickelndes System. Durch die Eingriffe kann ein Zustand erhalten werden, der durch natürliche Sukzession wegfallen würde. Mit der Sukzession verschwinden die Arten, die auf den bisherigen Lebensraum angewiesen sind. Andere Arten können die entstehende Nische besetzen, die angestammten Arten verschwinden, werden aber wieder auftreten, wenn der Lebensraum ihren Bedürfnissen entspricht. Natur hat eine hohe natürliche Resilienz.

Aus diesem Grund sollte Naturschutz nicht dogmatisch gesehen werden. Wenn Lebensraum geeignet ist, wird dieser genutzt werden. Jede Art hat ihre Nische, durch landwirtschaftliche Kulturführung können wir Nischen schaffen, aber auch zerstören. Der Erwerbsobstbau zeigt als Dauerkultur mit gleichzeitig bestehenden unterschiedlichsten Strukturen auf einer Fläche eine hohe Biodiversität und damit auch eine gute Ökosystemdienstleistung. Häufig finden sich seltene Arten auf den Flächen. Die Empfehlung lautet dann, die Bewirtschaftung genauso weiterzuführen wie bisher, da die betreffenden Arten genau diesen Lebensraum benötigen. Jede Veränderung würde zum Verlust dieser Arten führen.

ARBEITEN IN DER RECHTLICHEN GRAUZONE

Das Bundesnaturschutzgesetz regelt den Umgang mit Natur und Landschaft. Es regelt unter anderem den Umgang mit wild lebenden Tieren, lässt aber ausdrücklich eine landwirtschaftliche Nutzung von Flächen, die bisher genutzt wurden, als unschädlich zu (§14 (2)). §39 (1) BNatSchG definiert den Umgang mit Wildtieren: „Es ist verboten, wild lebende Tiere mutwillig zu beunruhigen, ohne vernünftigen Grund zu fangen, zu verletzen oder zu töten." Die Aussage ist klar und eindeutig, gleichwohl bietet jeder Gesetzestext Spielraum für Interpretation. Wild lebende Tiere sind zu schützen. Mit einem vernünftigen Grund dürfen sie gefangen und sogar getötet werden.

Hier geht es natürlich nicht um das Töten von Tieren, sondern um den Einsatz wilder Tiere als Bestäuber in landwirtschaftlichen Kulturen. Bei Honigbienen ist es einfach. Das sind Kulturvölker, die ohne die Pflege des Imkers nicht (mehr) dauerhaft überleben könnten. Bei Hummeln wird es schon schwieriger. Zu Bestäubungszwecken kann man komplette Völker in großer Zahl käuflich erwerben. Hummeln kommen auch in der Natur vor. Die kommerziellen Völker sind allesamt aus Vermehrungslinien der Züchter entstanden. Also auch keine klassischen Wildtiere. Zuchtlinien sind alleine wegen der erforderlichen Vitalität möglichst gesund und frei von Parasiten gehalten. Jedes Einbringen von wilden Tieren würde eine Gefahr von Krankheiten für die Zuchtstämme bedeuten, was in der Zucht natürlich vermieden werden soll. Da die abgegebenen Völker zum Ende ihrer Entwicklung auch Königinnen produzieren, können diese in die Natur gelangen und im Folgejahr eigene Völker aufbauen. Hier wird teilweise eine Gefahr gesehen, dass die *Bombus-terrestris*-Jungköniginnen aus den kommerziellen Völkern bei Auswilderung natürlich vorhandene Bestände verdrängen könnten, weil sie einen begrenzten Lebensraum besetzen. Dazu sollte man wissen, dass nur wenige Jungköniginnen den Winter überleben und im Frühjahr ein eigenes Volk aufbauen können. Zum anderen diskutieren wir über einen Insektenrückgang in der Natur. Durch die Jungköniginnen können wir gezielt Insekten auswildern und den Rückgang etwas abmildern. Dabei wäre in Kauf zu nehmen, dass vitale Tiere einer heimischen Art die Natur bereichern.

Schwieriger wird es bei den zur Bestäubung eingesetzten Mauerbienen *Osmia cornuta* und *Osmia bicornis*. Beide Arten sind ubiquitär in Deutschland vorkommend und gelten als heimisch. Sie eignen sich sehr gut als Bestäuber im Obstbau, da sie leicht zu vermehren sind, mit einer Generation im Jahr vorkommen und genau zur Obstblüte von Stein- und Kernobst ihren Aktivitätsschwerpunkt haben. Sie sind gut zu managen, da der Schlupfzeitpunkt durch Lagerung der Kokons bei niedrigen Temperaturen unschädlich beeinflusst werden kann. Die Art ist züchterisch nicht bearbeitet, von daher sind sie als Wildtiere anzusehen. Dürfen wir die Nachkommen aus den gezielt in die Obstanlage ausgebrachten Nisthilfen der Natur entnehmen und zu Bestäubungszwecken wieder aussetzen? Mauerbienenkokons werden von Züchtern zum Kauf angeboten. Das ist möglich, wenn eine Genehmigung dazu vorliegt. Die Entscheidung trifft individuell die zuständige Naturschutzbehörde.

Zu diskutieren wäre, inwieweit ein Einsatz, eine Vermehrung und das Managen der gewonnenen Mauerbienenkokons zu Bestäubungszwecken zulässig oder aber strafbewehrt ist. Die Einschätzungen der Naturschutzbehörden sind diesbezüglich sehr unterschiedlich von grundsätzlich ablehnend bis akzeptierend, da die Art nicht aus der Natur entnommen wird, sondern durch die Nistangebote vermehrt und in der Fläche verbreitet wird. Tatsächlich sind alle Entscheidungen diesbezüglich Einzelfallentscheidungen. Eine eindeutige Regelung wäre wünschenswert.

BESTÄUBUNGSDIENSTLEISTUNGEN BENÖTIGEN FACHKUNDIGES PERSONAL

Eine Bestäubungsdienstleistung ist mehr als einfach nur Bienenvölker an den Rand einer Pflanzung zu stellen. Durch die Dienstleistung soll der Fruchtertrag der zu bestäubenden Kultur möglichst perfekt gewährleistet werden. Dies unabhängig von der Blütezeit und dem Kulturverfahren im Anbau. Hier macht es einen Unterschied, ob es sich um eine Freilandkultur oder geschützten Anbau handelt. Ob die Blüte bereits vor der eigentlichen Aktivitätszeit der Insekten zu bestäuben ist und die Völker speziell darauf vorbereitet werden müssen. Es stellt sich die Frage, welche Insekten für diese Kultur geeignet sind und ob besser eine Kombination verschiedener Arten eingesetzt werden sollte. Die geeignete Zahl der Völker ist zu bestimmen, um den Erfolg zu gewährleisten, die Kosten aber zu minimieren. Letztendlich geht es auch um Tierschutz, da durch einen fachgerechten Einsatz Tierverluste reduziert werden können. Die Vereinigung der Bestäubungsimker in Deutschland e. V. bietet regelmäßig Ausbildungen und Weiterbildungen zum Thema an. Ohne entsprechende Kenntnisse können schnell Enttäuschung und Überforderung Raum greifen.

WICHTIGES GRUNDLAGEN-WISSEN

Bestäubungsinsekten in der Landwirtschaft

Es wird gemeinhin angenommen, dass die Bestäubung von Blütenpflanzen in Abhängigkeit der Art durch Insekten, Vögel oder Wind erfolgt. Dies mag für Mitteleuropa zutreffen, für andere Kontinente zeigt sich, dass nahezu alle Tierarten an der Bestäubung von Blütenpflanzen beteiligt sind.

In Mitteleuropa gelten Insekten als die Hauptbestäuber. In den letzten Jahren beobachtet man jedoch eine deutliche Abnahme der Insekten in der Landschaft, so dass allgemein von einem Insektensterben gesprochen wird. Über die zugrundeliegenden Ursachen wird diskutiert, vermutlich sind sie multikausal und lassen sich nicht auf einen Aspekt reduzieren. Eine natürliche Bestäubung von weitläufigen Flächenkulturen, die auf Insektenbestäubung angewiesen sind, erscheint kaum mehr möglich. Für die landwirtschaftliche Produktion, insbesondere im Obstbau, ist ein hoher Befruchtungserfolg aber ein wichtiger Aspekt für die Wirtschaftlichkeit.

Neben der Ertragssicherheit soll die Ernte zudem hohe Qualitätsmerkmale erfüllen wie z. B. ansprechende Fruchtform, geeignetes Zucker-Säure-Verhältnis und gute Lagerfähigkeit. Durch einen möglichst einheitlichen Reifezeitpunkt können die Erntekosten reduziert werden, eventuell notwendige Behandlungsmaßnahmen der Kulturen sind früher möglich. Um diesen Zielen gerecht zu werden, ist ein Einsatz von Bestäubern zum richtigen Zeitpunkt in den Anbaukulturen notwendig.

Die passenden Bestäubungsinsekten für die unterschiedlichen Kulturen zu finden, deren Entwicklungszyklus zu berücksichtigen, rechtzeitig notwendige Maßnahmen einzuleiten, um die Tiere zu fördern bzw. sie vor Schäden zu schützen – mit diesen und anderen Fragen ist der Landwirt nun neben seiner Kulturführung konfrontiert.

IN LANDWIRTSCHAFTLICHEN KULTUREN EINGESETZTE BESTÄUBUNGSINSEKTEN

Lediglich sieben Insektenarten werden bei Bestäubungsdienstleistungen in Mitteleuropa eingesetzt. Der Hauptgrund für diese geringe Zahl liegt in der Komplexität einer gut funktionierenden Zucht von Bestäubern und der Möglichkeit, große Mengen an Zuchteinheiten den inzwischen ganzjährigen Kulturbedingungen individuell anpassen zu können.

Die folgende Tabelle gibt einen Überblick über die in Mitteleuropa vorwiegend verwendeten Bestäubungsinsekten.

Insekt	Trivialname	wissenschaftlicher Name	Nahrung	Pollenübertragung	Einsatzgebiet
Schmeißfliegen (Calliphoridae)	Goldfliege (Pinkey)	*Lucilia sericata*	Kot und/oder sich zersetzende organische Substrate im Larvenstadium, Pollen und Nektar als adulte Fliege	Pollenübertragung durch Pollen im Kopfhaar	Saatgutzüchtung in Gewächshaus, Folientunneln und Kleinstzelten
	Blaue Schmeißfliege (Asticom)	*Calliphora vomitoria, Calliphora vicina*	Aas, Kot und/oder sich zersetzende organische Substrate im Larvenstadium, Pollen und Nektar als adulte Fliege	Pollenübertragung durch Pollen im Kopfhaar	Saatgutzüchtung in Gewächshaus, Folientunneln und Kleinstzelten
Hummeln	Erdhummel	*Bombus terrestris*	Nektar und Pollen	Pollen-Beinsammler Pollenübertragung durch Pollen im Haarkleid	Saatgutzüchtung (Kleinstzelte bis Folientunnel), Freiland, Gewächshaus insbesondere zur Tomatenbestäubung
Hummeldrohnen	Erdhummel	*Bombus terrestris*	Nektar und Pollen	Pollenübertragung durch Pollen im Haarkleid	Saatgutzüchtung in Kleinstzelte (1×1 m; 3×3 m)
Bienen	Honigbiene	*Apis mellifera*	Nektar und Pollen	Pollen-Beinsammler Pollenübertragung durch Pollen im Haarkleid	Saatgut- und Erwerbsanbau, Freiland, Gewächshaus und Folientunnel nach vorheriger Volksvorbereitung
	Gehörnte Mauerbiene	*Osmia cornuta*	Nektar (adult) Pollen für die Brutentwicklung	Pollen-Bauchsammler Sehr effektive Pollenübertragung durch Pollenvorrat an der Bauchseite	Saatgut- und Erwerbsanbau, vorwiegend Freiland, auch Einsatz in Gewächshaus und Folientunnel
	Rostrote Mauerbiene	*Osmia bicornis*	Nektar (adult) Pollen für die Brutentwicklung	Pollen-Bauchsammler Sehr effektive Pollenübertragung durch Pollenvorrat an der Bauchseite	Saatgut- und Erwerbsanbau, vorwiegend Freiland, auch Einsatz in Gewächshaus und Folientunnel
	Luzerne-Blattschneiderbiene	*Megachile rotundata*	Nektar (adult) Pollen für die Brutentwicklung	Pollen-Bauchsammler Sehr effektive Pollenübertragung durch Pollenvorrat an der Bauchseite	Freiland für Kleesaaten-Vermehrung, Luzernesaaten-Vermehrung

In Mitteleuropa verwendete Bestäubungsinsekten.

Die Wahl des Landwirts, den geeigneten Bestäuber für seine Kulturpflanze auszuwählen, richtet sich nach

- dem Bestäubungsverhalten,
- den biologischen Bedürfnissen der Bestäuber,
- den Zielen, die zusätzlich neben der Befruchtung und damit einhergehend der Ertragssicherung erreicht werden sollen.

Je nach Einsatzgebiet ist es wichtig, die hierfür geeignetsten Insekten zu verwenden. Nicht jedes Bestäubungsinsekt wird den Erfordernissen der zu bestäubenden Pflanzen gerecht.

Beispielsweise müssen selbstfertile **Tomatenblüten** in Schwingung gebracht werden, damit die Pollensäcke aufplatzen und der herausfallende Pollen die Blüte bestäubt. Dieses als „Buzzing"bezeichnete Vibrations-Sammelverhalten zeigt bei den kommerziell eingesetzten Insekten lediglich die Erdhummel *Bombus terrestris*.

Pflanzenarten wie z. B. **Wiesenklee** (*Trifolium pratense*), **Saubohne** (*Vicia faba*) oder einige weitere **Leguminosenarten** weisen durch verwachsene Kelch- oder Blütenkronblätter eine zu enge Blütenöffnung auf, so dass kurzrüsselige Insektenarten diese Nektarquelle nicht erreichen. Die Pflanzen verlieren an Attraktivität beziehungsweise werden z. B. durch die Erdhummeln an der Seite aufgebissen. Langrüsselige Hummel- und Wildbienenarten erreichen problemlos die Nektarquelle und führen die gewünschte Bestäubung ohne Beschädigung der Pflanze durch.

Die Blüte der **Luzerne** *Medicago sativa*, ein Schmetterlingsblütler, besitzt einen Federmechanismus. Jeder Blütenbesucher, der auf dem „Schiffchen" der Blüte landet, wird hierdurch auf dem Kopf mit Pollen eingepudert. Honigbienen stören sich daran und lernen das Auslösen zu vermeiden, indem sie die Blüte von der Seite besuchen. Erdhummeln beißen die Blüte seitlich auf, um an den Nektar zu gelangen. In beiden Fällen erfährt die Blüte keine Bestäubung. Die Luzerne-Blattschneiderbiene *Megachile rotundata* stört sich nicht an dem Federmechanismus, weicht nicht aus und dient somit erfolgreich dem Pollentransport.

Bei **Himbeeren** (*Rubus idaeus*) geht es neben einer erfolgreichen hohen Befruchtungsrate auch um die Vermeidung von Rußtaubildung. Als sehr gute Trachtpflanzen mit einem hohen Nektarangebot werden sie im konventionellen Anbau von Erdhummeln und Honigbienen bestäubt. Während die Honigbiene das komplette Nektarangebot absammelt, lässt die Erdhummel Nektarreste zurück. Dieser auf der Blüte verbleibende Nektar ist ein optimaler Nährboden für Rußtaupilze, die die Frucht für den menschlichen Verzehr ungenießbar machen. Trotz guter Bestäubung ist der Ertrag hierdurch erheblich gemindert.

Paprika ist selbstbefruchtend. Bei hoher Luftfeuchtigkeit verklebt der Pollen, löst sich nicht mehr von den Staubfäden und fällt daher nicht auf die Narbe. Zudem wirkt der Pollen einiger Paprikasorten allergen und stellt damit für Erntehelfer ein ernstzunehmendes Problem dar. Neben der Erdhummel werden Honigbienen zur Erhöhung des Fruchtansatzes sowie zum Absammeln des Pollens eingesetzt.

Schmeißfliegen werden in der Saatgutzucht in kleinen Isoliereinheiten für Einkreuzungsversuche zweier Hybridlinien oder zur Vermehrung geringer Saatgutmengen verwendet. Der Rauminhalt der Isoliereinheiten ist so gering, dass Hummeln, Bienen und Wildbienen nicht eingesetzt werden können.

Wildbienen sind aufgrund ihres Sammelverhaltens und ihres Pollentransports gegenüber Hummeln und Honigbienen qualitativ die besseren Bestäuber. Ihr Einsatz ist allerdings kostenintensiv und aufgrund von Naturschutzauflagen problematisch. Leihvarianten umgehen das letztgenannte Problem, da Sondergenehmigungen zum Einsatz der Tiere durch den Verleiher in der Regel vorliegen. Wer eine Wildbienenzucht aufbauen möchte, findet auf Seite 133 eine Zuchtanleitung mit Hinweisen zum Genehmigungsverfahren.

Auch wenn manche Kombinationen auf den ersten Blick Zweifel aufkommen lassen, sind sie in der Praxis erfolgreich.

Einige **Doldenblütler** werden in der Saatgutvermehrung beziehungsweise Saatgutzucht durch Fliegen bestäubt. Da diese sehr lange auf den Blüten verweilen, kann durch Beigabe von Hummel- oder Bienen-Kleinstvölkern die Aktivität der Fliegen angeregt werden. Sie fliegen bei Kontakt auf und garantieren so die erwünschte Fremdbestäubung.

Neu auftretende Pflanzenkrankheiten wie z. B. das ToBRFV-Virus (Tomato Brown Rugose Fruit Virus, auch Jordan-Virus genannt) stellen Altbewährtes in Frage. Die klassisch im Tomatenanbau eingesetzten Hummeln verletzen oftmals die Blüten während ihres Bestäubungsverhaltens (Buzzing) und ermöglichen so die Infektion durch Tomatenviren. Eine Idee ist, wenige Hummeln für die Vorarbeit des Öffnens der Pollensäcke einzusetzen, anschließend verteilen Wildbienen den Pollen in der Kultur. Eine Auswertung dieser Kombination steht noch aus. Mögliche andere Kombinationen der bisher bekannten Insekten müssen in der Praxis erprobt oder weitere Insektenarten in Zucht genommen werden.

Neben der Eignung der zur Auswahl stehenden Bestäubungsinsekten sind für den Landwirt die entscheidenden Fragen einerseits die Wirtschaftlichkeit der ausgewählten Maßnahme und andererseits die Kosten je ha. Diese variieren je nach Kultur und der dafür notwendigen Völkerzahl und deren Bestäubungskapazität. Zu berücksichtigen sind weiterhin Blühzeitpunkt, Witterungsbedingungen und spezifische Effektive Bestäubungsperiode.

Beispiele: Für die optimale Bestäubung von 1 ha Süßkirsche mit 4–5 Mio. Blüten/ha und einem gewünschten Fruchtansatz von 20 % wird die Kultur sinnvollerweise mit folgender Kombination besetzt:

- 2 Dreiereinheiten Hummeln; Kosten € 95,00/Dreiereinheit
- 1 Wildbienenhotel mit 500 Kokons; Kosten bei Leihvariante € 160,00
- 3–4 Bienenvölker, Kosten circa € 60,00/Volk.

Somit entstehen Kosten in Höhe von € 530,00–€ 590,00/ha.

Für die optimale Bestäubung von 1 ha Heidelbeere und einem gewünschten Fruchtansatz von annähernd 100 % wird die Kultur sinnvollerweise mit folgender Kombination besetzt:

- 2 Dreiereinheiten Hummeln bei zu erwartender Schlechtwetterperiode; Kosten € 95,00/ Dreiereinheit
- 2–3 Wildbienenhotels mit je 500 Kokons; Kosten bei Leihvariante € 150,00/Hotel
- 6–8 Bienenvölker, Kosten € 60,00/Volk/3 Wochen.

Somit entstehen je nach Wetterverlauf Kosten in Höhe von € 660,00–€ 1120,00/ha.

Auch wenn die Blütenanzahl bei Heidelbeeren geringer ist als im Beispiel der Süßkirschen, spielt bei der Heidelbeer-Kultur die Effektive Bestäubungsperiode eine sehr wichtige Rolle. Die einzelnen Blüten sind nur in den ersten vier Tagen befruchtungsfähig, also muss die notwendige Insektenanzahl genau in dieser Zeit vor Ort sein, egal welche Witterungsverhältnisse herrschen. Je nach Wettervoraussetzung muss die Anzahl der Bienenvölker daher angepasst werden.

Die Kosten der Bestäubungsleistung erscheinen zunächst recht hoch. Dennoch sollte bedacht werden, dass die ganzjährige Kulturpflege viel Zeit, Mühe und Kosten in Anspruch nimmt. Eine erfolgreiche Bestäubung der Blüte und darauf folgend die Befruchtung der Samenanlagen ist nun die wichtigste Maßnahme für eine Ertragsbildung und -sicherung verbunden mit einer hohen Qualität.

Ausführliche Informationen über den Bedarf an einzusetzenden Bestäubungsinsekten in den unterschiedlichen Kulturen finden Sie auf Seite 105–109 und Seite 142–183.

LEBENSZYKLEN DER RELEVANTEN BESTÄUBUNGSINSEKTEN

Um die Biologie der Bestäubungsinsekten verstehen zu können, ist ein Grundwissen zu deren Entwicklungsabläufen wichtig. Auf Besonderheiten im Verhalten der Insekten wird auf den Seiten 44 bis 57 eingegangen.

HONIGBIENEN

Aus der Gattung der Honigbienen *Apis* wurden nur zwei Arten, die Östliche Honigbiene *Apis cerana* und die Westliche Honigbiene *Apis mellifera*, domestiziert. Sie sind Höhlenbrüter, ihre ursprünglichen Behausungen sind Baumhöhlungen in lichten Waldarealen. Auch heutzutage suchen Schwärme immer wieder hohle Behausungen auf, sofern sie nicht vom Imker eingefangen werden. Sie lassen sich in künstlichen Höhlungen, der Magazin-Beute des Imkers, in Kultur nehmen und gut vermehren. Zudem akzeptieren sie den Transport ihrer Behausung und ermöglichen somit den Einsatz als wichtigste Bestäuberinsekten in der modernen Landwirtschaft.

Auch wenn ein Bienenvolk aus einer großen Anzahl von Individuen besteht, wird es als ein einziger Organismus angesehen, ähnlich einem Organ mit vielen Einzelzellen, aber nur eine Funktion ausübend. Man bezeichnet daher ein Bienenvolk als „der Bien“.

Die drei Bienenwesen

Bei einem Blick in ein Bienenvolk erkennt man, dass nicht alle Tiere gleich aussehen. In der Regel lebt eine Königin im Volk der weiblichen Arbeitsbienen und je nach Jahreszeit mehrere Hundert männliche Drohnen. Nur die beiden Geschlechtswesen Königin und Drohn können ihr Erbgut an neue Generationen weitergeben, die „neutralen“ Arbeiterinnen hingegen sind für alle notwendigen Tätigkeiten im Bienenstock verantwortlich.

Sie alle sind Töchter und Söhne von dieser einen Königin. Sie kann befruchtete Eier ablegen, aus denen weibliche Arbeiterinnen mit doppeltem Chromosomensatz heranwachsen, und unbefruchtete Eier mit einfachem Chromosomensatz, die sich zu männlichen Drohnen entwickeln.

Königin und Arbeiterin besitzen einen genetisch identischen Chromosomensatz. Also könnten aus befruchteten Eiern nur Königinnen oder nur Arbeiterinnen entstehen. Dennoch findet eine unterschiedliche Entwicklung statt. Sie beruht auf der Qualität und Quantität des Futters, einem Drüsensekret (Gelée royale) der sogenannten Futtersaftdrüse, das den Arbeiterinnenlarven nur in den ersten drei Tagen, der Königinnenlarve aber bis zur Zellenverdeckelung gefüttert wird. Dieser epigenetische Steuerungsmechanismus, d. h. die Entwicklungssteuerung über äußere Faktoren wie die Qualität des Futters, macht die Biene als Forschungstier für die genetische Forschung sehr interessant.

Entwicklung

Sie verläuft bei den jeweiligen Wesen unterschiedlich lang. Die Eientwicklung ist mit 3 Tagen bei allen gleich, das Larvenstadium ebenfalls noch ähnlich verlaufend. In der Phase der Puppenentwicklung zum adulten Tier (Metamorphose) ist der größte Unterschied zu erkennen: Eine Königin benötigt 7–8 Tage, Arbeiterinnen 12 Tage, Drohnen 15 Tage.

Vermehrung

In den Monaten April bis Ende Juni, der „Schwarmzeit“, findet die natürliche Vermehrung der Bienenvölker statt. Während dieser Zeit zieht das Volk mehrere Jungköniginnen auf. Sind diese schlupfbereit, verlässt die bisherige Königin (Altkönigin) mit einem Großteil des flugfähigen Volkes den Bienenstock, das Volk schwärmt. Der erste Sammelplatz des Schwarms befindet sich noch in der Nähe der ursprünglichen Bienenbeute an einer erhöhten Stelle, vorzugsweise in Bäumen. Spurbienen suchen instinktiv nach Baumhöhlen oder anderen Hohlräumen. Sobald sie eine geeignete neue Behausung gefunden haben, löst sich die Schwarmtraube auf und das Volk fliegt mitsamt Königin dorthin. Fast sofort beginnen die Bienen mit einem neuen Wabenbau und die Königin nimmt nach wenigen Tagen ihre Legetätigkeit auf.

Währenddessen findet der Schlupf der Jungköniginnen im Ursprungsvolk statt. Da nur eine Königin pro Volk akzeptiert wird, entscheidet entweder der Kampf untereinander oder oftmals sucht die Erstgeschlüpfte die weiteren Weiselzellen (Königinnenzellen) auf und tötet die Rivalinnen noch in der Zelle. Manchmal kommt es auch zu sogenannten Nachschwärmen, in denen eine unbegattete Königin mit einem kleinen Teil des noch vorhandenen Flugvolkes abschwärmt.

Nach einigen Tagen fliegt die Jungkönigin zum Begattungsflug aus, ihr Ziel ist ein Drohnensammelplatz. Dort wird sie im Flug von bis zu 15 Drohnen begattet. Diese lassen dabei ihr Leben, da sie bei der Kopulation ihren Begattungsapparat nach außen stülpen und damit die Leibeshöhle aufreißen. Das abgegebene Sperma wird in der Samenblase der Königin über mehrere Jahre gespeichert.

Einen Schwarm zu erleben, ist ein faszinierendes und unvergessliches Ereignis, wenn auch nicht immer vom Imker erwünscht, denn damit verliert er in diesem Moment ein honigbringendes Trachtvolk. Andererseits hat er die Möglichkeit, sofern er die Schwarmtraube einfangen kann, diese in ein neues Magazin einzulogieren. Somit kann er seine Völkerzahl erhöhen. Auch heute noch sieht ein Hobbyimker im Fangen von Schwärmen eine Chance, seine Imkerei zu vergrößern. In der Berufsimkerei jedoch wird viel Aufwand betrieben, um durch eine gezielte Zuchtauswahl schwarmträge Königinnen zu vermehren. Bestandserweiterungen erfolgen anhand spezieller Zuchtpläne, durch künstliche Besamung von Königinnen mit Sperma von ausgesuchten Drohnen oder durch gezielte Anpaarung in isolierten Regionen wie z. B. den Nordseeinseln.

Nahrungsaufnahme, Nektar- und Pollentransport

Wichtigste Nahrung der Honigbiene sind Kohlenhydrate in Form von Nektar und anderen süßen Pflanzensäften sowie Eiweiß vom Pollenkitt der Blütenpollen. Die Qualität und Quantität dieser Nahrungsquellen variiert zwischen den Pflanzenarten, aber auch witterungsbedingt sehr stark, sodass einige Blütenarten intensiver als andere beflogen werden. Deutlich wird dies bei Honigen verschiedener Jahrgänge mit gleichem Standort – selten schmecken sie wie im Vorjahr.

NEKTAR Dieser wird mit einem Rüssel aufgenommen, in dem eine stark behaarte Zunge gleitet. An der Zungenspitze befindet sich ein Bereich mit hoher Rezeptoren-Dichte (Fabellum) zur Wahrnehmung des Zuckergehaltes. Nach dem Aufsaugen gelangt der Nektar in die Honigblase, deren Speicherkapazität ca. 0,06 ml beträgt. Im Bienenstock übergeben die Sammelbienen den Blütensaft an die Stockbienen. Deren Aufgabe ist es, den Wassergehalt stark zu reduzieren, bis die Flüssigkeit zu lagerfähigem Honig geworden ist. Dies geschieht durch ständiges abwechselndes Aufsaugen und Einlagern der Flüssigkeit. So werden dem Nektar nebenbei Enzyme und andere wertvolle Stoffe hinzugefügt. Bei einem Wassergehalt unter 18 % lagern die Bienen den dadurch entstandenen Honig als Wintervorrat in Zellen ein und verschließen diese mit Wachs.

Honigbiene bepudert mit Pollen.

Pollenvariationen.

POLLEN Das dritte Beinpaar der Bienen ist mit einem speziellen Sammelapparat ausgestattet. Auf der Beininnenseite befinden sich als Bürste bezeichnete Strukturen, mit denen die Bienen den gesammelten Pollen aus ihrem Haarkleid „bürsten" und am gegenüberliegenden Beinpaar abstreifen. Mit Speichel vermischt, wird der Pollen in einer körbchenähnlichen Mulde am Bein unter lange Beinhaare geschoben, die sogenannten Pollenhöschen. Mithilfe dieser Konstruktion sind die Bienen in der Lage, große Pollenmengen zu transportieren. Es verbleibt aber immer eine ausreichende Pollenmenge im Haarkleid, die eine Bestäubung der nächsten besuchten Blüten ermöglicht.

Eine Grundvoraussetzung für die erfolgreiche Überwinterung des Bienenvolkes ist eine gute Eiweißversorgung der Winterbienen durch variantenreiche und in ausreichenden Mengen vorhandene Pollenquellen, was in einer inzwischen artenarmen Kulturlandschaft kaum noch gewährleistet ist. Sinnvolle Nachfruchtsaaten auf abgeernteten Flächen sind notwendige Maßnahmen, um für Landwirt und Imker ein weiteres fruchtbares Jahr in Aussicht zu stellen, denn: Pollen ist die einzige Eiweißquelle der Bienen!

WASSER Honigbienen benötigen für den Eigenbedarf, zur Aufzucht der Larven sowie zum Senken der Stocktemperatur große Mengen Wasser. Steht eine Wasserquelle in erreichbarer Nähe nicht zur Verfügung, nutzen sie Guttationswasser. Diese Guttationstropfen an den Blattenden geben die Pflanzen zur Aufrechterhaltung der Saftstromzirkulation aktiv ab. Problematisch kann es sein, wenn sie von Pflanzen abgegeben werden, die zuvor mit systemischen Pflanzenschutzmitteln behandelt wurden. Hier können Konzentrationen des Wirkstoffs auftreten, die deutlich über den zulässigen Grenzwerten der Genehmigungsbehörde liegen und schädigend bis toxisch für Bienen und deren Brut sein können. Die aktuelle Diskussion um neonikotinhaltige Pflanzenschutzmittel thematisiert diese Problematik.

Lebenslauf der Honigbiene

Wie organisieren sich 40.000 Individuen? Wenn man ein Bienenvolk beobachtet, sieht man, dass die Bienen mit unterschiedlichen Aufgaben beschäftigt sind. Woher weiß die einzelne Biene, was sie zu tun hat? Sie ist weder von Geburt an für eine spezifische Arbeit „programmiert“ noch erkennt sie spontan, was zu tun notwendig wäre. In einem Organismus mit 30.000–40.000 Einzeltieren würde auf diese Weise sonst auch schnell ein Chaos entstehen. Das Leben einer Biene ist genau strukturiert und dient einer geordneten Arbeitsteilung. Im Folgenden ist ein typischer Verlauf einer weiblichen Sommerbiene mit einer Lebensspanne von 30–45 Tagen beschrieben:

Nach dem Schlupf dient die Biene als **Stockbiene** und übernimmt Säuberungsarbeiten, füttert als **Ammenbiene** die Königin und die jungen Larven mit Futtersaft, lagert Nektar und Pollen ein. Als **Baubiene** produziert sie Wachs und hilft beim Bau der Waben. Es folgt die Zeit als **Wächterbiene** am Stockeingang mit der Aufgabe, das Bienenvolk zu verteidigen. In jeder dieser Arbeitsphasen sind die hierfür erforderlichen Drüsen (Futtersaftdrüse, Wachsdrüse) entsprechend stark ausgebildet. Schließlich beginnt nach etwa 3 Wochen der gefährlichste Lebensabschnitt. Sie fliegt als **Sammelbiene/Flugbiene** aus, um das Bienenvolk mit Pollen, Nektar, Wasser oder Propolis zu versorgen.

Dieser Lebenslauf ist nicht zwingend festgelegt, es können Arbeitsphasen übersprungen oder zurückliegende Tätigkeiten wieder aufgenommen werden, falls die Umstände dies erfordern. Insbesondere die Schwarmzeit erfordert diese Flexibilität. Nicht nur das verbliebene Jungvolk muss alle Arbeitsbereiche im Bienenstock spontan ausführen, auch die geschwärmten Flugbienen müssen in der Lage sein, wieder Waben zu bauen, Eier und Larven mit entsprechendem Futter zu versorgen sowie das Brutnest zu wärmen und zu schützen. Für die geschwärmten Bienen hat die Übernahme von Tätigkeiten einer Jungbiene einen faszinierenden Vorteil, denn sie wirkt als Jungbrunnen und verlängert deren Lebenszeit dadurch erheblich.

Die männliche Biene lebt im Bienenstock, ohne sich an den Arbeitsaufgaben zu beteiligen. Der **Drohn** ist während der Wachstums- und Fortpflanzungsphase des Biens geduldet, versorgt sich überwiegend mit dem im Stock vorhandenen Nektar und Pollen und wird ab Mitte Juli aus dem Volk vertrieben beziehungsweise nicht mehr in den Bienenstock eingelassen.

Tanzsprache

Eine der faszinierenden Eigenschaften der Honigbiene und einzigartig im Insektenreich ist die Fähigkeit, erlerntes Wissen hinsichtlich Richtung und Entfernung einer Trachtquelle respektive einer neuen Behausung an ihre Stockgenossinnen weiterzugeben und darüber hinaus diese sogar zu motivieren, diese Stelle aufzusuchen. Diese festgelegten rhythmischen Bewegungen bezeichnet man als **Schwänzeltanz** oder **Tanzsprache**. Schon Aristoteles hatte diese Art der Bewegung vermerkt. Die Entschlüsselung gelang jedoch erst Karl von Frisch. Er wurde dafür – gemeinsam mit den Verhaltensforschern Konrad Lorenz und Nikolaas Tinbergen – 1973 mit dem Nobelpreis für Medizin gewürdigt.

Die Blütenstetigkeit der Honigbiene und das Motivieren weiterer Stockgenossinnen, die mit dem Schwänzeltanz vermittelte Trachtquelle aufzusuchen, macht sie zu einem der effektivsten Bestäuber von landwirtschaftlichen Kulturen. Weiterführende Beschreibungen zum Sammelverhalten finden sich auf den Seiten 49 bis 55.

Parasiten und Krankheiten

Honigbienen machen im Tierreich keine Ausnahme: Auch sie werden von diversen Pilzen, Bakterien, Parasiten befallen. Eine sehr ernst zu nehmende Krankheit ist die **Amerikanische Faulbrut**, die durch das sporenbildende Bakterium *Paenibacillus larvae larvae* hervorgerufen wird und zum Absterben der Brut führt. Diese Erkrankung unterliegt als Seuche der Meldepflicht beim Veterinäramt und führt zur Errichtung eines Sperrgebietes. Das bedeutet für den Imker, dass er weder Völker aus diesem Gebiet entfernen noch dort aufstellen darf. Während der Bestäubungsphase kann der Ausbruch von Faulbrut in der Umgebung zu Maßnahmen führen, die für Imker und Landwirt gleichermaßen unangenehm sein können.

Jährlich sehr großen Schaden richtet der Schädling *Varroa destructor*, die berühmt-berüchtigte **Varroa-Milbe** an, die 1968 aus Asien eingeschleppt wurde. Dieser Brutparasit vermehrt sich während der Entwicklung der Bienenbrut direkt im Volk. Er schädigt die Bienen in mehrfacher Weise, man spricht von der Krankheit Varroose. Die Milbe beißt sich am Körper der Biene fest. Damit ist die Außenhaut verletzt und ermöglicht Bakterien, Pilzen und Viren den Zugang zur Leibeshöhle. Der Biss selbst überträgt ebenfalls Viren, die in vielfältiger Weise die Bienenbrut und die daraus hervorgehenden adulten Tiere schädigt. Um sich zu ernähren, entzieht die Milbe dem Opfer wichtige Nährstoffe und löst Teile des Fettkörpers der Biene auf. Betroffene Bienen sind aufgrund ihres geschädigten Immunsystems deutlich anfälliger für Umwelteinflüsse und haben in der Regel eine verkürzte Lebenszeit.

HUMMELN

Taxonomisch wird die Gattung der Hummeln (*Bombus*) wie die Gattung der Honigbienen (*Apis*) in die Familie der Echten Bienen Apidae eingeordnet. Von den in Deutschland vorkommenden 34 Hummelarten sind die folgenden sechs Arten auch in Siedlungsgebieten anzutreffen:

Dunkle Erdhummel (*Bombus terrestris*), **Helle Erdhummel** (*Bombus lucorum*), **Wiesenhummel** (*Bombus pratorum*), **Ackerhummel** (*Bombus pascuorum*), **Gartenhummel** (*Bombus hortorum*), **Steinhummel** (*Bombus lapidarius*) und **Waldhummel** (*Bombus sylvarum*).

Drei dieser Arten sind sehr gute Bestäuber und erreichen beträchtliche Volksgrößen. Dies sind die Dunkle Erdhummel (200–600 Tiere), die Steinhummel (100–300 Tiere) und die Gartenhummel (300–400 Tiere). Kommerziell genutzt wird lediglich *Bombus terrestris*, was daran liegt, dass sie abgesehen von ihrer erreichbaren Volksstärke auch aufgrund ihres Fütterungs- und Bevorratungsverhaltens leicht zu pflegen ist. Sie findet als Bestäubungsinsekt ihren Einsatz vorwiegend im Folienanbau und Gewächshaus.

Übrigens: Wer Hummelarten bestimmen möchte, kann dies recht einfach anhand der jeweils typischen Abfolge von Farbringen an ihrem Hinterleib vornehmen.

Lebenszyklus von *Bombus terrestris*

Wie die meisten Hummelarten bildet die Dunkle Erdhummel einen Staat mit einer Lebensdauer von rund 6 Monaten. Lediglich die begatteten Königinnen überwintern.

Der Lebenszyklus der Dunklen Erdhummel wird in mehrere Phasen unterteilt: Auswinterung, Koloniegründung (Initiierungsphase), Kolonieentwicklung (Wachstumsphase), Wendepunkt mit Ausbildung der Geschlechtstiere (Switch Point), Königin-Arbeiterinnen-Konflikt (Competition Point), Absterben der Kolonie, Überwinterung.

AUSWINTERUNG In den ersten warmen Frühlingstagen (ab Ende Februar bis April) verlässt die begattete Jungkönigin ihr Winterquartier. In den folgenden 2 Wochen ist sie auf ausreichend früh blühende Trachtquellen mit Nektar und Pollen angewiesen. Nektar benötigt sie als Energielieferant, um auch bei kalten Temperaturen die Flugmuskulatur mit Energie zu versorgen, Pollen benötigt sie zur Ausreifung der noch unentwickelten Eierstöcke (Gonaden) bis zur vollen Größe.

KOLONIEGRÜNDUNG Aus ihrem Namen bereits ersichtlich, ist die Erdhummel *Bombus terrestris* ein Bodenbrüter. Sie bevorzugt verlassene Maus- oder Maulwurfbehausungen, insbesondere solche mit Haaren, Blättern oder ähnlichem, was der vorherige Höhlenbewohner zurückgelassen hat. Mitunter kann man eine Königin auf der Suche nach ihrem meist versteckten Höhleneingang beobachten.

Hat sie eine geeignete Behausung gefunden, baut die Jungkönigin einen circa 2×1 cm großen Honigtopf für Nektarvorräte zwecks Eigenversorgung. Im Anschluss bildet sie aus Pollen und Nektar das Pollenbrot, auf dem sie bis zu 16 Eier ablegt. Das Gelege umgibt sie mit einer luftdurchlässigen Wachsschicht, auf die sie sich legt, um die Eikammern mit Wärme zu versorgen. Dies erzielt sie durch Muskelzittern der Flugmuskulatur und erzeugt damit eine Temperatur bis zu 38 °C. Während dieser Brutphase muss die Königin immer wieder ausfliegen, um Nahrung zu suchen. In direkter Nähe zum Gelege werden zusätzliche Pollenbrotvorräte für die Larvenversorgung angelegt. Wenn nach etwa 3 Wochen die ersten Arbeiterinnen (Zwerghummeln) geschlüpft sind, stellt sie die Sammelflüge nach und nach ein und bleibt schließlich komplett im Hummelnest.

KOLONIEENTWICKLUNG Mit zunehmender Koloniegröße konzentriert die Königin sich ausschließlich auf das Brutgeschäft und legt weitere Brutgelege (Eikammern) an. Die leeren Kokons der ersten und nachfolgend geschlüpften Hummeln werden mit Wachs verstärkt und vergrößert und fortan als Reservetöpfe für Pollen und Nektar verwendet oder dienen als Grundebene, auf der weitere Brutkammern angelegt werden. Das Hummelvolk wächst von unten nach oben. Wie bei den Honigbienen gibt die Hummelkönigin ein Pheromon ab, das die weiblichen Arbeiterinnen davon abhält, ebenfalls mit der Eiablage zu beginnen. Auf diese Weise steuert die Königin die Zusammensetzung des Volkes.

AUSBILDUNG DER GESCHLECHTSTIERE Zur Sommersonnenwende besteht das Hummelvolk aus einer hohen Anzahl von Arbeiterinnen, der Höhepunkt der Entwicklungsphase ist erreicht. Die Pheromon-Produktion der Hummelkönigin ist nun rückläufig, die Hemmung der Eierstockentwicklung der Arbeiterinnen unterbleibt zunehmend (Switch Point). Sie beginnen ebenfalls mit der Eiablage, jedoch von unbefruchteten Eiern, aus denen Drohnen schlüpfen. Aus den Altkönigin-Eiern werden jetzt Geschlechtstiere, junge Hummelköniginnen – bei starken Völkern mitunter bis zu 120 – und männliche Tiere (Drohnen) erbrütet. Die geschlüpften Jungköniginnen werden begattet und verlassen binnen 14 Tagen den Hummelbau, um sich einen geeigneten Unterschlupf für den Winter zu suchen.

KÖNIGIN-ARBEITERINNEN-KONFLIKT Durch den Mangel an hemmenden Pheromonen der Königin beginnen im alten Nest Konkurrenzkämpfe unter den Arbeiterinnen sowie unter Arbeiterinnen und Königin (Competition Point), was oft zum Tod der Altkönigin führt.

ABSTERBEN DER KOLONIE Die dann dominierenden Arbeiterinnen legen weiterhin Eigelege an, aus denen sich jedoch nur noch Drohnen entwickeln. Das Hummelvolk stirbt innerhalb weniger Wochen.

ÜBERWINTERUNG Dies ist die schwierigste Phase der begatteten Jungköniginnen. Sie beträgt mindestens 5 Monate. Es muss ein geeigneter Ort gefunden werden, um vor Fressfeinden sowie Feuchte und Kälte geschützt zu sein. Oftmals überwintern die Tiere unter Moospolstern, Wurzeln oder in einem selbstgegrabenen Loch von 5–20 cm Tiefe. Als Nahrungsvorrat für die Überwinterungszeit sammeln sie Pollen und Nektar und speichern diesen in ihrem Kropf. Nur eine geringe Anzahl von Königinnen überlebt den Winter.

Für die Hummelzucht ist die entscheidende Phase die Überwinterung der Jungköniginnen. Sowohl Dauer als auch Aufzuchtbedingungen haben einen direkten Einfluss auf die Qualität der Königin und somit auf die zukünftige Volksentwicklung. Die in der Zucht begatteten Königinnen werden, in einer Klimakammer gekühlt, bis zu 7 Monate im künstlichen Winterschlaf gehalten. Beeinflusst wird die Winterruhe durch Temperatur und CO_2-Konzentration

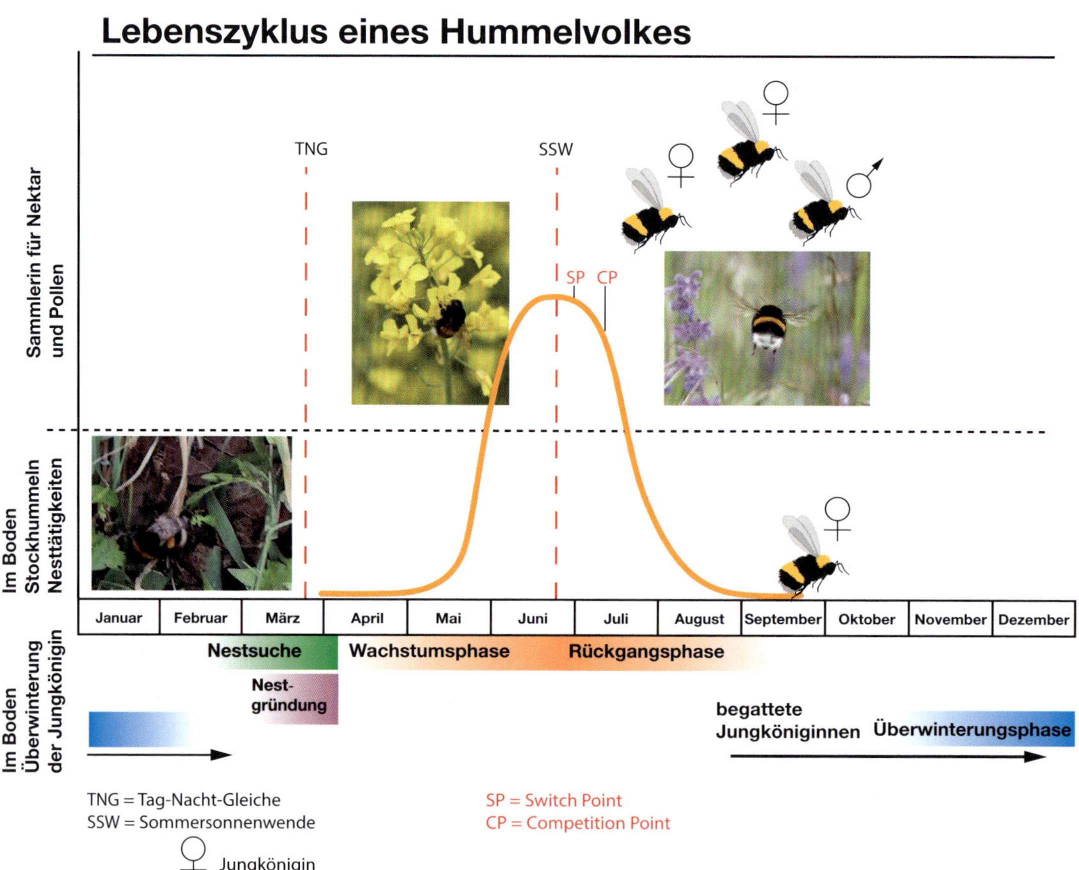

Lebenszyklus der Dunklen Erdhummel *Bombus terrestris*.

der umgebenden Raumluft. Je nach Zugabe der CO_2-Menge kann diese Phase enorm gekürzt werden. So ist es möglich, die notwendige Völkermenge zeitlich an den Bedarf von landwirtschaftlichen Kulturen anzupassen. Zudem stehen sie somit fast ganzjährig zur Verfügung.

Orientierung

Hummeln haben ein außerordentlich gutes Landmarkengedächtnis. Dies ermöglicht ihnen, sogar noch aus 10 km Entfernung sicher zum Nest zurückzufinden. Ob sie zur Orientierung Magnetfelder oder wie die Honigbienen auch polarisiertes Licht nutzen, ist wissenschaftlich noch nicht geklärt.

Hummeln verfügen nicht über ein Kommunikationssystem, mit dessen Hilfe sie ihren Stockgenossinnen Informationen z. B. zu Richtung und Entfernung einer ergiebigen Trachtquelle mitteilen können. Jedoch konnten Anna Dornhaus und L. Chittka (4, 5) eine interessante Entdeckung machen: Kehrt eine Hummelsammlerin von einer ergiebigen Trachtquelle in das Hummelnest zurück, läuft sie aufgeregt im Nest herum. Hierbei verteilt sie die Duftkomponente der gefundenen Nahrung und einen selbst produzierten Duftstoff (Pheromon), was die anderen Stockgenossinnen motiviert, diese Trachtquelle aufzusuchen. Analog zu den Schwänzelbewegungen der Honigbienen kann man dieses Verhalten als Motivationstanz bezeichnen.

Bei ihren Sammelflügen sind Hummeln nicht blütentreu. Haben sie eine vielversprechende Pflanze entdeckt, werden weitere Blüten dieser Pflanzenart aufgesucht. Ist eine Nachbarpflanze ergiebiger, wird diese rasch gegenüber der vorherigen bevorzugt angeflogen.

Da Hummeln ihren Körper durch Muskelzittern der Flugmuskulatur anwärmen können, haben sie bereits bei einer Außentemperatur von 5 °C die Möglichkeit, auf Nahrungssuche zu gehen.

MAUER- UND BLATTSCHNEIDERBIENEN

Wenn von Bienen die Rede ist, sind meistens die Honigbienen gemeint. Dass es in Deutschland weitere rund 550 Bienenarten gibt, ist den meisten Menschen unbekannt. Mit dem Buchtitel „Wildbienen, die anderen Bienen“ hat Dr. Paul Westrich diese Unkenntnis treffend wiedergegeben. Auch wird mit dem Terminus „Bienensterben“ nicht die Honigbienenpopulation angesprochen, sondern es geht um den rasanten Rückgang der Wildbienenarten.

Eine mögliche Einteilung der Wildbienenarten richtet sich nach der Örtlichkeit, an der sie ihre Nachkommen aufziehen. Sie besiedeln fast alle terrestrischen Lebensräume, die meisten von ihnen sind Bodenbrüter und siedeln in sich rasch erwärmenden Böden. Aber auch Mauerritzen, hohle Stängel bis hin zu leeren Schneckenhäusern werden als Nistplatz genutzt. Die beiden Wildbienenarten **Gehörnte Mauerbiene** (*Osmia cornuta*) und **Rostrote Mauerbiene** (*Osmia bicornis*) sind vielen Garten- und Balkonbesitzern bekannt, da sie zahlreich vorkommen und als Frühlingsboten bereits im März nach Nistplätzen suchen. Als Kulturfolger besiedeln sie erfolgreich alle verfügbaren hohlen Gegenstände wie Rollladen-Stopper, Bohrungen in Regalen und Hölzern, Kunststoff- oder Schilfmatten, Ritzen in alten Schuppen u. v. m.

Eine weitere Einteilung ergibt sich aus der Auswahl der Nahrungsquellen zum Eigenverzehr und zur Brutversorgung. Die beiden genannten Wildbienenarten bevorzugen ein möglichst vielfältiges Nahrungsangebot und gehören daher zu den polylektischen Arten oder Nahrungsgeneralisten. Wird beispielsweise trotz unterschiedlichen Pollenangebots ausschließlich Pollen einer bestimmten beziehungsweise verwandten Pflanzenart gesammelt, spricht man von oligolektischen Wildbienenarten oder Pollen-/Nahrungsspezialisten. Aufgrund dieser Spezialisierung sind solche Insekten sehr anfällig für Veränderungen ihres Lebensraumes, viele Arten gelten als vom Aussterben bedroht oder verschollen.

Die zur Bestäubung eingesetzten Arten sind ausschließlich Nahrungsgeneralisten (polylektisch):

- **Gehörnte Mauerbiene** *Osmia cornuta*,
- **Rostrote Mauerbiene** *Osmia bicornis*,
- **Luzerne-Blattschneiderbiene** *Megachile rotundata*.

Den bezeichnenden Namen „Mauerbiene" erhielten die *Osmia*-Arten nicht etwa, weil sie auch Mörtelritzen in offenen Ziegelwänden/-mauern besiedeln, sondern durch ihr Brutverhalten. Die Mauerbiene sucht zwecks Eiablage Röhren oder röhrenähnliche Orte auf und legt dort Brutkammern an, die sie jeweils mit einer Lehmwand voneinander trennt. Der Durchmesser solcher Brutröhren misst zwischen 5–7 mm. Bei breiteren Bruträumen hilft sich die Mauerbiene damit, dass sie die Lehmzellen nebeneinander anlegt. Den Lehm transportiert sie mit Hilfe ihrer Mandibeln.

Die **Luzerne-Blattschneiderbiene** sammelt als Nistmaterial Blattsegmente bevorzugt von Luzerne. Damit baut sie ihre Brutzellen beispielsweise in Holzfraßgängen, hohlen Pflanzenstängeln oder Hohlräumen von Lehm- oder Lösswänden. Sie dreht die gesammelten Blattteile zu Röllchen, proviantiert das Gelege mit Pollen und legt jeweils ein Ei an das Pollenpaket. Im Anschluss wird aus dem vorhandenen oder neu gesammelten Pflanzenmaterial eine Zwischenwand angelegt und die folgende Brutkammer vorbereitet. Auch Nisthilfen werden gerne angenommen, sofern sie einen Röhrendurchmesser von 5–6 mm und eine Gangtiefe von 8–10 cm aufweisen. Die Reproduktionsrate von *Megachile rotundata* ist mit circa 35 Brutzellen sehr hoch (6). Die Proviantierung der Brutröhren erfolgt aus Pollenquellen in unmittelbarer Umgebung.

Insbesondere in Nordamerika wird *Megachile rotundata* zur Bestäubung von Luzernesaaten eingesetzt und hierfür kommerziell gezüchtet.

Da Lebensweise und Entwicklungsverlauf dieser drei Wildbienenarten annähernd identisch sind, wird im Folgenden exemplarisch auf die Rostrote Mauerbiene *Osmia bicornis* eingegangen.

Der Name *Osmia bicornis* bezieht sich auf ihre flaumige rostrote Behaarung. Ihr natürlicher Lebensraum ist vielfältig. Bevorzugt werden offene, warme und weitgehend trockene Standorte wie Waldränder, Waldlichtungen, Brachen und Hohlwege sowie Streuobstwiesen mit alten oder toten Baumbeständen. Beliebte natürliche Nisthabitate sind Lehm- und Lösswände, warme Felsmauern, Hecken mit markhaltigen Asttrieben beziehungsweise mit toten Astanteilen (z. B. Brombeere, Holunder) sowie Totholz.

AUSWINTERUNG Sie beginnt mit dem Schlupf der männlichen Mauerbienen – je nach Wetterlage üblicherweise Ende März/Anfang April. Sie halten sich ständig vor den Brutröhren auf, um die Legeröhren zu kontrollieren und das Schlüpfen der Weibchen abzupassen. Sobald aus den nachfolgenden Zellen ein Weibchen erscheint, wird dieses meist unmittelbar von einem Männchen umklammert. Das Weibchen ist jedoch nicht sofort begattungsbereit. Während der nächsten Stunden kommt es ständig zu Angriffen anderer Männchen, die sich auf das Paar setzen und das Männchen verdrängen möchten. Mitunter sitzen mehrere Männchen auf einem Weibchen.

Eigelege von Osmia bicornis: weibliches Tier beim Proviantieren einer Brutzelle.

FORTPFLANZUNG Sobald die Begattung stattgefunden hat, ist das Weibchen auf der Suche nach einem geeigneten Nistplatz, also Löchern mit dem passenden Durchmesser und möglichst einer Gangtiefe, in der mehrere Eikammern hintereinander angelegt werden können. Zu Beginn der Bautätigkeit wird die erste Brutkammer mit Lehm ausgekleidet. Die folgenden Flüge gelten überwiegend dem Sammeln von Pollen. Dieser wird in der Röhre mit Nektar vermischt und in die Brutkammer gedrückt. Ist eine ausreichende Menge in der Kammer, wird ein befruchtetes Ei abgelegt und die Brutzelle mit einer Lehmwand verschlossen. Dieses Procedere wiederholt das Weibchen, bis die Röhre fast gefüllt ist. In den vorderen Kammern legt sie unbefruchtete Eier ab, so dass im Folgejahr zuerst die Männchen schlüpfen. Die Abschlusszelle ist nicht belegt. Auf diese Weise schützt die Wildbiene ihren Nachwuchs vor Vogelfraß und knabbernden Nagern. Aufgrund des hohen Brutpflegeaufwandes kann eine Rostrote Mauerbiene in ihrer nur wenige Wochen umfassenden Lebensspanne bis zu 30 Brutzellen in mehreren Brutröhren anlegen.

ENTWICKLUNG Die Larve entwickelt sich über 3–4 Wochen, in denen sie sich 4-mal häutet. Dabei verzehrt sie den Pollenvorrat meist vollständig. Nun spinnt sie sich einen Kokon und verpuppt sich. Während einer kurzen Puppenphase verwandelt sie sich in eine vollentwickelte Mauerbiene und verbringt die Winterzeit in dem braunen, stabilen Kokon. Die komplette Metamorphose vom Ei zur Larve zur Puppe zum ausgewachsenen Insekt ist Ende August abgeschlossen, die Entwicklung bezeichnet man auch als holometabol.

Bei stetiger Zunahme der Temperatur gegen Ende März beginnt für die neue Generation von Mauerbienen ihre kurze aktive Lebensspanne.

NAHRUNGSSUCHE Das Weibchen benötigt nach dem Schlupf vor allem das hochwertige Eiweiß des Pollens zwecks Reifung ihrer Eierstöcke. Nektar sammelt sie hauptsächlich als Energiespender für die vielen notwendigen Flüge. Mauerbienen suchen ihre Nahrung in einem

Radius von etwa 600 m vom Brutgelege. Ihre Sammeltätigkeit kann an einem sonnigen Tag bis zu 7000 Blüten betragen. Entgegen der Honigbiene, die den Pollen vermischt mit Speichel in ihrem Pollenhöschen transportiert, trägt die Wildbiene den trockenen Pollen in der am Bauch befindlichen stark behaarten Bauchunterseite, der Bauchbürste. Diese Transportweise des gesammelten Pollens und die hohe Sammeltätigkeit kennzeichnen die Rostrote Mauerbiene als hervorragende Bestäuberin von landwirtschaftlichen Kulturen.

Die Orientierung der Wildbiene funktioniert wie bei der Honigbiene. Sie richtet sich nach Sonnenstand, polarisiertem Licht und prägnanten Landstrukturen. Als Einzeltier muss sie kraftschonend sammeln, was den begrenzten Flugradius erklärt.

Wildbienen werden durch eine Vielzahl von Parasiten befallen, was bei der Vermehrung ein Problem darstellt. Werden die Wildbienen-Kolonien nicht jährlich überprüft beziehungsweise durch die Wahl eines geeigneten pflegeleichten Zuchtsystems optimal vermehrt, brechen sie nach wenigen Jahren völlig zusammen.

FLIEGEN

Die **Goldfliege** *Lucilia sericata* und die **Blauen Schmeißfliegen** *Calliphora vomitoria und Calliphora vicina* zählen zur Familie der Schmeißfliegen (Calliphoridae) und kommen fast weltweit vor. Durch die Ortswahl ihrer Eigelege tragen sie wesentlich zum Abbau von totem tierischen und pflanzlichen Material bei. Aus hygienischer Sicht sind Schmeißfliegen ernstzunehmende Vorratsschädlinge, da sie ihre Eier an tierischen Lebensmitteln ablegen und dabei zum Teil lebensgefährliche Mikroorganismen übertragen.

Goldfliege *Lucilia sericata*

Ihren Namen verdankt die Goldfliege ihrem goldgrün metallfarbigen Aussehen. Sie ist etwa 1 cm groß. Ihre aktive Zeit hat sie von Juni bis September.

Die Fliegenlarven durchlaufen eine holometabole Metamorphose mit Ei, 3 Larvenstadien, Puppe und erwachsenem Tier. Die Entwicklung der Larven ist stark temperaturabhängig: Je wärmer (etwa 25 –30 °C), desto rascher läuft sie ab; bei 9–10 °C stoppt sie (8). Diese Tatsache macht es möglich, die Larvenkokons im Puppenstadium gut im Kühlschrank lagern zu können.

Während sich die Larven von Fleisch, z. T. Aas, Kot und sich zersetzenden Substraten ernähren, wählen die erwachsenen Fliegen Pollen und Nektar bevorzugt von stark riechenden Pflanzen.

Lucilia sericata legt ihre Eigelege auch an offenen Wunden ab und löst dadurch die Fliegenmadenkrankheit (Myasis) aus, die

Blaue Schmeißfliege, zusammen mit Goldfliege.

unbehandelt zur Sepsis (Blutvergiftung) und zum Tod des betroffenen Tieres führen kann. Insbesondere in der Schafzucht sind die Beeinträchtigungen durch Wundmyasis von erheblicher ökonomischer Bedeutung. Allerdings wird diese Lebensweise der Larven auch positiv genutzt. In der medizinischen Versorgung setzt man speziell dafür herangezogene Larven ein, um schlecht heilende Wunden von entzündetem nekrotischem Wundgewebe zu befreien.

Auch werden Larven und Puppen als Futtertiere („Pinkey“) in der Aquaristik, für Terrariumtiere und als Angelköder eingesetzt.

Stinkmorchel, ein Magnet für Schmeißfliegen.

Blaue Schmeißfliegen *Calliphora vomitoria, Calliphora vicina*

Die Arten der Gattung *Calliphora* sind die in Deutschland bekanntesten Vertreter der Schmeißfliegen. Sie erreichen Körpergrößen von 11–14 mm. Kopf und Brustkorb sind mattgrau, der Hinterleib glänzt metallisch blau mit schwarzen Markierungen. Die Augenfarbe ist meist rot.

Die Ablage der etwa 150–200 Eier erfolgt gewöhnlich auf Kadavern, aber auch in vielen anderen proteinreichen Substraten, gelegentlich sogar an Wunden bei Tieren und Menschen. Daher bezeichnet man diese Arten auch als Blaue Fleischfliegen.

Wie bei der Goldfliege durchlaufen die Blauen Schmeißfliegen eine holometabole Metamorphose. Die Entwicklungszeit vom Ei bis zum Schlupf des adulten Tieres ist stark temperaturabhängig und beträgt etwa 2 Wochen. Nach dem Schlupf kommt es nach relativ kurzer Zeit zur Verpaarung und ersten Eiablage. In kalten Jahreszeiten verkriechen sich die Fliegen an trockenen wärmeren Orten.

Als natürlicher Bestäuber sind sie an nach Aas und allgemein stark riechenden Blütenpflanzen wie Stinkkohl (*Symplocarpus foetidus*), der Dreilappigen Papau (*Asimina triloba*), Drachenmaul (*Helicodiceros muscivorus*), an Goldruten oder Möhrengewächsen anzutreffen. Ebenso tragen sie wesentlich zur Verbreitung von Sporen der Stinkmorchel (*Phallus impudicus*) bei.

Nicht nur die Landwirtschaft ist am Nutzen der Schmeißfliegen interessiert. Durch viele Studien wurde der signifikante Einfluss der Temperatur auf die Larvenentwicklung belegt. Dieses Wissen wird mitunter in der Forensik genutzt, um den Todeszeitpunkt zu bestimmen.

WIE KANN DER LANDWIRT ZUM BESTÄUBUNGSERFOLG BEITRAGEN?

Der Landwirt kennt die speziellen Anforderungen seiner landwirtschaftlichen Kultur und passt seine Kulturführung daran an. Der Bestäubungsimker wiederum weiß um die Bedürfnisse seiner in der Kultur eingesetzten Bestäubungsinsekten. Für einen erfolgreichen Bestäubungserfolg ist das Zusammenwirken beider unerlässlich. Je höher der technische Einsatz in einer Kulturführung ist, desto wichtiger wird die Zusammenarbeit, um den Bestäubungserfolg zu gewährleisten.

FREILAND

Bienen und Hummeln werden direkt in die Kultur platziert, Wildbienen (Mauerbienen) eher in den Randbereichen. **Standplätze** sollten so gewählt werden, dass die eingesetzten Insekten durch Maßnahmen wie z. B. Mulchen, Düngen, Frostberegnung o. a. nicht beeinträchtigt werden. **Bodenfeuchte und nächtliche Kälte** in Bodennähe verzögern das frühe Ausfliegen. Daher sind Bestäubungsinsekten mindestens 30–50 cm über dem Boden aufzustellen. Bewährt haben sich schmale Paletten oder aufgestapelte Pflanz- beziehungsweise Erntekörbe, also Materialien, die auf jedem Obsthof verwendet werden.

Während der Bestäubungsphase ist es von Vorteil, die Kultur regelmäßig in den Morgenstunden zu **bewässern**. Diese Maßnahme sichert einen regelmäßigen Nektarfluss und somit fortwährende Attraktivität der zu bestäubenden Blüten. Dies hat jedoch oftmals zur Folge, dass die Fahrgassen für einen PKW unpassierbar werden. Um die notwendigen imkerlichen Arbeiten auch in weitläufigen Anlagen dennoch zügig durchführen zu können, freut sich der Imker über die Möglichkeit, ein **geländegängiges Fahrzeug** wie zum Beispiel einen „Gator" zur Verfügung gestellt zu bekommen.

Ein **Mulchen** von Konkurrenztrachten in den Fahrgassen sollte durchgeführt werden, bevor die Bestäubungsinsekten eingesetzt werden. Falls aus wetterbedingten oder organisatorischen Gründen dies nicht geschehen konnte, ist es sinnvoll, das Aufblühen der ersten Blüten abzuwarten und erst in den Abendstunden, wenn der Insektenflug eingestellt ist, mit der Arbeit zu beginnen. Beim Einsatz von Wildbienen ist allerdings zu bedenken, dass diese in ihrer kurzen Lebensspanne von 4–6 Wochen auch nach dem Abblühen der Kultur weiterhin auf ein Pollenangebot angewiesen sind. Blühende Fahrgassen oder Randstreifen ermöglichen es ihnen, ihren Lebenszyklus abzuschließen.

Nicht selten sind plötzliche Kälteeinbrüche während der Bestäubungsphase. Als **Frostschutz** werden mitunter Schutzbedeckungen (Gazenetze, Folien) eingesetzt und die Anlage damit komplett abgedeckt. Diese Maßnahme wäre für einen Großteil der bestäubenden Insekten der sichere Tod, denn sie haben sich in ihrer Umgebung eingeflogen und benötigen einige Zeit, sich an geänderte Bedingungen anzupassen. Eine Schutzbedeckung ist dennoch akzeptabel, sofern sie erst abends nach Beendigung des Insektenfluges geschlossen wird und im Abstand von mehreren Metern Öffnungen vorgesehen werden, um den Bestäubern auch weiterhin die Möglichkeit zu lassen, außerhalb der Anlage aktiv zu sein.

Überkronen-Frostschutzberegnungen stören in der Regel nicht, solange die Insektenbehausungen nicht beeinträchtigt werden.

Auf **Pflanzenschutzmaßnahmen** während der Bestäubungsphase ist möglichst zu verzichten.

GEWÄCHSHAUS

Gewächshäuser sind für alle Insekten ein unnatürlicher Raum, der ihre Bewegungsfreiheit extrem einschränkt. Glasbarrieren können nicht erkannt werden, künstliche Klimatisierung und Kunstlicht passen nicht zu den Tageslängen beziehungsweise den entsprechenden Klima- und Lichtverhältnissen im Freiland. Kurzum, der gewohnte natürliche Tagesrhythmus ist verändert. Daher muss der Imker seine Völker weitgehend auf diese veränderten Bedingungen vorbereiten. Keinen Einfluss hat er auf die technische Ausstattung der Gewächshäuser. Hier steht der Landwirt in der Verantwortung, Geräte und routinemäßige Arbeitsabläufe an die Insekten anzupassen.

STELLPLATZ Um sowohl für Bestäubungsinsekten als auch für Mitarbeiter und Erntehelfer einen möglichst störungsfreien Aktionsraum zu schaffen, ist eine Platzierung der Behausungen über den Kulturpflanzen sinnvoll. Bewährt haben sich stabile Plattformen in circa 2 m Höhe oder andere geeignete Aufstellalternativen, die vom Landwirt vorbereitet werden.

CO_2-BEGASUNG Für eine optimale Pflanzenentwicklung wird teilweise CO_2 als Düngung eingesetzt. Bei Insekten führt diese Zufuhr zu verändertem Verhalten. Honigbienen vermindern beispielsweise ihre Aktivität bis hin zur Apathie, die Sammelleistung geht drastisch zurück. Daher sollte während der Bestäubungsphase die CO_2-Gabe auf maximal 700 ppm reduziert werden.

AUTOMATISCHE DÜNGUNG UND BEWÄSSERUNG DER KULTUREN Sie beeinträchtigt die Insekten nicht. Es sollten jedoch zusätzlich mehrere Frischwasserquellen angeboten werden. Dies können Hühnertränken mit einem Moosring oder Töpfe mit feuchtem Torf-Erde-Gemisch sein.

BELÜFTUNGS- UND ABSAUGANLAGEN Diese müssen mit Gaze abgedeckt werden, um ein Ansaugen der Insekten zu verhindern.

TEMPERATURREGELUNG Sie ist durch Automatiksteuerung der Fenster in Gewächshäusern üblich. Hier muss entsprechend reagiert werden, indem je nach Größe des Hauses mindestens ein Fenster aus der Schließautomatik genommen wird, um den Insekten die Möglichkeit zu geben, sich auch außerhalb des Hauses mit Pollen zu versorgen.

BESCHATTUNGSFOLIEN ODER -GAZE Diese dürfen nicht dicht abschließen oder überlappen. Dies wäre eine tödliche Falle für die Insekten, die sich dahinter befinden. Sie würden nicht mehr „nach Hause“ finden und aus Erschöpfung sterben.

PFLANZENSCHUTZMASSNAHMEN Im Gewächshaus haben sie einen weitaus stärkeren Einfluss auf Verhalten und Wohlbefinden der Bestäubungsinsekten als im Freiland. Daher ist während der Bestäubungsphase möglichst auf Pflanzenschutzmaßnahmen zu verzichten.

FOLIENTUNNEL

Für sämtliche Bestäubungsinsekten sind Folienhäuser die größte Herausforderung. Hohe Luftfeuchtigkeit und vor allem rasch ansteigende Innentemperaturen im Tunnel bei Sonnenschein können zu Problemen führen.

An heißen Tagen sollte der Landwirt zwecks **zusätzlicher Belüftung** neben den geöffneten Frontflächen auch die Seitenfolien um mindestens 50 cm hochschlagen. Das Verschließen darf erst in den Abendstunden nach Einstellen des Insektenfluges erfolgen.

Im Tunnel einen passenden **Stellplatz** zu finden, ist aufgrund mangelnder technischer Voraussetzungen nicht einfach. Eine Position über der Kultur ist auch hier in jeder Hinsicht sinnvoll. Eine mögliche Lösung wäre ein Aufhängen der Behausung. Dazu werden am Dachgestänge stabile Schnüre oder Seile befestigt, in die Ernteboxen oder andere Kisten als Plattform eingehängt werden. Bei hochwachsenden Kulturen muss der Standort am Tunneleingang oder -ausgang gewählt werden.

Eine **Wasserquelle** (Hühnertränke o. ä. wie für den Einsatz im Gewächshaus beschrieben) und deren regelmäßiges Auffüllen ist unbedingt notwendig.

Falls ähnliche **Technik** (Gebläse, Bewässerung, CO_2-Düngung) wie im Gewächshaus zum Einsatz kommt, wird in gleicher Weise wie dort verfahren.

Die deutlich veränderten Lichtverhältnisse gegenüber dem Außenbereich beeinflussen das Orientierungsvermögen der Bestäubungsinsekten enorm. Um überhaupt einen Einsatz von Bestäubern zu ermöglichen, muss die Folie eine **Durchlässigkeit für UV-Licht** von mindestens 70 % gewährleisten. Die Insekten reduzieren auf jeden Fall ihren Ausflug, sie starten später und beenden ihre Sammeltätigkeit früher. Eine der möglichen Alternativen bieten Folienbespannungen, die in etwa 1 m Höhe gerafft werden können, um UV-Licht in den Tunnel einzulassen.

Die Übergangsbereiche von Eingang zu Seiten- und Dachflächen sind besonders kritisch, vornehmlich wenn die Flächen aus unterschiedlichen Folienqualitäten oder Materialien be-

Folientunnel, Beispiel für einen Stellplatz in einer Himbeer- und Erdbeerkultur.

stehen. Hier sammeln sich häufig die Insekten in den Ecken, was als Trapping-Effekt bezeichnet wird. Befinden sich in diesen Bereichen Folienwicklungen oder Überlappungen, finden die Tiere nicht mehr heraus und verenden aus Erschöpfung in den Folien. Um dies zu verhindern, muss vor Einstellen der Bestäubungseinheiten eine **Schwarzfolie** über die Eckbereiche gespannt werden. Es ist dringend darauf zu achten, dass keine Schlupflöcher entstehen können.

Auf **Pflanzenschutzmitteleinsatz** ist während der Bestäubungsphase möglichst zu verzichten.

Insbesondere in geschlossenen Systemen: Schwarzfolie zum Vermeiden des Trapping-Effekts.

PFLANZENSCHUTZMASSNAHMEN WÄHREND DER BESTÄUBUNGSPHASE

Pflanzenschutz folgt den beiden wesentlichen Prinzipien:

- Bekämpfung von Zielorganismen, ohne Schaden an Nichtzielorganismen beziehungsweise dem Naturhaushalt zu verursachen,
- trotz Einsatz von Pflanzenschutzmitteln (PSM) dem Endverbraucher rückstandsfreie Produkte anzubieten.

Während der Blühphase von landwirtschaftlichen Kulturen geht es bei der Diskussion hinsichtlich des Einsatzes von Pflanzenschutzmitteln zum einen um die geeignete Wahl des Mittels, zum anderen um den Zeitpunkt bzw. die Tageszeit des Ausbringens, um sowohl die Kultur zu schützen als auch den Bestäubungsinsekten nicht zu schaden. Dabei wird nicht immer berücksichtigt, dass sowohl Imker wie auch Landwirt verantwortlich sind für ein rückstandsfreies Endprodukt. Ein B4-Mittel (nicht bienengefährlich gemäß Einstufung der Bienenschutz-Verordnung) schont zwar die in der Blühfläche befindlichen Insekten, schließt aber nicht aus,

Bestäubung einer Erdbeerkultur in Norwegen.

dass an der Blüte Rückstände verbleiben, die von den Insekten geerntet werden und sich im Honig wiederfinden können. Eine nicht objektive Sichtweise kann dann auch schon einmal zu zwei unversöhnlichen Parteien führen.

Generell sollten Pflanzenschutzmaßnahmen während der Blühphase nach Möglichkeit vermieden werden, denn jedes Mittel kann Einfluss auf die besuchenden Insekten haben. Dies zeigt sich z. B. beim Orientierungsvermögen und Geruchssinn, auch der Brutverlauf kann negativ beeinflusst werden. Insbesondere Wildbienen sind gefährdet, da sie den kontaminierten Pollen zur Brutaufzucht einlagern. Damit befindet er sich in den Brutröhren und ist jeglichen Witterungseinflüssen entzogen. Der Abbauprozess von Wirkstoffen kann somit kaum mehr stattfinden. Sofern Insekten die Möglichkeit des Ausweichens haben, um unbehandelte Pflanzen in der Nähe zu besuchen, werden sie diese wählen, was aber den gewünschten Bestäubungserfolg in der behandelten Kultur schmälert.

Der gemeinsame Einsatz von PSM und von Bestäubungsinsekten schließt sich dennoch nicht aus. Es muss für eine vorgesehene Applikation der passende Zeitpunkt bedacht werden. Die Aufgabe besteht darin, gemeinsam ein auf Kultur und Insekten gleichermaßen optimal abgestimmtes Pflanzenschutzkonzept zu finden.

Freiland: betrieblich festgelegter Behandlungsplan

Folgt die Behandlungsstrategie lediglich einem zeitlich festgelegten Behandlungsplan ohne erkennbaren Schädlings- beziehungsweise Schaderregerdruck, sollte auf die Applikationen verzichtet werden. Das Gleiche gilt für den Einsatz von Herbiziden.

Freiland: steigender Schädlings-/Schaderregerdruck

Im Obstbau wird teilweise mit Hilfe von Prognosemodellen z. B. bei Gefahr von Schorf, Mehltau oder anderen Schaderregern der Einsatz von PSM empfohlen. Dies ist im Hinblick auf den Naturhaushalt sinnvoll, da sie helfen, den Eintrag von Mitteln zu reduzieren, wenn nur bei erwartetem Schadaufkommen eine Behandlung erfolgt. Der Landwirt kann eine notwendige Applikation in der Regel nicht aussetzen, da ihm ansonsten Schaden an der Kultur und daraus folgend Ernteeinbußen drohen. Während der Blühperiode, also in der Zeit der Bestäubung durch Bienen und/oder Hummeln, ist eine erforderliche Pflanzenschutzbehandlung gemeinsam von Landwirt und Imker zu besprechen. Sie entscheiden zusammen, welche Maßnahmen zu welchem Zeitpunkt durchgeführt werden könnten bzw. ob sie notwendig sind. Dazu gehören das zeitlich begrenzte Verschließen der Insektenbehausungen, entsprechender Spritzschutz, aber auch das Durchführen der Applikation in den Abendstunden nach Beendigung des Insektenfluges.

Freiland: hoher Schädlings- bzw. Schaderregerdruck

Sind bereits Schäden oder ein Befall über der wirtschaftlichen Schadschwelle an den Pflanzen erkennbar, ist in der Regel eine sofortige Pflanzenschutzbehandlung durchzuführen. Auch in diesem Fall muss mit dem Bestäubungsimker/Imker eine gemeinsame Strategie besprochen werden. Beim Einsatz von Insektiziden beziehungsweise bienengefährdenden Produkten (Gefährdungsklasse B1–B2) ist es unumgänglich, die Bestäubungsinsekten aus der Kultur zu nehmen. Nach Abbau des Wirkstoffes kann die Kultur erneut mit Insekten versorgt werden, dann aber nicht mehr mit den vormals dort eingesetzten. Für Wildbienen stellt jede Behandlung ein großes Problem dar, da ihre Nistplätze selbst für kurze Zeit nicht versetzt werden können.

Einstufung von Pflanzenschutzmitteln entsprechend ihrer Gefährdungspotentiale auf Honigbienen	Anwendungsbestimmung
B1	Das Mittel wird als bienengefährlich eingestuft (B1). Es darf nicht auf blühende oder von Bienen beflogene Pflanzen ausgebracht werden; dies gilt auch für Unkräuter.
B2	Das Mittel wird als bienengefährlich, außer bei Anwendung nach dem Ende des täglichen Bienenfluges in dem zu behandelnden Bestand bis 23.00 Uhr, eingestuft (B2). Es darf außerhalb dieses Zeitraums nicht auf blühende oder von Bienen beflogene Pflanzen ausgebracht werden; dies gilt auch für Unkräuter.
B3	Aufgrund der durch die Zulassung festgelegten Anwendungen des Mittels werden Bienen nicht gefährdet (B3).
B4	Das Mittel wird bis zu der höchsten durch die Zulassung festgelegten Aufwandmenge oder Anwendungskonzentration, falls eine Aufwandmenge nicht vorgesehen ist, als nicht bienengefährlich eingestuft (B4).

Kennzeichnungs- und Anwendungsbestimmungen von Pflanzenschutzmitteln.

Gewächshaus und Folientunnel

Hier ist der Einsatz von Nützlingen ein fester Bestandteil des Pflanzenschutzmanagements. Deren hohe Effizienz kann die Entwicklung von Schaderregern meistens unter der Schadensschwelle halten, die üblicherweise verwendeten Nützlinge schaden beziehungsweise stören die Bestäubungsinsekten nicht.

Anders verhält es sich jedoch mit chemischen Pflanzenschutzmitteln, sofern diese während der Bestäubungsphase zum Einsatz kommen müssen. Die Insekten sind zwangsläufig sowohl im Pflanzenkontakt als auch in Form des Nahrungsangebotes dem applizierten Mittel dauerhaft ausgesetzt, da sie nicht auf andere Nahrungsquellen ausweichen können. Dies trifft auch bei geöffneten Fenstern oder hochgezogenen Folienflächen zu. Zudem verbleibt der Wirkstoff deutlich länger auf der behandelten Kulturfläche aufgrund der fehlenden Witterungseinflüsse wie Regen und Nebel oder UV-Licht, die einen Abbau begünstigen und verstärken könnten. Insbesondere hochsensible Kulturen im Saatzuchtbereich werden intensiv mit chemischen Pflanzenschutzmitteln behandelt. Doch auch hier kann erfahrungsgemäß während der 3–5 Wochen dauernden Bestäubungsphase auf das Durchführen von Applikationen verzichtet werden.

Für den Bestäubungsimker bedeutet der Einsatz seiner Bestäubungsinsekten insbesondere in der Saatgutvermehrung eine hohe Bereitschaft, flexibel und schnell auf die Bedürfnisse des Auftragsgebers zu reagieren und eventuell einen sofortigen Abzug der Insekten vorzunehmen.

GRUNDLAGEN FÜR EINE ERFOLGREICHE BESTÄUBUNG

Bestäuberbiologie, Boden und Nährstoffe, Pflanzenanatomie

Man lernt nie aus – dieser Satz gilt auch für Imker mit mehreren Jahren „Berufserfahrung". Je größer und je vielseitiger die Kenntnisse sind, desto besser kann man Verhalten und Situationen seiner Tiere beurteilen und entsprechend handeln.

RÄUMLICHE ORIENTIERUNG – WO BIN ICH, WIE FINDE ICH MEIN ZIEL

Beim Durchtritt des Sonnenlichts durch die Erdatmosphäre werden die Sonnenstrahlen an Erdatmosphärenteilchen gebrochen, gebeugt und reflektiert. Hierbei entstehen Lichtwellen mit gleicher Schwingungsrichtung, die als polarisiertes Licht bezeichnet werden. Viele Insektenarten können dieses polarisierte Licht mit Hilfe spezieller UV-Rezeptoren ihrer Facettenaugen wahrnehmen. Bienen und Hummeln nehmen jedoch nur solches wahr, das senkrecht zur Lichtwellenrichtung schwingt, und neben dem Licht an sich zusätzlich den resultierenden Richtungswinkel. Anhand des sich ergebenden Polarisationsmusters können Sonnenstand und Himmelsrichtungen auch bei nahezu bedecktem Himmel bestimmt werden.

Hummeln und Bienen nutzen polarisiertes Licht und Sonnenverlauf zur Kompassorientierung (siehe Seite 52). Darüber hinaus verwenden sie zur Navigation Duft- und einprägsame Landmarken (Form und Anzahl), die sie sich während ihrer Sammelflüge ins Bildgedächtnis eingeprägt haben. Hummeln können durch Kombination der wahrgenommenen Landmarken ihr Nest aus nahezu 10 km Entfernung wieder auffinden (9).

Wildbienen nutzen neben der Kompassorientierung ebenfalls Duft- und Landmarken, jedoch für unterschiedliche Zwecke. Das Erkennen ihrer Nester erfolgt anhand von Duftmarken. Zwecks Futtersammeln sind jedoch Landmarken die wichtigsten Orientierungshilfen, die sie mit Hilfe eines visuellen Gedächtnisses nutzen. Heimfindungsversuche mit *Osmia cornuta* zeigten, dass sie ihre Nester aus einer Entfernung von 800–1400 m sicher wiederfanden. Der Aktionsradius zur Verproviantierung der Brutzellen beträgt in der Regel nur 200–500 m (10).

Bei Honigbienen fand man zudem heraus, dass sie mit Hilfe des sogenannten optischen Flusses Entfernungen bestimmen können (siehe Seite 52f.) und damit unter Nutzung der Kompassorientierung einen räumlichen Bezug dieser Duft- und Landmarken zueinander herstellen können. Einige Bienenforscher vermuten, dass Honigbienen ihre Stockumgebung in Form einer Landkarte (kognitiven Karte) im Gehirn abspeichern. Dies ermöglicht ihnen, trotz vieler Richtungsänderungen während des Sammelfluges z. B. den kürzesten Heimweg anzusteuern (Weg-Integration; 11). Ungeklärt ist, ob sie zusätzlich Magnetfeldlinien zur Orientierung nutzen.

ANWENDUNG IN DER PRAXIS

Viele Bestäubungseinsätze finden im Glashaus oder Folientunnel statt. Zum Schutz der Kulturen und vor Zerstörung der Folien werden dem Kunststoff spezielle UV-Blocker beigemischt, die das einstrahlende Sonnen- respektive UV-Licht ablenken beziehungsweise zerstreuen. Bei Gewächshausglas verhält es sich ähnlich.

Bienen ist es angeboren, sich mittels Sonnenverlauf und Polarisationsmuster zu orientieren. Den räumlichen Bezug zu ihrer Umgebung herzustellen und zu navigieren, müssen sie dagegen erlernen. Wenn sie aus dem Freiland in ein Gewächshaus oder einen Folientunnel verstellt werden, ist daher immer wieder zu beobachten, dass sowohl Bienen als auch Hummeln desorientiert sind, weil das gewohnte Polarisationsmuster nicht mehr vorhanden ist. Bei ihrem Einsatz ist darauf zu achten, dass Folien und Gewächshausglas zu einem hohen Anteil UV-lichtdurchlässig sind. Auch sollten Bienen und Hummeln in einem jungen Lebensstadium sein, um sich an die unnatürliche Situation durch Lernen der veränderten Polarisationsmuster anzupassen.

Die Fähigkeit, sich Landmarken als Orientierungshilfe einzuprägen, kann genutzt werden, indem bunte, kontrastreiche Gegenstände in der Flugumgebung platziert werden. Insbesondere bei langen Folientunneln erleichtert dies die Orientierung. Eine am Flugloch angebrachte markante Form, die noch mehrmals in der Umgebung aufgestellt oder angebracht ist, erleichtert Bienen die Navigation, da sie Form und Anzahl (bis zu drei) voneinander unterscheiden können.

HEIMFINDUNGSVERMÖGEN, VERSTELLEN DER BEHAUSUNGEN

Die zwei folgenden Begriffe müssen richtig verstanden werden, um Schaden wegen Unwissenheit zu vermeiden: **Heimfindungsvermögen** (HfV) ist die Fähigkeit, nach Umsetzen des Nestes dieses wieder aufzufinden. **Aktionsradius** (Ar) ist der Bereich, in dem die Insekten nach Nahrung für sich oder Nachkommen suchen. Beides unterscheidet sich enorm. Erdhummeln finden ihr Nest auch noch in einer Entfernung von 8 km zu 100 % (HfV), der übliche Aktionsradius (Ar) beträgt circa 1,5 km. Bei Honigbienen gilt für die Heimfindung (HfV) in der Regel ein 5-km-Bereich, für den Ar 3 km. Bei der Mauerbiene *Osmia cornuta* betragen die Werte 800–1400 m (HfV) sowie 200–500 m (Ar) (8).

Nicht selten wird bei Bestäubungseinsätzen erwogen, die Nester in geringer Distanz zu verstellen, beispielsweise in eine benachbarte, aktuell aufblühende Kultur. Selbst wenn es auf der bis zu diesem Zeitpunkt bestäubten Fläche nur noch wenige nektar- und pollengebende Blüten gibt und die neue Fläche eine attraktive Nahrungsquelle darstellt, hätte ein Verstellen der Nester unweigerlich den Verlust der sich in der Umgebung eingeflogenen Bestäubungsinsekten zur Folge. Bei Honigbienenvölkern kann dies eine Volksreduzierung von 20–30 % (gesamte Flugbienen) bedeuten. Das oft in der Praxis angewandte Verstellen von Hummelvölkern von einem Glas- oder Folienhaus in ein benachbartes funktioniert ebenfalls nicht, trotz des umgrenzten Flugbereiches. Die auf die bisherige Umgebung eingeflogenen Insekten nehmen keine Sammeltätigkeit mehr auf und verenden entkräftet an den Folien- oder Glaswänden. Erst die neu „rekrutierten“ Sammlerinnen lernen, sich in der neuen Umgebung zu orientieren.

Ein Verstellen der Nester ist nur erfolgreich, wenn sie außerhalb des Heimfindungsradius platziert werden. Die Tiere müssen sich auf eine neue Umgebung einstellen und sich neue Land- und Duftmarken einprägen. Das gilt für Honigbienen, Hummeln und Blattschneiderbienen Megachile rotundata. Für Mauerbienen ist dieser Sachverhalt noch nicht hinreichend geklärt.

DIE WELT DER DÜFTE – RIECHEN AUFS MOLEKÜL GENAU

Honigbienen, Wildbienen und Hummeln haben einen außerordentlich guten Geruchssinn. Lokalisiert sind die dafür notwendigen Geruchsrezeptoren an den Antennengliedern des Flabellums (Seite 57). Insbesondere an den äußeren Gliedern befinden sich dicht gedrängt mehrere Tausend Riechrezeptoren, die als Porenplatte beziehungsweise Riechhaare angeordnet sind.

Mit deren Hilfe sind die Bienen in der Lage, Düfte in einer Konzentration von wenigen Molekülen je Kubikmeter Rauminhalt wahrzunehmen. Sie übertreffen hierbei das Riechvermögen von Hunden bei weitem. Zudem können sie zwei unterschiedliche Düfte, die mit

Porenplatte und Riechhaare, rasterelektronenmikroskopische Aufnahme.

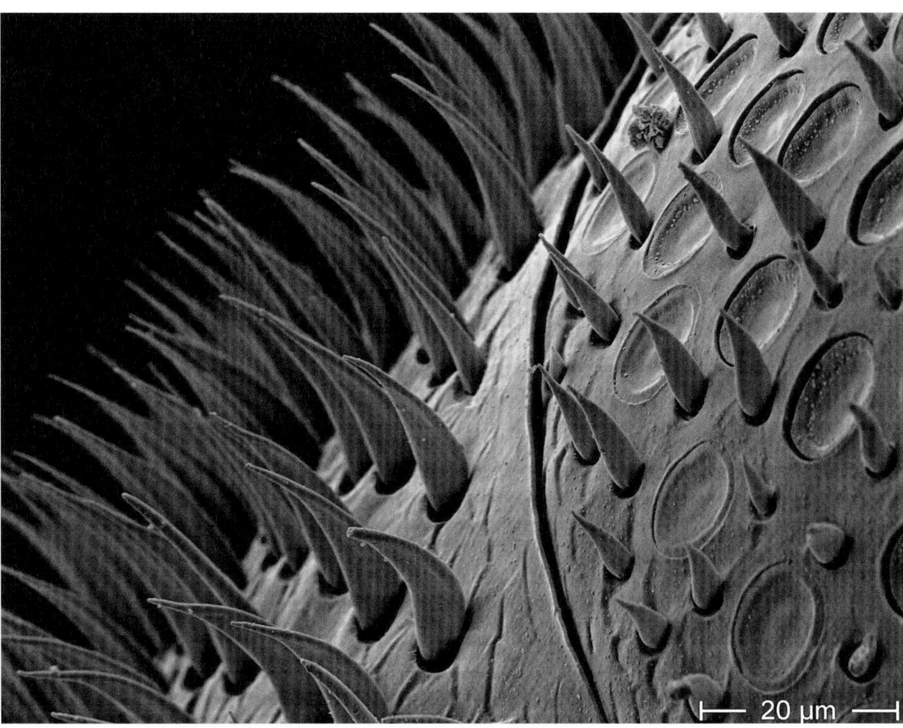

einem Zeitabstand von 6 ms abgegeben werden, voneinander unterscheiden (11). Diese Fähigkeit ermöglicht ihnen, anhand des Duft-Konzentrationsgefälles die in der Luft befindlichen Duftmoleküle für ihre Orientierung zu nutzen, um Trachtquellen aufzufinden. Man geht inzwischen davon aus, dass sie eine innere „Duftkarte" besitzen.

Aufgrund dieser Fähigkeit ist die Idee entstanden, Bienen für gezielte Bestäubungseinsätze mit einem bestimmten Blütenduft zu einer Blüte zu lenken. Es wäre wünschenswert, wenn es gelingen würde, den Bienen im Voraus den Duft der Zielfläche mitzuteilen, sie somit in die beabsichtigte Kultur zu leiten und ungewollte Trachtquellen auszuschalten. Dadurch wäre die Effizienz des Bestäubungseinsatzes optimal erhöht. Der Begriff **Duftlenkung** ist falsch gewählt, denn Honigbienen und Hummeln lassen sich nicht durch Düfte zu einer bestimmten Tracht lenken. Sehr wohl aber lassen sie sich motivieren, auf ihren Sammelflügen nach einer Duftquelle zu suchen. Man nutzt hierbei das Lernverhalten der Tiere, anhaftende Duftmoleküle einer heimgekehrten Tänzerin zum Auffinden der Trachtquelle in das Suchverhalten mit einzubeziehen. Bei hohem Konkurrenztrachtvorkommen lohnt es daher durchaus, beim Aufstellen der Völker ganze oder zerriebene Blüten direkt an das Flugloch zu legen, so dass die Bienen und Hummeln bereits beim Start der Sammeltätigkeit nach dieser Duftquelle suchen. Die dann nachfolgende Informationsweitergabe an weitere Sammlerinnen erfolgt mittels „Schwänzeltanz" (Bienen, Abb. Seite 53) oder „Motivationstanz" (Hummeln).

Bienen mit einem anderen Nestgeruch werden als mögliche Futterräuber sofort von den Wächterbienen erkannt und abgewehrt. Dieses sinnvolle Verhalten kann für heimkehrende Sammelbienen zum Problem werden, wenn sie in ihrem Haarkleid anhaftende Pflanzenschutzmoleküle haben. Dann werden sie oftmals von den Wächterbienen am Eintritt in den Bienenstock gehindert und im Extremfall abgestochen. Üblicherweise benötigen sie mehrere Anläufe oder dürfen erst passieren, wenn nach intensiver Untersuchung die Stockzugehörigkeit festgestellt wurde.

Der hervorragende Geruchssinn der Honigbienen wurde in den letzten Jahren auch auf andere Art genutzt. So wurden sie beispielsweise als „Schnüffelbienen" zum Minensuchen oder für Zolltätigkeiten eingesetzt.

DIE WELT DER FARBEN – FARBWAHRNEHMUNG AUCH IM ULTRAVIOLETTEN BEREICH

Neben dem für Insekten typischen Facetten-Augenpaar besitzen Bienen und Hummeln noch weitere drei einfache Linsenaugen, die sich auf der Stirn befinden. Mit ihnen werden Hell-Dunkel-Unterschiede wahrgenommen, auch dienen sie der Flugstabilität. Die beiden großen Facettenaugen bestehen aus einem Verbund von mehreren Tausend Einzelaugen (Ommatidien), die zum Teil miteinander verschaltet sind (Appositionsauge). Facettenaugen ermöglichen eine hohe zeitliche, jedoch eine nur geringe räumliche Bildauflösung (Tiefenschärfe). Bewegungen erscheinen auf das Sehvermögen des Menschen übertragen wie in Zeitlupe, räumliche Bilder wirken wie eine stark verpixelte Fotografie.

In jedem Facetten-Einzelauge befinden sich drei Typen von Sehrezeptoren, mit denen die Bienen und Hummeln Farben wahrnehmen können. Am besten untersucht ist die Farbwahrnehmung von Honigbienen. Die Absorptionsmaxima der drei Farbrezeptortypen des Honigbienenauges liegen bei einer Wellenlänge von 345 nm für UV-Licht, 450 nm für Blaulicht und 530 nm für Grün. Bezogen auf den Menschen ist das wahrnehmbare Lichtspektrum (Absorptionsmaxima: 440 nm /blau; 530 nm /grün; 570 nm /gelb-orange) in Richtung UV-Bereich verschoben. So können Menschen kurzwelliges UV-Licht nicht wahrnehmen, Bienen nicht das langwellige Rotlicht. Um den Farbenraum von Bienen auf die menschliche Farbwahrnehmung zu übertragen, bedient man sich der Falschfarbenfotografie. Vereinfacht ausgedrückt werden so UV-Anteile als blau, Blauanteile als grün und Grünanteile als rot dargestellt. Beispielsweise wird eine für den Menschen gelbfarbige Blume von Bienen in „Bienenpurpur" wahrgenommen, eine weiße Blüte erkennt die Biene als gelbe.

Mischsaattechnik beim Einkreuzen verschiedenfarbiger Hybridlinien; Radieschen-Saatzucht.

Neben der Wahrnehmung von Licht durch die drei Rezeptortypen werden die Farbinformationen durch hemmende und erregende Neuronen im Gehirn verarbeitet. Die Farbwahrnehmung wird hierdurch enorm erhöht, so dass alle Farben im Bereich von 300–650 nm wahrnehmbar sind. Der Farbenraum von Hummeln und Bienen ist hierbei wesentlich größer als jener, der von Blumen reflektiert wird.

Der Sehwinkel stellt ebenfalls einen wichtigen Aspekt dar, denn auch von ihm hängt ab, wann Hummeln und Bienen Farben und Farbhelligkeiten voneinander unterscheiden können und in Konsequenz daraus, ab welcher Entfernung eine Blüte farbig und attraktiv erscheint. Der Neurobiologe Randolf Menzel und sein Team haben hierzu verschiedene Versuche durchgeführt und festgestellt, dass bei einem Sehwinkel von 5 Grad Farbhelligkeiten differenziert werden, bei 15 Grad die Farbe wahrgenommen wird. Unterhalb dieser Sehwinkel erscheinen Blüten grau-grün-weißlich, was zur Folge hat, dass beispielsweise ein farbiges Objekt aus 1 m Entfernung mindestens 26 cm groß sein müsste, respektive eine Blüte erst aus 5 cm Abstand als farbig wahrgenommen wird.

Bedeutender als die Farbe sind die Strukturen auf der Blüte, insbesondere der Blütenkronblätter, die durch UV-Licht besonders stark reflektiert oder absorbiert werden. Diese Blütenkennzeichnungen können nur von Tieren mit UV-sensitiven Augenrezeptoren erfasst werden und locken sie in unmittelbare Umgebung der Narbe oder Antheren. Attraktiver als Einzelblüten und somit eher beachtet sind Blütengruppen/Blütenbüschel, wie sie bei Süßkirsche und Apfel vorkommen.

Das schlechte räumliche Farbsehen und die Fähigkeit, UV-reflektierende und -absorbierende Strukturen wahrnehmen zu können, macht man sich in der Saatgutzüchtung zunutze. Zwei sich durch Blütenfarbe, aber nicht durch Blütenform unterscheidende Hybridlinien werden beim Einkreuzen gemischt ausgesät. Es wird davon ausgegangen, dass die Blüten sich lediglich in der Farbe der Kronblätter, nicht aber in den UV-Malen unterscheiden. So ist auch beim Einsatz von blütensteten Bestäubungsinsekten die Befruchtungsrate sehr hoch im Vergleich zur üblichen Aussaat in Gruppen.

Ob diese Strukturen im Folientunnel vermindert wahrgenommen werden können, ist noch nicht hinreichend untersucht.

In vielen Publikationen liest man von farbigen Figuren/Formen oder Fluglöchern, die den Hummeln und Bienen die Heimfindung erleichtern sollen. Dies mag für die letzten Zentimeter bei dicht beieinanderstehenden Nestern zutreffen. Um die Orientierung z. B. in einem Folientunnel zu erleichtern, ist es aufgrund der eingeschränkten räumlichen Farbwahrnehmung sinnvoller, Formen in unterschiedlicher Größe und Anzahl oder Schilder mit senkrecht angebrachten Balken einzusetzen.

VERHALTEN WÄHREND DER BESTÄUBUNGSPHASE

Jedes Bestäubungsinsekt bietet aufgrund seines Verhaltens und seiner speziellen Fähigkeiten dem Imker für dessen Bestäubungsauftrag die Möglichkeit, diese Besonderheiten optimal zu nutzen.

BLÜTENSTETIGKEIT

Insekten mit der Neigung zur Blütenstetigkeit haben einen großen Wettbewerbsvorteil gegenüber ihrer Konkurrenz. Haben sie das Öffnen einer komplizierten Blüte erlernt, deren Zuckergehalt und Pollenergiebigkeit erfahren und fliegen sie diese nun immer wieder an, perfektionieren sie ihre Sammelaktivität und erhöhen die Sammelleistung somit beträchtlich. Auch für die aufgesuchte Pflanzenart bedeutet die Blütentreue große Vorteile, denn mit jedem Besuch bringt das ankommende Insekt bereits den passenden Pollen mit.

HONIGBIENEN Sie sind ausgeprägt blütenstet. Haben sie einmal eine ergiebige Trachtquelle gefunden, wird diese überwiegend angeflogen, solange es genügend Nektar und/oder Pollen gibt. Erst nach deren Abernten lässt sich eine Sammlerin für eine andere attraktive Nahrungsquelle motivieren.

HUMMELN Sie sind nur bedingt blütentreu. Auf ihrem Trachtflug suchen sie insbesondere nach Blüten, die sie zuvor als gute Nahrungsquelle erlernt haben (Hauptsammelpflanzen, „majors"). Weitere Blüten („minors") werden dabei aber nicht ignoriert. Findet die Hummel hierbei eine ertragreichere Pflanzenart, fliegt sie diese künftig bevorzugt an.

GEHÖRNTE UND ROSTROTE MAUERBIENEN Diese Arten sind Sammelgeneralisten (polylektisch). Innerhalb ihres Sammelgebietes mit einem Radius von circa 100–500 m nehmen sie üblicherweise an verschiedenen pollenreichen Pflanzen ihre Nahrung für Eigenverbrauch und Versorgung der Brutzellen auf. Pollenanalysen zeigen allerdings, dass sich die Weibchen bei ergiebigen, in der Nähe befindlichen Pollenquellen blütenstet verhalten und ihre Brutzellen mit zum Teil nur einer Pollenart bevorraten (8).

Die Blütenstetigkeit hat Vor- und Nachteile. Die Bestäubung in der Saatgutforschung profitiert bei unterschiedlich gefärbten Pflanzenlinien von flexiblen Bestäubungsinsekten. Bei der Bestäubung von Feld- und Obstkulturen ist dieses Verhalten eher störend, da die Blüte von der

Hummel als unstete Sammlerin mehrmals aufgesucht werden muss, während die Honigbiene ihre Bestäubungsarbeit mit nur einem Besuch erledigt. Gut zu beobachten ist dies bei Erdbeerpflanzen, wo eine Honigbiene den Blütenstand kreisförmig umläuft und alle geöffneten Blüten befruchtet. Dadurch ist ein gleichmäßiges Ausreifen des Blütenbodens gewährleistet.

NAHRUNGSTRANSPORT UND -LAGERUNG

TRANSPORT Nektar und zum Teil auch Pollen werden meist in einer Erweiterung des Vorderdarms, dem Kropf oder bei Bienen dem Honigmagen, transportiert und im Nest wieder hervorgewürgt. Dieses Transportverhalten stellt wahrscheinlich die ursprünglichste Form des Pollentransports dar. Allerdings ist die Menge aufgrund des geringen Kropf-Volumens sehr limitiert. Einen wesentlichen Vorteil schafft der Transport auf der Körperoberfläche, wo sich der Blütenstaub in den feinen Haaren verfängt und direkt oder für den Weiterflug gesichert transportiert werden kann.

Im Laufe der Evolution haben sich zwei Grundprinzipien des Pollentransports entwickelt. Dies sind zum einen dichte Haargruppen, auch als Bürste (Scopa) bezeichnet. Typische **Bürstensammler** sind Mauerbienen (*Osmia*). Bauchseits am Hinterleib (ventral) befindet sich eine dichte Ansammlung von Haarreihen als Sammeleinrichtung für Pollen (Bauchbürste). Bienen mit dieser Art von Pollentransport nennt man Bauchsammler.

Die andere Art der Speichermöglichkeiten sind Vertiefungen an der Körperoberseite und/oder den Beinen. Diese sind oft mit langen, gebogenen Haaren umrandet und ermöglichen es, große Pollenpakete zu transportieren. Für das Transportieren an den Beinen haben sich vielfältige Strukturen herausgebildet, meist als Verlängerung beziehungsweise Ansammlung von Haaren. Am auffälligsten ist dies bei Hosenbienen (Dasypoda) an deren Hinterbeinen ausgebildet. Hummeln und Bienen transportieren Pollen ausschließlich in einer Mulde an der Außenseite der Hinterbeine den Körbchen (Corbiculae).

Begriffe wie Bauchsammler oder Beinsammler sind nicht ganz zutreffend, denn die Pollenaufnahme erfolgt überwiegend mit Beinen oder Mandibeln, lediglich der Transport geschieht mit Bürste, Körbchen oder anderen Strukturen.

Für die Bestäubungsqualität spielt neben der Art und Weise des Pollentransports am Körper auch dessen vorbereitende Bearbeitung eine wichtige Rolle. Einige Insekten feuchten den Pollen mit Speichel, Sekreten oder Nektar an, andere sammeln ihn trocken. Honigbienen und Hummeln sind **Feuchtsammler**, sie bürsten den Blütenstaub aus dem Haarkleid, befeuchten ihn mit Nektar und schieben ihn dann in die Körbchen. Damit können große Mengen Pollen, mitunter bis zu 60 mg, transportiert werden – ein Vorteil für die Sammlerinnen. Der Bestäubung dienen die Feuchtsammler weniger, denn der Pollen steht bis auf die Anteile, die im Haarkleid haften, für weitere Blütenbesuche nicht mehr zur Verfügung. Bauchsammler wie die Mauerbienen *Osmia cornuta* und *Osmia bicornis* sind eindeutig die effektiveren Bestäubungsinsekten, da sie den trockenen Pollen transportieren und ihn unweigerlich bei jedem Blütenbesuch mit der Blüte teilen.

LAGERUNG Soziale und Bienenarten lagern Pollen und Nektar in selbst hergestellten Vorratsbehältnissen (Waben, Töpfe, Zellen) sowohl für den Eigenverzehr als auch für die Larvenversorgung ein. Insbesondere **Honigbienen**, die als Volk den Winter überstehen müssen, bevorraten daher größtmögliche Mengen an Nektar, Honig und Pollen.

Hummeln lagern Nahrungsvorräte nur für wenige Tage ein, um die Versorgung der Larven zu gewährleisten oder um Schlechtwetterphasen zu überstehen. Ihre Sammelaktivität ist der Nestgröße angepasst. Sind die Vorräte aufgebraucht, müssen sie auch suboptimale Wetterbedingungen in Kauf nehmen und auf Nahrungssuche gehen.

Bei Hummeln werden zwei Grundtypen unterschieden, die der „Pollenstorer“ und die der „Pocketmaker“. Erdhummeln (*Bombus terrestris)* sind Pollenstorer, sie verwenden ausgediente Kokons als Vorratstöpfe, aus denen sie ihre Larven mit Nahrung versorgen, indem sie die Brutkammern öffnen und mit Nektar angefeuchteten Pollen hineingeben. Die Gartenhummel *Bombus hortorum* und die Ackerhummel *Bombus pascuorum* legen als Pocketmaker Vorratstaschen direkt an der Brutkammer an, aus denen die Larven ihre Nahrung entnehmen.

Andere Bienenarten wie z. B. solitäre Mauerbienen (*Osmia*-Arten) bevorraten sich nicht. Die Eigenversorgung geschieht direkt beim Sammelgeschehen, sie proviantieren lediglich die Brutzellen mit Pollen.

SAMMELN BEI NIEDRIGEN TEMPERATUREN

Die meisten solitären Bienen betreiben keine Brutpflege, die Anzahl der Nachkommen hängt von den vorherrschenden Witterungsverhältnissen sowie der Parasitierungsstärke ab. Soziale und eusoziale Insekten wie Honigbiene und Hummel überleben durch ihre Art und Qualität der Brutpflege und müssen für deren Aufzucht und Schutz eine bestmögliche Umgebung schaffen. Erst wenn eine ausreichende Volksstärke erreicht ist, werden Jungköniginnen erbrütet. Zur Aufrechterhaltung eines optimalen Brutmilieus von 35 °C bei Honigbienen respektive 31 °C bei Hummeln ist viel Energie zur Wärmeerzeugung insbesondere bei kühlen Außentemperaturen erforderlich.

Je stärker ein **Bienenvolk** ist, desto einfacher kann die notwendige Nesttemperatur erzeugt und aufrechterhalten werden. Doch auch der Nahrungsbedarf steigt mit der Volksgröße. In Schlechtwetterphasen führt dies zum Konflikt, da die einzelnen Tiere sich entscheiden müssen: entweder für Wärmeerzeugung im Nest oder für Futtersuche, um den steigenden Bedarf decken zu können. Da Bienen sich mit großen Mengen an Nektar und Pollen bevorraten, können sie ungünstige Wettergegebenheiten über einen längeren Zeitraum überstehen und es „sich leisten“, erst bei Temperaturen ab 10–12 °C auf Nahrungssuche zu gehen.

Hummeln mit ihrer sehr knappen Nahrungsbevorratung müssen in solchen Situationen notgedrungen auch bei sehr niedrigen Außentemperaturen ab 5 °C ausfliegen. Hierfür heizen sie ihren Körper durch Muskelzittern der Flugmuskulatur auf entsprechende „Betriebstemperatur“ auf. Zudem wird das durch die Flugaktivität angewärmte Blut an kälterem Blut vorbeigeleitet, um die erzeugte Wärme im Körper zu halten. Darüber hinaus kann man beobachten, dass bei tiefen Temperaturen große Hummeln mit einem besseren Oberflächen-/Volumenfaktor auf Nahrungssuche gehen und die kleineren Schwestern die Brut versorgen.

Mauerbienen, die nur die Vorräte ihres Kropfs zur Verfügung haben, sind fast täglich auf Nahrungszufuhr angewiesen. Sie starten in der Regel bei einer Außentemperatur von 7 °C.

Allgemein wird angenommen, dass Insekten, die bereits bei niedrigen Temperaturen mit der Nahrungssuche starten, die „besseren“ Bestäuber wären. Hierbei wird das Befruchtungsgeschehen der Blüte übersehen; auch sie unterliegt wie fast alle biologischen Prozesse einem Temperaturoptimum. Pollen kann zwar bei geringer Umgebungstemperatur auf der Narbe abgelegt werden, ein Aktivieren des Pollenschlauchwachstums und sein Erreichen der Samenanlage ist bei niedrigen Temperaturen jedoch nicht gewährleistet und bei jeder Pflanze unterschiedlich. Üblicherweise stagniert das Pollenschlauchwachstum je nach Pflanzenart bei Temperaturen von 5–10 °C und wächst bei entsprechend geeigneten Temperaturen weiter. Die Alterungsprozesse der Samenanlage sind ebenfalls temperaturabhängig und nehmen bei steigender Temperatur zu. Man kann durchaus von einem „Wettlauf" sprechen: Erreicht der Pollenschlauch während der Effektiven Bestäubungsperiode die Samenanlage und kann diese befruchten, ist die Wahrscheinlichkeit einer Fruchtentstehung hoch. Verpasst er die fertile Phase der Samenanlage oder stirbt unterwegs ab, wird aus der Blüte keine Frucht entstehen. All diese Aspekte berücksichtigend ist daher infrage zu stellen, ob Blütenbesuche der Bestäubungsinsekten bei kühlen Temperaturen wirklich einen Bestäubungsvorteil darstellen.

WEITERGABE VON INFORMATIONEN

Vor Entschlüsselung der „Tanzsprache der Honigbiene" durch Karl von Frisch galten Insekten als Tiere mit kleinem, kaum leistungsfähigem Gehirn, die lediglich ihren Instinkten folgen. Diese Ansicht hat sich durch die Möglichkeit, neuronale Aktivität im Insektengehirn bei Lernvorgängen und deren Gedächtnisbildung zu untersuchen, deutlich verändert. Und es kommen immer noch weitere Erkenntnisse hinzu, die staunen lassen, zu welchen Leistungen ein gerade einmal stecknadelgroßes Gehirn befähigt ist.

Die Weitergabe von Informationen der Honigbiene zu Trachtverhältnissen und geeigneten Unterkünften durch rhythmische Bewegungen des Hinterleibs (Abdomen) erscheint zunächst banal, steht aber durchaus im Fokus der Wissenschaft. Man muss sich vor Augen halten, dass die Tiere Richtung und Entfernungen während des Trachtflugs exakt bestimmen, diese Information verarbeiten und in einer für Artgenossen verständliche Form wiedergeben. Und die empfangenden „Zuhörerinnen" nehmen diese Information korrekt auf, erkennen und verstehen sie. Es lohnt, diese drei Phasen genauer zu beschreiben.

Informationsaufnahme und Wiedergabe der Richtung

Während des Trachtflugs im dreidimensionalen Raum prägen sich die Sammlerinnen den Winkel der Sonne in Bezug auf ihren Bienenstock zu einer ergiebigen Trachtquelle ein (**Kompassorientierung**). Im Bienenstock angekommen, wird dieser Winkel den interessierten Sammelbienen mitgeteilt. Bezugspunkt ist die Schwerkraft, die immer zum Erdmittelpunkt wirkt (Lotrechte). Ausgehend von der Lotrechten wird der Sonnen-Trachtquellen-Winkel auf der senkrechten Wabe übertragen. Befindet sich die Trachtquelle rechts von der Sonne, werden die Figuren wie folgt ausgeführt:

- nach oben im rechten oberen Quadranten: für Winkel von 0–89 Grad (R1),
- waagerecht: für 90 Grad,
- nach unten im rechten unteren Quadranten: für 91–179 Grad (R2),
- lotrecht: für 180 Grad.

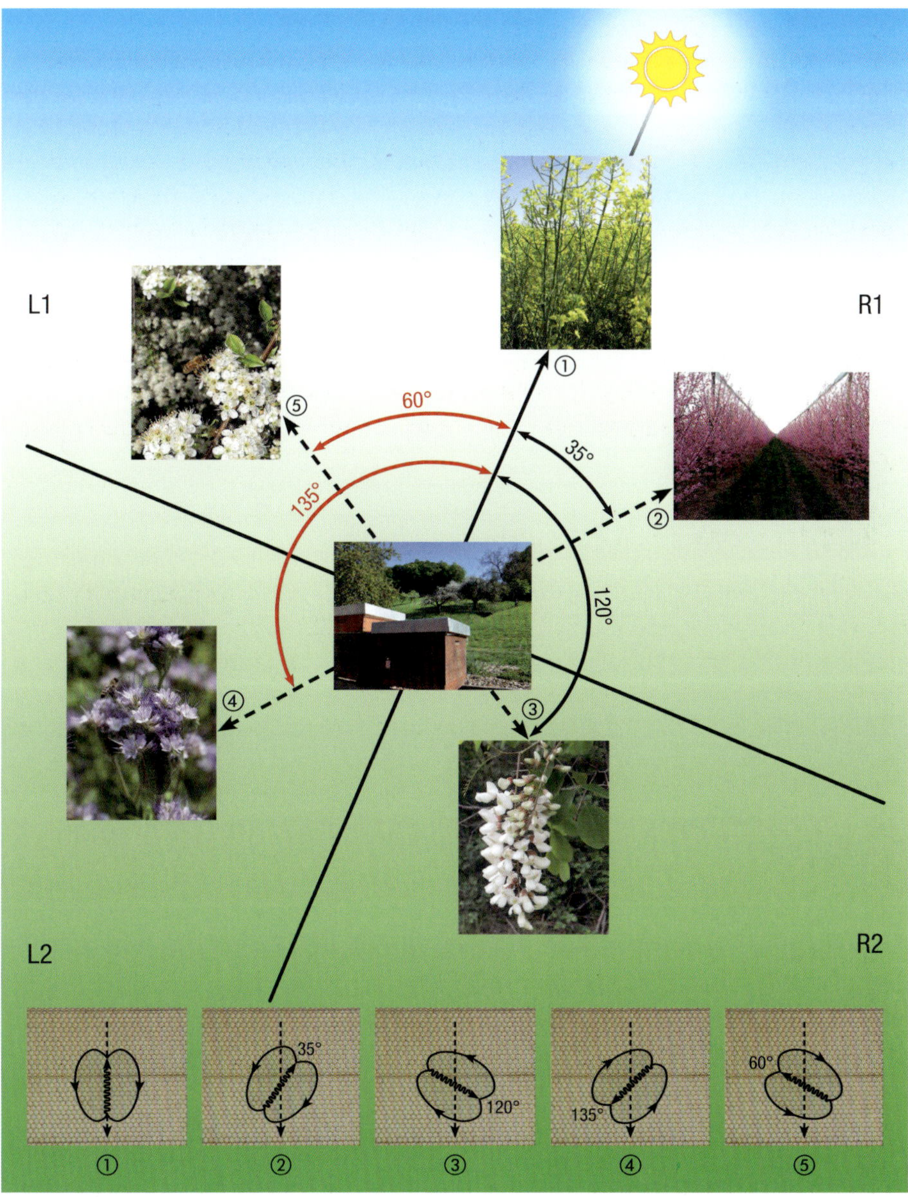

Wiedergabe des Sonnen-Trachtquellen-Winkels im Bienenstock (Schwänzeltanz), in Anlehnung an (17).

Befindet sich die Trachtquelle links vom Sonnenstand, erfolgt der Figurentanz spiegelverkehrt in gleicher Weise links orientiert. Kann der Ausflug nach Aufnahme der Information erst um Stunden versetzt stattfinden, wird der fortschreitende Sonnenverlauf in die Tanzinformation einbezogen und der Winkel neu berechnet. Diese Beobachtung zeigt, dass Bienen eine innere Uhr besitzen.

Informationsaufnahme und Wiedergabe der Entfernung

Neben den beschriebenen Figuren werden auch mit dem Hinterleib wackelnde **Rundtänze** ausgeführt. Mit dieser Art von Schwänzeltänzen werden Trachtquellen von einer Entfernung unter 100 Meter dargestellt; anhaftende Duftmoleküle der betreffenden Pflanze an der Biene präzisieren diese Aussage.

Weiter entfernte Trachtquellen werden durch **Figurentanz** in Kombination mit Entfernungsangaben wiedergegeben. Die **Entfernungsangabe** der Trachtquelle ist in der Anzahl der rhythmischen Bewegungen codiert. Entfernungen korrekt und verständlich wiederzugeben ist extrem schwierig. Hierzu muss das Vermessen gelernt sein, ebenso die Kommunikation darüber, und beim Zuhörer muss die Voraussetzung gegeben sein, dass er über ein ähnliches Einschätzungsvermögen verfügt. Bienen nutzen zur Entfernungsmessung den sogenannten optischen Fluss. Jeder kennt vom Auto- oder Zugfahren, dass Gegenstände in der Nähe rasch am Auge vorbeiziehen, oft ohne das Gesehene korrekt zu erkennen, während weiter entfernte Objekte gut wahrnehmbar langsam aus dem Blickfeld verschwinden. Diese Situation erlebt eine Flugbiene während ihres Fluges im Raum. Der optische Fluss ist als eine Abfolge von strukturstarken und -schwachen Zonen zu verstehen. Die Biene nimmt diese von ihr überflogene Strukturabfolge wahr. Entscheidend ist dann die korrekte Wiedergabe beim Schwänzeltanz durch eine Abfolge von rhythmischen Bewegungen. Je mehr Schwänzelbewegungen die Tänzerin ausführt, desto weiter ist die Trachtquelle entfernt.

Erkennen und Verstehen

Zur dritten Phase der korrekten Wahrnehmung (Perzeption) und dem Erkennen (Kognition) beziehungsweise dem Verstehen der Entfernungs-Information gibt es aktuell zwei Theorien.

In Theorie I wird von einer **Vibrationskommunikation** ausgegangen. Es wird angenommen, dass die Wabe als Tanzboden dient und entsprechend der rhythmischen Schwänzelbewegungen in Schwingung gerät. Diese Informationen werden durch Mechanorezeptoren der Beinregionen aufgenommen.

Einen neuen Ansatz stellt Theorie II dar; sie basiert auf der Entdeckung von Rezeptoren, die **Änderungen von elektrischen Feldern** wahrnehmen können. Während des Sammelflugs lädt sich die Honigbiene mit negativer Ladung auf. Da der Bienenstock positiv geladen ist, ändern sich die elektrischen Felder entsprechend der Richtungsänderung während der Schwänzelbewegungen. Dies bewirkt entsprechend des Coulombschen Gesetzes eine Änderung der anziehend respektive abstoßend wirkenden Kraft, die von Mechanorezeptoren im Bereich des Pedicellus der Antenne (Johnstonsches Organ, Seite 56) wahrgenommen werden. Bereits geringe Abweichungen der wirkenden Kräfte können erkannt werden. Eine mögliche Bestätigung dieser Theorie ist das beobachtete Verhalten bei sich informierenden Sammlerinnen, die deutlich ihre beiden Antennen parallel zueinander auf die schwänzelnde Biene richten.

Hummeln geben keine direkten Richtungsangaben an die Stockgenossinnen weiter. Eine ankommende Hummel motiviert jedoch durch heftiges Herumlaufen im Nest („Motivationstanz“) interessierte Sammlerinnen für die gefundene attraktive Sammelstelle. Zusätzlich gibt sie aktivitätssteigernde Duftstoffe (Pheromone) ab. Die ihr anhaftenden Duftmoleküle der Trachtquelle weisen den Sammlerinnen den Weg.

BESONDERHEITEN IM SAMMELVERHALTEN

SIDEWORKER Bei Hummeln unterscheidet man neben der Unterteilung als Pollenstorer oder Pocketmaker in Bezug auf ihre Bevorratung noch langrüsselige und kurzrüsselige Hummelarten.

Kurzrüsselige Hummelarten wie die Dunkle Erdhummel (*Bombus terrestris*) behelfen sich zum Erreichen der Nektarquelle am Blütenboden einer langröhrigen Blüte, indem sie die Blüte seitlich aufbeißen und nun den Nektar trinken können. Daher werden sie Sideworker genannt. Hummeln lernen durch Beobachten ihrer Artgenossinnen, eine zuvor unzugängliche Trachtquelle durch Nachahmen dieser erfolgreichen Verhaltensweise für sich zu nutzen. Auch Bienen lernen rasch, durch diesen Seitenzugang ohne großen Aufwand an den Nektar zu gelangen. Die Blüte erfährt durch diese Vorgehensweise keine Bestäubung und produziert weiterhin Nektar. Ein Bestäubungserfolg infolge eines solchen Blütenbesuchs ist ungewiss.

VIBRATIONSSAMMELN: „BUZZ-POLLINATION" ODER „BUZZING" Ebenfalls erfolgreich aufgrund eines besonderen Verhaltens sind einige Wildbienen- und Hummelarten (Ackerhummel *B. pascuorum,* Dunkle Erdhummel *B. terrestris)* bei der Erschließung ertragreicher Pollenquellen, die für andere Insekten nicht erreichbar sind. Ein Beispiel hierfür ist die Bestäubung von Tomaten. Die Staubblätter der Tomaten sind miteinander verwachsen und benötigen zum Öffnen einen Vibrationsreiz. Die Hummeln verbeißen sich an den Antheren und bringen die Blüten durch Muskelzittern ihrer inneren Flugmuskulatur in Schwingung. Hierbei reißen die Antheren auf und der Pollen fällt heraus, gelangt u. a. auf die Narbe und ins Haarkleid der Hummel. Einen Bestäubungserfolg kann man erkennen, wenn Bissspuren an der verwachsenen Antheren-Spitze zu finden sind, die Blüten also von einer Hummel besucht wurden. Für die Tomatenpflanze besteht durch diese ruppige Art der Bestäubung akute Infektionsgefahr, denn die Pflanzenverletzung ermöglicht den Zutritt für hochinfektiöse Viren (z. B. Tomatenmosaik-Virus).

ANATOMISCHE STRUKTUREN UND IHRE FUNKTION

Der Körperbau von Hummeln und Bienen entspricht weitgehend dem anderer Insekten. Sie besitzen ein durch Chitin versteiftes Außenskelett. Der Körper ist deutlich in drei unabhängig voneinander bewegliche Körperteile untergliedert, in Kopf (Caput), Brust (Thorax) und Hinterleib (Abdomen). Sie haben ein offenes Blutkreislaufsystem, die Atmung erfolgt mittels eines Tracheensystems, das sich stark verzweigt. Auf diese Weise wird Sauerstoff direkt zu den Organen und der Muskulatur geleitet.

Am Kopf befinden sich die wichtigsten Sinnesorgane zur Wahrnehmung der Umgebung: Sehen, Riechen, Strömungs- und Lagesinn sowie weitere Rezeptoren. Im Inneren der Kopfkapsel besitzen sie ein im Verhältnis zu seiner Größe außerordentlich komplexes und leistungsstarkes Gehirn. Das Gehirn verarbeitet im Wesentlichen die Sinnesreize, wohingegen in den Nervenknoten (Ganglien) des paarig angeordneten bauchseits gelegenen Strickleiternervensystems die motorischen Reize verarbeitet werden.

Besonders beachtenswert sind die Antennen. Auf ihnen befinden sich mehrere Tausend Sinnesrezeptoren zum Riechen, Schmecken, Tasten sowie ein besonderes Organ, das Johnstonsche Organ. Darauf befindliche Rezeptoren dienen u. a. der Wahrnehmung von Schallwellen (Hören), der Strömungsgeschwindigkeit und gemäß neuesten Erkenntnissen der Wahrnehmung von elektrostatischen Feldern.

ANTENNEN Die Antennen der Bienen und Hummeln sind vollgepackt mit Tausenden von Sinnesrezeptoren. Der anatomische Aufbau unterstützt dabei die Wahrnehmung unterschiedlicher Sinneseindrücke.

Sie sind in drei Abschnitte untergliedert. Das Grundglied (Scapus) ist in einem Kugelgelenk an der Kopfkapsel verankert. An dieser Basis sitzt ein markantes Sinnesfeld mit kurzen Härchen

Pedicellus mit Borstenplatten: Rezeptoren zur Wahrnehmung der Antennenauslenkung durch Muskelbewegung oder Luftwiderstand (Fluggeschwindigkeit), des Schall (Chordotonalorgan bzw. Johnstonsches Organ) sowie elektronischer Felder

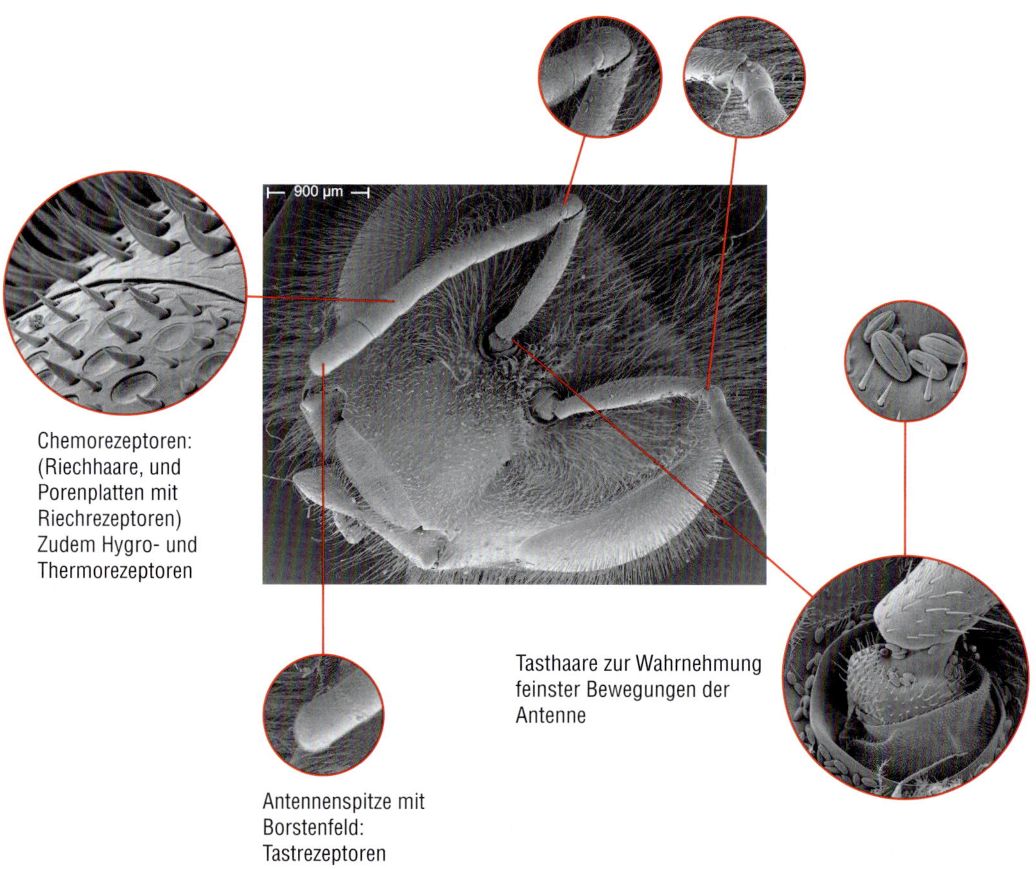

Anatomischer Aufbau der Antenne, rasterelektronenmikroskopische Aufnahmen.

(Mechanorezeptoren), die kleinste Auslenkungen der Antenne wahrnehmen. Zusammen mit anderen Mechanorezeptoren, die Druck- und Tastreize verarbeiten, liefern sie Informationen zur Stellung von Körperteilen zueinander, der Ausrichtung des Körpers zur Schwerkraft sowie zu Einwirkungen von Wind- und Flugbewegungen.

Dem Scapus folgt ein knieartiges Gelenk (Pedicellus), auf dem sich ebenfalls eine große Ansammlung von Sinneshaaren befindet, die den Schalldruck wahrnehmen und als Gehör der Insekten zu verstehen ist, das Johnstonsche Organ. Zudem ist dieser Antennenabschnitt mit einer hohen Anzahl von Mechanorezeptoren, den Borstenplatten, ausgestattet, die die Auslenkung des Luftwiderstandes während des Flugs verarbeiten.

Dem Pedicellus folgt das in 10 (bei Hummeln 13) Antennenglieder unterteilte Flabellum. Auf seinen äußeren 8 Antennengliedern befinden sich dichtgepackt mehrere Tausend verschiedene Riech-Rezeptoren (Chemorezeptoren), die es den Hummeln und Bienen ermöglichen, ihre Umgebung als Duftraum zu erschließen.

NACKENORGAN Sowohl bei Bienen wie auch bei Hummeln wird ein Großteil der überlebenswichtigen Arbeiten im Nest durchgeführt. Daher sind Körperstellung und Orientierung relativ zur Schwerkraft von immenser Bedeutung. Auch die Umsetzung des Schwänzeltanzes mit der Lotrechten als Koordinate zum Sonnen-Trachtquellen-Winkel wäre ohne entsprechende Sinnesorgane nicht möglich. Am Kopfansatz im Nackenbereich befindet sich eine dichte Ansammlung von Sinneshaaren, die auf Druckreize reagieren. Dieser Druck wird durch den Kopf ausgeübt, der wie ein Pendel zum Erdmittelpunkt gezogen wird. Der dabei entstehende Druckreiz auf die Sinneshaare ermöglicht es dem Gehirn, die Lage des Körpers relativ zum Erdmittelpunkt zu bestimmen.

VERDAUUNG Das Aufschließen der Nahrung findet im stark aufgefalteten Mitteldarm und im Dünndarm statt. Bei der Honigbiene wird der Übergang von der Honigblase zum Mitteldarm durch 4 dreieckige bewimperte Lappen und den nachfolgenden Ventilschlauch, den Proventriculus, gesteuert. Er verhindert, dass Verdauungsenzyme in die Honigblase gelangen.

Je nach Alter und Geschlecht finden sich im Darm der Honigbienen verschiedene Bakterien, Pilze und Flagellaten, die – wie bei anderen Lebewesen und auch dem Menschen – wichtige Helfer für das Aufschließen der Nahrung sind. Nach neuen Untersuchungen gibt es Hinweise, dass einige Pflanzenschutzmittel (z. B. Glyphosat) schädigend auf die Darmflora wirken können, wenngleich sie keinen direkten Einfluss auf den Bienenorganismus nehmen. Als Folge wird das Immunsystem der Insekten enorm geschwächt.

FETTKÖRPER Ein besonderes Augenmerk sollte auf den Fettkörper gerichtet werden. Er nimmt einen Großteil der Leibeshöhle ein und übernimmt ähnliche Funktionen wie die Leber bei Säugetieren. In ihm werden Fette, Eiweiße und Kohlenhydratbestandteile verarbeitet, gespeichert und reaktiviert. Der Fettkörper der Winterbienen ist deutlich ausgeprägter als der von Sommerbienen. Dies ist wichtig, da nach der Winterruhe die langlebigen Winterbienen trotz ihres Alters alle erforderlichen Stoffe für die Aufzucht der neu angelegten Brut zur Verfügung stellen müssen. Auch die Mauerbienen, die überwintern, beziehen ihre Energie im Frühjahr weitgehend aus dem Fettkörper.

Jeder Imker und insbesondere ein Bestäubungsimker sollte der Pflege und Versorgung dieses Organs große Aufmerksamkeit schenken.

Im Gewächshaus und in Folientunneln ist zu beobachten, dass Hummel- und Bienenvölker – obwohl anfänglich gut versorgt – ihre Brutleistung reduzieren oder die Brutaufzucht gänzlich einstellen. Dies führte zur falschen Schlussfolgerung, dass insbesondere Bienenvölker in künstlicher geschlossener Umgebung nicht leben könnten.

Sammelt ein Volk nicht in ausreichender Menge und guter Qualität den lebenswichtigen Pollen zur Versorgung der Brut, passt sich die Königin durch Reduktion der Eiablage an die Situation an: Das Volk befindet sich in der Hungerphase. In Konsequenz daraus nimmt die Volksgröße ab. Dieses Verhalten sollte im Vorfeld vermieden werden, indem für einen konstanten Futterstrom gesorgt ist und die Völker mit genügend Pollen bei Hummeln oder Eiweißersatzfutter bei Honigbienen versorgt werden. Denn sind die Völker in die Hungerphase übergegangen, müssen sie ausgetauscht werden, da sie ihr ursprüngliches Sammelverhalten während der restlichen Bestäubungsphase auch nach einer Notfütterung nicht mehr voll entfalten.

BODEN UND PFLANZENERNÄHRUNG

Der Begriff Boden hat viele unterschiedliche Definitionen. Für Geologen, Geografen und Biologen ist Boden:

- die oberste belebte Verwitterungsschicht der festen Erdkruste,
- entstanden durch bodenbildende Prozesse wie Verwitterung, Mineralisierung, Humifizierung von streuliefernder Vegetation und anschließender Verlagerung und Gefügebildung,
- ein Bodengefüge mit einem Hohlraum- beziehungsweise Porensystem, angefüllt mit Bodenlösung und darin gelösten Mineralien sowie Bodenluft,
- ein in mehrere Schichten (Bodenhorizonte) aufgeteilter Naturkörper, einer streuähnlichen oberen Schicht mit viel Humus und einer gesteinsartigen unteren Schicht,
- Wasser- und CO_2-Speicher, Filter von Umweltgiften, Bebauungsfläche, Zone zur Gewinnung von Rohstoffen,
- Verankerungszone, Wurzelraum und Nährstofflieferant für Pflanzen,
- Lebensraum für eine Vielzahl von Pflanzen, Tieren und Mikroorganismen.

Für die Landwirtschaft ist Boden einer der wichtigsten, wenn nicht sogar der wichtigste Faktor für ihre Produktion. Seine Qualität entscheidet über die Art der Nutzung. Die Fläche kann zum Anbau von hochwertigem Obst beziehungsweise Feldfrüchten geeignet sein, als Weideland genutzt oder als „Ödland" bezeichnet werden. Ob ein Boden für landwirtschaftliche Produktion geeignet ist, wird u. a. durch Aspekte wie klimatische Verhältnisse, Wasserverfügbarkeit oder maschinelle Bewirtschaftungsmöglichkeit bestimmt.

Um Boden in seiner Komplexität zu verstehen, ist es erforderlich, seine drei Bestandteile – feste Komponenten (organische und anorganische Partikel), flüssige Komponenten (Bodenlösung) sowie gasförmige Komponenten (Bodenluft) – im Einzelnen zu betrachten.

FESTE BODENANTEILE

Das deutsche Klassifizierungssystem unterteilt Boden anhand seiner Erscheinungsform in vier Abteilungen:

TERRESTRISCHE BÖDEN deren Eigenschaften durch Regenwasser beeinflusst werden, wie z. B. Braun- und Schwarzerde,

SEMI-TERRESTRISCHE BÖDEN (GRUNDWASSERBÖDEN) beeinflusst durch Grundwasser wie z. B. Gley, Auen- und Marschboden,

SEMI-SUBHYDRISCHE ODER SUBHYDRISCHE BÖDEN (ZEITWEISE ODER DAUERHAFT UNTER WASSER STEHENDE BÖDEN) wie z. B. Strände oder Wattboden,

MOORE beeinflusst durch ständigen Wasserüberschuss.

Landwirtschaftlich nutzbar sind lediglich die beiden erstgenannten Abteilungen. Eine Klassifizierung von Böden wird mithilfe von zwei Parametern vorgenommen, dem Bodentyp und der Bodenart (Seite 61).

BODENLÖSUNG – DER WEG DES WASSERS DURCH DEN BODEN

Verdunstetes Wasser trifft als Nebel, Regen oder Schnee auf den Boden. Je nach Bodenbeschaffenheit und Lage wird ein Teil des Wassers als Oberflächenwasser in Fließgewässer geleitet oder dringt in den Boden ein (Versickerung beziehungsweise Infiltration). Die Infiltrationsrate ist nicht konstant und wird während des Sickerungsvorgangs durch biologische Aktivitäten, Quellvorgänge der Bodenpartikel (vorwiegend Tone) sowie durch den Verdichtungsgrad des Bodengefüges beeinflusst. So hat jeder Bodentyp seine spezifische Infiltrationskapazität, die zum Teil zusätzlich stark durch anthropogene Aktivitäten verändert werden kann.

Der Wasserfluss im Boden erfolgt von Pore zu Pore und wandert der Schwerkraft folgend in Richtung Grundwasserzone. Der Schwerkraft entgegen wirken physikalische (Adhäsion, Kohäsion) und chemische Kräfte, die das Wasser an den Bodenteilchen festhalten. So umgibt **Haftwasser** (Adsorptionswasser) die Bodenpartikel in dünnen Lagen von wenigen Nanometern. **Kapillarwasser** wird von einem untereinander verbundenen Porensystem (< 10 µm) im Boden gehalten, welches mit tieferen Bodenschichten in Verbindung steht und von dort das Wasser kapillar in obere Bodenschichten transportiert. Dieser Kapillarhub ist umso größer, je kleiner die Porosität ist.

In der Regel wird der direkte Wasserbedarf der Pflanzen durch Regen oder Bewässerung gestillt. Darüber hinaus versorgen sie sich mit Kapillarwasser, welches sie aus dem für sie erreichbaren Bodenbereich, der Adsorptionszone, erhalten. Die Nutzwasserkapazität (nutzbare Feldkapazität), also der von Pflanzenwurzeln nutzbare Wasseranteil im Verhältnis zum Bodenvolumen, wird in Vol-% angegeben. Insbesondere Böden mit hohem Anteil an mittelgroßen Poren (2–10 µm) weisen eine besonders hohe Nutzwasserkapazität auf. So beträgt diese bei Sandböden 6–8 % je m^3 Boden, was bedeutet, dass 60–80 l für die Pflanze verfügbar gespeichert werden können. Lehm- und Lössböden hingegen können bis zu 25 % erreichen. Wasser der Feinporen (< 2 µm) ist für Pflanzen nicht nutzbar, da die dafür benötigte Saugspannung (> 15.000 hPa) von ihnen nicht erzeugt werden kann.

Von der Nutzwasserkapazität hängt es ab, zu welchem Zeitpunkt die jeweiligen Kulturen mit Wasser versorgt werden müssen. Beispielsweise verliert eine landwirtschaftliche Nutzfläche im Hochsommer durch Transpiration der Pflanzen sowie Oberflächenverdunstung durchschnittlich circa 4–6 mm (Liter) Wasser. Bei einem Sandboden würde demzufolge bei einer Verdunstungs-/Transpirationsrate von 5 mm pro Pflanze nach 12 Tagen kein Bodenwasser mehr zur Verfügung stehen, irreversible Pflanzenschäden wären die Folge. Bei einem schluffreichen Lössboden hingegen können sich die Pflanzen bis zu 48 Tage mit Wasser versorgen.

Diese Kenntnisse sind auch für Bestäubungsimker bedeutend. Werden Pflanzen nicht ausreichend mit Wasser versorgt – was bereits bei einer zur Hälfte verbrauchten verfügbaren Nutzkapazität zutrifft – tritt Trockenstress auf mit der Folge, dass die Pflanzen ihre Nektarproduktion einstellen. Daher ist es sinnvoll, die Bodenqualität und damit zusammenhängend die verfügbare Nutzwasserkapazität zu kennen. Insbesondere bei sandigen Böden können die Pflanzen in Trockenstress kommen, während die Bienenvölker noch zur Bestäubung aufgestellt sind. Ein Blick in die zu bestäubende Blüte gibt Aufschluss über die Nektarproduktion und die damit verbundene Attraktivität für die Insekten.

Rapsblüte auf Lehmboden (links) und auf Sandboden (rechts). Auf Lehmboden können die Rapsblüten deutlich höhere Nektarmengen produzieren.

BODENLUFT

Das Bodenvolumen mancher Böden kann bis zu 50 % Poren aufweisen. Diese Poren sind zum Teil mit Wasser oder Luft gefüllt – Bodenwasser und Bodenluft konkurrieren um den gleichen Porenraum. Eine gute Durchlüftung ist notwendig, um für Wurzeln, Bodenlebewesen und Mikroorganismen die erforderliche Luft zur Verfügung zu stellen. Insbesondere der Anteil an Sauerstoff und Stickstoff ist für Atmungs- und biochemische Prozesse wichtig. Ist ein Boden nicht ausreichend durchlüftet, können chemische Reaktionen erfolgen, die unter anderem die Nährstoffaufnahme erschweren. Wird beispielsweise CO_2 aus Stoffwechselprozessen nicht in ausreichendem Maße abtransportiert, kann sich mit dem vorhandenen Bodenwasser Kohlensäure bilden, der Boden wird hierdurch nach und nach übersäuert.

Grobporige Böden wie Sandböden weisen eine höhere Durchlüftung auf als Lehm- oder Tonböden.

BODENTYPEN / BODENPROFILE / BODENHORIZONTE

Bodentypen

Böden mit ähnlichen Merkmalen und Entwicklungsstadien werden zu Bodentypen zusammengefasst. Charakterisiert wird jeder Bodentyp durch seine spezifische Abfolge, die **Bodenhorizonte**. Dies sind parallel zur Bodenoberfläche verlaufende Lagen, die stofflich und vom Aufbau her eine abgrenzbare Einheit bilden. Diese vertikalen Schichtabfolgen bilden sich aufgrund unterschiedlicher Prozesse der Bodenentwicklung (Genese) und repräsentieren den aktuellen Entwicklungsstand des Bodens.

Um die Horizontabfolge zu ermitteln und hieraus den Bodentyp zu erkennen, wird ein **Bodenprofil** erstellt, indem horizontale Gruben ausgehoben oder Bohrkerne angefertigt werden.

Die **Abfolge der Horizonte** wird üblicherweise in fünf Gruppen eingeteilt:

- L-Horizont: Streuschicht
- Q-Horizont: organische Auflage
- A-Horizont: Oberboden bis 30 cm Tiefe, humushaltig, biogen durchmischt
- B-Horizont: Unterboden ab 30–60 cm Tiefe, zum Teil mit Besonderheiten wie Verdichtungen durch Stauwasser oder Lösungsrückständen des Verwitterungsgesteins. Der Unterboden ist durch Mineralneubildung und Stoffanreicherungen aus dem Oberboden gekennzeichnet.
- C-Horizont: Untergrund ab 60 cm, „Verwitterungszone", gekennzeichnet durch geringfügige Verwitterung des Ausgangsgesteins.

BODENARTEN

Böden sind sehr different. Je nach der mineralischen Zusammensetzung des Ausgangsgesteins und dessen Verwitterungsgrad bestehen große Unterschiede in der Zusammensetzung des Bodens respektive der Bodenart. Die Bestimmung einer Bodenart, auch als Bodenkörnung oder Textur bezeichnet, hängt mit zwei Komponenten zusammen: der Partikelgröße der Bodensubstanz und dem Verhältnis der Hauptfraktionen Sand, Schluff, Ton beziehungsweise Lehm, der Mischung aus den drei erstgenannten.

Einige typische Eigenschaften eines Bodens wie Wasserhaltevermögen, Mineralienverfügbarkeit und Durchwurzelbarkeit sowie die landwirtschaftliche Bearbeitbarkeit stehen im Zusammenhang mit der Korn- und Partikelgröße. Zur Einteilung der Partikelgröße wurde eine Skala des Äquivalenzdurchmessers von 2 mm bis unter 0,0002 mm (2000 µm – <0,2 µm) festgelegt. Von Feinboden spricht man bei einer Körnung unter 2 mm.

Die Feinbodenpartikel werden den jeweiligen Fraktionen zugewiesen und je nach Partikelgröße in drei Unterfraktionen, **fein**, **mittel** und **grob**, unterteilt. Die Lehmfraktion als häufigste Fraktion wird keiner Partikelgröße zugeordnet.

Neben der Unterteilung nach Partikelgröße erfolgt eine weitere Spezifizierung, bei der die Stärke der Beimischung der einzelnen Nebenfraktionen in **2** (schwach), **3** (mittel) und **4** (stark) unterschieden wird. Beispielsweise wird mit der Bezeichnung „Ls4" ein stark sandiger Lehm und mit „Slu" ein schluffig-lehmiger Sand bezeichnet.

Bodenprofil (Schwarzerde, Mannheim Nord).

Bodenarten		Bezeichnung der Kornfraktionen	Äquivalenzgröße in mm	Äquivalenzgröße in µm
Grobboden (Bodenskelett)	Kiese (gerundet) / Steine (eckig-kantig)	Blöcke / Geschiebe	> 200	
		Gerölle / Grobsteine	200–63	
		Grobkies / Mittelsteine	63–20	
		Mittelkies / Feinsteine	20–6,3	
		Feinkies / Grus	6,3–2	
Feinboden	Sand	Grobsand	2–0,063	2000–630
		Mittelsand	2–0,063	630–200
		Feinsand	2–0,063	200–63
	Schluff	Grobschluff	0,063–0,002	63–20
		Mittelschluff	0,063–0,002	20–6,3
		Feinschluff	0,063–0,002	6,3–2,0
	Ton	Grobton	< 0,002	2,0–0,63
		Mittelton	< 0,002	0,63–0,2
		Feinton	< 0,002	< 0,2

Einteilung der Kornfraktionen anhand des Äquivalenzdurchmessers

Entsprechend des prozentualen Mischungsverhältnisses von Sand, Schluff und Ton unterscheidet man etwa 30 Bodenarten mit ihren typischen Eigenschaften. Grafisch kann dies beispielsweise in einem Körnungsdreieck dargestellt werden.

Ein Boden mit den Fraktionsanteilen 20 % Sand, 40 % Ton und 40 % Schluff beispielsweise wäre als Mitteltoniger Lehm (Lt3) zu bezeichnen.

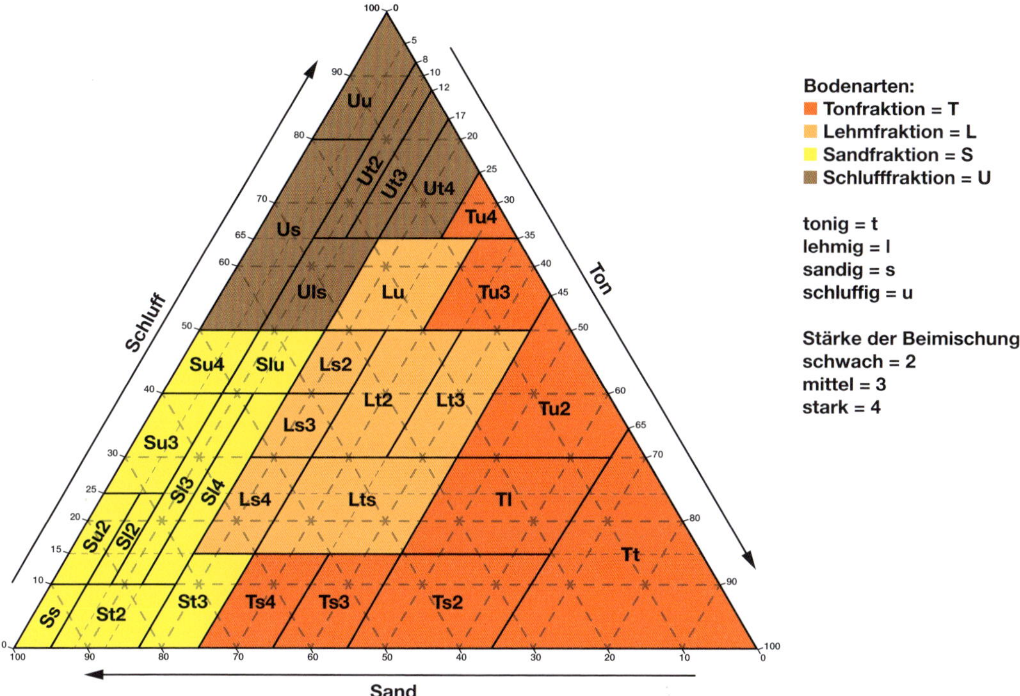

Körnungsdreieck zur Typisierung der Bodenart, in Anlehnung an LUFA Nord.

Bodentyp, Bodenart und Bodengefüge nehmen Einfluss auf Wasser-, Luft-, Wärme- und Nährstoffhaushalt, Durchwurzelbarkeit und ph-Wert und sind somit entscheidende Faktoren für die Fruchtbarkeit des Bodens, die Beurteilung hinsichtlich landwirtschaftlicher Eignung und die Bestimmung der Standortwahl von unterschiedlichen Kulturen.

Beispiele:

SCHWARZERDE Diese weist einen sehr hohen Anteil an humosem Oberboden auf, gefolgt von schwach ausgeprägtem, verwitterten Übergangshorizont zum Unterboden. Die Bodenart wird als stark lehmiger Schluff bezeichnet, gekennzeichnet durch einen hohen Nährstoffaustausch, hohe Wasserkapazität, hohes Porenvolumen und Sorptionsvermögen, ausgeglichenen Wasserhaushalt und hohe biologische Aktivität. Der humusreiche A-Horizont eignet sich optimal für Weizenanbau.

BRAUNERDE Sie zeichnet sich durch einen gering humosen A-Horizont aus, gleitend in einen mächtigen braunfarbenen B-Horizont, mit Tonanreicherung in den Unterboden übergehend. Der ackerbauliche Wert dieses Bodens schwankt sehr je nach Porenverteilung und damit verbunden der Durchlüftung des Bodens, der Wasserleitfähigkeit und des Wasserrückhalte- sowie Nährstoffbindevermögens. Im Allgemeinen sind Braunerden nicht besonders fruchtbar.

STÖRUNGEN DES BODENGEFÜGES

Eine für das Pflanzenwachstum günstige Bodenstruktur ist gekennzeichnet durch einen guten Anschluss an Kapillarwasser und Nährstoffe. Sie zeichnet sich aus durch rasche Erwärmung und damit gute Keim- und Auflaufvoraussetzungen sowie eine unverdichtete Oberfläche mit hoher Speicherkapazität für Nährstoffe. Eine hohe Porendichte und somit gute Belüftung des Bodens sorgt für eine optimale Luftversorgung der Wurzeln und Lebensraum von Bodenlebewesen.

Den Boden für die jeweilige Kultur in solch ein optimales Gefüge zu versetzen, ist vorrangiges Ziel im Ackerbau.

Die Bodenstruktur befindet sich in einem ständigen Veränderungsprozess. Setzungen, Einschlämmungen oder Schrumpfungen etwa durch Trockenheit bewirken ein Verdichten. Frostsprengungen, Quellungsprozesse und biologische Einflussfaktoren wie beispielsweise Regenwürmer erzielen eine Auflockerung der Bodenteilchen.

In ähnlicher Weise wirken sich anthropogene Einflüsse aus, nämlich beim Betreten, Befahren, Walzen oder Pflügen, Eggen, Fräsen oder Grubbern des Geländes. Insbesondere das Verdichten der Bodenstruktur beeinflusst das Wachstum der Kultur, denn die Wasserinfiltration wird gehemmt. Dies ist gut zu beobachten bei Getreidefeldern, wo sogar in den Fahrspuren aus vergangenen Jahren ein vermindertes Wachstum deutlich zu erkennen ist.

Verladestelle der Maisernte, Getreidekultur im Folgejahr. Bedingt durch die verdichtete Bodenstruktur Wachstumshemmung im Folgejahr.

Eine Verschlämmung der Bodenstruktur wie z. B. bei Löss- oder Tonböden kann aufgrund des daraus folgenden behinderten Gasaustauschs zu Ernährungsstörungen (Phosphatmangel) der Pflanzen führen. Zudem kann es durch den verminderten Abfluss des Oberflächenwassers zu Bodenerosion und somit zum Abschwemmen von Humus und Pflanzennährstoffen kommen. In niederschlagsarmen Zeiten bilden solche Flächen eine feste Kruste, die u. a. undurchdringlich für auflaufendes Saatgut ist.

Im Allgemeinen haben Störungen des Bodengefüges einen erheblichen Einfluss auf den Ertrag der jeweiligen Kultur. Daher ist es sinnvoll, die Ursachen zu erkennen und wenn möglich darauf zu reagieren. Auf landwirtschaftlichen Flächen wird das Bodengefüge durch Erhebung eines Bodenprofils oder durch Bodenkernbohrungen ermittelt.

Eine sehr aufschlussreiche und einfach durchzuführende Feldmethode ist die **Spatenprobe**. Sie kann von Landwirten, Gärtnern und Hobbygärtnern gleichermaßen angewandt werden.

Hierbei wird mit einem Handspaten ein Block des oberen Bodenprofils von 20–40 cm Tiefe herausgestochen und auf Farbe, Boden-Aggregatzustand, Körnung, Feuchtigkeitsgehalt, Wurzelbildung und Geruch hin untersucht. Störungen des Bodengefüges sind so bereits erkennbar. Bei einer feuchten Erde können mithilfe der Fingermethode (Gleiten und Verreiben der Erde durch Finger und Handfläche) weitere Eigenschaften ermittelt werden: Plastizität, Rollfähigkeit, Schmierfähigkeit, Rauheit und Glanz. Mit etwas Übung kann daraus auf den Bodentyp geschlossen werden.

Professioneller kann diese Untersuchung anhand der „Görbinger Spatendiagnose" (1930) mithilfe des „Görbinger Flachspatens" durchgeführt werden.

Die Messung der Bodendichte kann mit einer Bodensonde beziehungsweise durch die Messung des Abscherwiderstandes mit einer Flügelbodensonde erfolgen.

Die folgende Tabelle gibt einen Überblick der ermittelbaren Bodenparameter.

Kriterien	Beobachtungen und Bewertungen	
	positive Eigenschaften	**negative Eigenschaften**
Bodenoberfläche	locker, krümelig, mit Makroporen und Wurmkothaufen	verschlämmt, verhärtet, fehlende Grobporen und Wurmaktivität, Boden zum Teil erodiert
Bodengeruch	erdig bei guter Durchlüftung	faulig abstoßend durch schlechte Durchlüftung
Bodenfarbe	gelb, braun, rot bei guter Durchlüftung, grau bis schwarz durch Humus	blaugrau durch nicht abgebaute organische Substrate (z. B. Gülle) bzw. verdichtete Böden bei Luftmangel
		Rost- und Grauflecken bei Staunässe
Bodenfeuchte: Bestimmung mithilfe der Fingerprobe	plastisch formbar bei guter Bodenfeuchte	schmierig bei hoher bis zu hoher Feuchte
		nicht formbar, rasches Zerfallen bei hoher Bodentrockenheit
Bodengefüge (Struktur der festen Bodenbestandteile, im Wesentlichen durch die Bodenart beeinflusst)	**Krümelgefüge:** rund, porös mit gleichmäßig verteilten Hohlräumen, mit Humushülle, Bodenteilchen mit runden Kanten, durch Wurzelwachstum und Regenwurmtätigkeit vorhandene Biopore; typisch für sandige Schluff- und Lehmböden Bröckelstruktur: abgerundete, raue Kanten	

Kriterien	Beobachtungen und Bewertungen	
	positive Eigenschaften	negative Eigenschaften
	Polyedergefüge: glatte, scharfkantige Aggregate mit ähnlichen Längen-, Breiten-, Höhenverhältnissen, geringer Anteil kleinerer Bodenteilchen, gleichmäßig verteilte Hohlräume, typisch für Tonböden; positive Bodenstruktur bei kleinem Polyedergefüge	bei großem Polyedergefüge ungünstiges Pflanzenwachstum, zum Teil flachgepresste Wurzeln
	Einzelkorngefüge: Bodenteilchen ohne erkennbaren Zusammenhalt, typisch für Sandböden	geringes Wasserhaltevermögen, bei Verdichtungen ungünstiges bis schlechtes Pflanzenwachstum
	Kohärentgefüge: zusammenhaftende, nicht gegliederte Bodenmasse, deren Bestandteile unterschiedlich stark miteinander verklebt sind, zum Teil dicht zusammenhängend, mit kompakten Blöcken, je nach Bodentyp mit guten Eigenschaften (z. B. Lössboden mit großen Poren)	verdichtete Blöcke mit wenig Grobporen, Hohlräume nur zwischen den einzelnen Blöcken, Feinporen überwiegend < 2µm, typisch für stark verdichtete Lehm-, Schluff- und Tonböden
	Plattengefüge: plattenförmige Aggregate überwiegend horizontal ausgerichtet, Grenzflächen meist rau, selten glatt; grundsätzlich zu unterscheiden von Schichtgefüge: geschichtete Lagerung von unterschiedlichen Substraten	Verdichtung durch mechanische Beanspruchung (z. B. Fahrspuren von landwirtschaftlichen Geräten), überwiegend bei tonig-lehmigen Böden
Durchwurzelung / Wurzelbild	hohe Wurzeldichte von Haupt- und Feinwurzel, gleichmäßig verteilt	Wurzeln ungleichmäßig verteilt, abgeknickter Wurzelverlauf, bei hoher Bodenverdichtung Wurzeln nur in Schrumpfungsrissen
Wurzelknöllchen an Leguminosen	gleichmäßig verteilt, auch in tieferen Bereichen der Krume zu finden	unregelmäßige Verteilung, nur im obersten Krumenbereich
Rottegrad	Ernterückstände durch biologische Aktivität weitgehend abgebaut	geringe Abbaurate der Ernterückstände, ungleichmäßig verteilt, zum Teil verpilzt, geringe bzw. keine biologische Aktivität erkennbar
Organische Masse	durch hohe biologische Aktivität gleichmäßig in der Krume verteilter Humus, nahezu keine Streustoffe erkennbar, hoher Anteil an Regenwurmlosung, viele wühlende und bodenvermischende Bodentiere	unverrottete Rohhumusauflage, nahezu keine Bodentiere erkennbar

Kriterien für die Beurteilung des Bodens mithilfe der Spatenprobe.

ZEIGERPFLANZEN ZUM BEURTEILEN DER BODENSTRUKTUR

Ein Bestäubungsimker muss keine Bodenproben durchführen, er kann mithilfe von Zeigerpflanzen eine Beurteilung der Bodenstruktur vornehmen. Die Pflanzen geben Hinweise auf die Struktur beziehungsweise Bodenqualität, der Imker kann seine Bestäubungsstrategie an die Gegebenheiten anpassen und entsprechend reagieren. So ist bei stark verdichtetem oder trockenem Boden der Nektarfluss eher gering, es sollte mit einer höheren Völkerdichte reagiert und Kontakt mit dem Landwirt aufgenommen werden, um Maßnahmen zur Verbesserung während der Bestäubungsphase zu besprechen.

Zeigerpflanzen sind Wildpflanzen mit speziellen Ansprüchen an Bodentyp oder Nährstoffzusammensetzung des Bodens. Sie wachsen rasch und in großer Anzahl, sofern die Fläche diese Bedingungen bietet. Im Umkehrschluss sind sie auf Flächen mit anderen Merkmalen nicht anzutreffen. Je mehr „typische" Zeigerpflanzen auf einer Fläche zu finden sind, umso genauer können Rückschlüsse auf den Bodentyp oder Störungen des Bodengefüges getroffen werden. Deutlich wird dies am Beispiel des Ackerschachtelhalmes, der auf drei unterschiedlichen Böden wachsen kann. In der folgenden Liste sind einige für den jeweiligen Boden charakteristische Pflanzen zusammengestellt. Mit etwas Übung gelingt die Beurteilung der unterschiedlichen Flächen.

	Deutscher Name	lateinischer Name		Deutscher Name	lateinischer Name
trockener Boden	Saat-Esparsette	*Onobrychis viciifolia*	feuchter Boden	Gemeiner Beinwell	*Symphytum officinale*
	Färberkamille	*Anthemis tinctoria*		Wiesen-Fuchsschwanz	*Alopecurus pratensis*
	Sichelmöhre	*Falcaria vulgaris*		Trollblume	*Trollius europaeus*
	Frühlings-Fingerkraut	*Potentilla neumanniana*		Ampfer-Knöterich	*Persicaria lapathifolia*
	Hufeisenklee	*Hippocrepis comosa*		Mädesüß	*Filipendula ulmaria*
	Gemeines Leinkraut	*Linaria vulgaris*		Gewöhnliches Rispengras	*Poa trivialis*
	Pfeilkresse	*Lepidium draba*		Scharbockskraut	*Ranunculus ficaria*
	Kleiner Wiesenknopf (Bibernelle)	*Sanguisorba minor*		Breit-Wegerich	*Plantago major*
	Echter Steinklee	*Melilotus officinalis*		Rauhaariges Weidenröschen	*Epilobium hirsutum*
	Langblättriger Ehrenpreis	*Veronica longifolia*		Gemeines Fettkraut	*Pinguicula vulgaris*
saurer Boden	Ackerspörgel	*Spergula arvensis*	basischer Boden	Feld-Rittersporn	*Consolida regalis*
	Kleiner Sauerampfer	*Rumex acetosella*		Acker-Senf	*Sinapis arvensis*
	Wald-Hainsimse	*Luzula sylvatica*		Acker-Winde	*Convolvulus arvensis*
	Acker-Schachtelhalm	*Equisetum arvense*		Echter Wundklee	*Anthyllis vulneraria*
	Arnika	*Arnica montana*		Einjähriges Bingelkraut	*Mercurialis annua*
	Acker-Hederich	*Raphanus raphanistrum*		Acker-Gänsedistel	*Sonchus arvensis*
	Wolliges Honiggras	*Holcus lanatus*		Wiesen- Storchschnabel	*Geranium pratense*
	Persischer Ehrenpreis	*Veronica persica*		Wiesen-Salbei	*Salvia pratensis*
	Efeublättriger Ehrenpreis	*Veronica hederifolia*		Acker- Stiefmütterchen	*Viola arvensis*
	Hunds-Veilchen	*Viola canina* agg.		Weißklee	*Trifolium repens*

	Deutscher Name	lateinischer Name		Deutscher Name	lateinischer Name
Staunässe	Acker-Fuchsschwanz	*Alopecurus myosuroides*	verdichteter Boden	Strahlenlose Kamille	*Matricaria discoidea*
	Ackerminze	*Mentha arvensis*		Gänseblümchen	*Bellis perennis*
	Wiesen-Schaumkraut	*Cardamine pratensis*		Breit-Wegerich	*Plantago major*
	Acker-Schachtelhalm	*Equisetum arvense*		Gemeiner Beinwell	*Symphytum officinale*
	Huflattich	*Tussilago farfara*		Kriechender Hahnenfuß	*Ranunculus repens*
	Kleines Mädesüß	*Filipendula vulgaris*		Gemeine Quecke	*Agropyron repens*
	Kohldistel	*Cirsium oleraceum*		Gänse-Fingerkraut	*Potentilla anserina*
	Milzkraut	*Chrysosplenium* sp.		Gemüse-Gänsedistel	*Sonchus oleraceus*
	Stumpfblättriger Ampfer	*Rumex obtusifolius*		Hundskamille	*Anthemis arvensis*
	Windhalm	*Apera spica-venti*		Acker-Schachtelhalm	*Equisetum arvense*
hoher Stickstoffgehalt	Knoblauchsrauke	*Alliaria petiolata*	niedriger Stickstoffgehalt	Rauhaarige Wicke	*Vicia hirsuta*
	Guter Heinrich	*Chenopodium bonus-henricus*		Wilde Möhre	*Daucus carota*
	Weg-Malve	*Malva neglecta*		Wiesen-Schafgarbe	*Achillea millefolium*
	Spieß-Melde	*Atriplex prostrata*		Strand-Grasnelke	*Armeria maritima*
	Zaunwinde	*Calystegia sepium*		Edel-Gamander	*Teucrium chamaedrys*
	Große und Kleine Klette	*Arctium lappa, A. minus*		Hasen-Klee	*Trifolium arvense*
	Taubnessel	*Lamium album*		Adonisröschen	*Adonis vernalis*
	Große Brennessel	*Urtica dioica*		Kelch-Steinkraut	*Alyssum alyssoides*
	Löwenzahn	*Taraxacum* sect. *Ruderalia*		Kleiner Sauerampfer	*Rumex acetosella*
	Kletten-Labkraut	*Galium aparine*		Behaarter Klappertopf	*Rhinanthus alectorolophus*

Zeigerpflanzen zur Beurteilung der Bodenstruktur.

Ökologische Zeigerwerte von Pflanzen

Heinz Ellenberg hat diese Methode der Bodenbewertung durch ein Klassifizierungssystem erweitert. In seinem 1970 erschienenen Buch „Ökologische Zeigerwerte von Pflanzen in Mitteleuropa" stellt er eine Klassifizierungsmethode vor, die im Wesentlichen auf fünf wachstumsbeeinflussenden Faktoren basiert.

Die fünf Hauptfaktoren Licht, Temperatur (Klima), Feuchtigkeit, Bodenreaktion und Stickstoffgehalt (Boden) werden in eine Skala von neun Ziffern unterteilt und die Pflanzen entsprechend klassifiziert.

Am Beispiel der Feuchtezahl (F) sind die Zahlen wie folgt zugewiesen: 1 – Starktrockenanzeiger, 3 – Trockenanzeiger, 5 – Frischeanzeiger, 7 – Feuchteanzeiger, 9 – Nässeanzeiger.

SUBSTRATE

Die Problematik der Verfügbarkeit von geeignetem Boden ist im konventionellen Gewächshausanbau durch Verwenden von Substraten gelöst worden. Zum Einsatz kommen organische Substrate wie Torf, Kokosfasern, Kompost, Rinde, Reisspelzen oder Kakaoschalen sowie anorganische Substrate wie Stein- oder Glaswolle, Perlite, Blähton, Vulkanitsand oder Ton.

Eine Computeranlage übernimmt die Vollversorgung der Kulturen und steuert die entsprechende optimale Versorgung mit Wasser, Nährstoffen beziehungsweise CO_2 und passendem Lichtbedarf. Um Krankheiten oder Schädlingsvermehrung vorzubeugen, werden die verwendeten Substrate in der Regel nach der Ernte entsorgt.

Ein wichtiger positiver Aspekt des kompletten Substrattausches ist, dass keine wechselnde Fruchtfolge berücksichtigt werden muss. So kann die gewünschte Kultur dauerhaft auf der gleichen Fläche angebaut und somit die Infrastruktur unverändert genutzt werden.

PFLANZENERNÄHRUNG

Neben Standort, Klima- und Umweltbedingungen spielt die Nährstoffverfügbarkeit eine bedeutende Rolle für das Wachstum von Pflanzen. Nährstoffe stehen der Pflanze in Form von Luft- oder Bodenmolekülen bzw. als Ionen im Boden zur Verfügung. Der größte Anteil der Nährstoffe wird über den Boden aufgenommen.

Einige dieser Nährelemente sind frei verfügbar oder ohne feste chemische Bindung an mineralische oder organische Partikel und können über die Wasseraufnahme leicht in die Pflanze gelangen. Andere wichtige Nährstoffe sind chemisch an die Krume gebunden, die Pflanzenwurzel kann sie nur aufnehmen, indem sie diese mit Hilfe chemischer Austausch-Mechanismen für sich zugänglich macht.

Für die Pflanze nicht erreichbar sind Mineralien, die an mineralisch-organische Komplexe gebunden sind, wie zum Beispiel an Tonmineralschichten oder mineralischen Gitterstrukturen. Erst durch Zersetzung dieser Strukturen werden sie frei verfügbar.

Die im Ausgangsgestein vorhandenen Mineralien aus den tieferen Bodenschichten können nicht mobilisiert werden.

Grundsätzlich sorgt die Natur für ein Gleichgewicht von Entnahme und Zufuhr: Pflanzliche Wachstumsprozesse entziehen dem Boden Nährstoffe, absterbende Pflanzenteile und anschließende Humifizierung und Mineralisierung führen sie dem Boden wieder zu.

Durch landwirtschaftliche Produktion werden dem Boden dauerhaft Nährstoffe entzogen und müssen durch gezielte chemische Düngung, Mulchschnitt, Kompost- oder Humusgabe wieder zugeführt werden. Ein Beispiel zeigt der Apfelanbau, bei dem aufgrund der Apfelernte dem Boden pro ha 32 kg Kalium entnommen werden; ähnliches trifft auch auf andere Mineralien zu.

Für Pflanzen sind 17 chemische Elemente als Nährstoffe identifiziert worden, drei weitere werden zusätzlich von speziellen Pflanzen benötigt. Sie werden in unterschiedlichen Mengen aufgenommen und daher in die zwei Gruppen **Makronährstoffe** und **Mikronährstoffe** (Spurenelemente) unterteilt.

Makronährstoffe < 0,5 g / kg Trockenmasse	Abkürzung	Mikronährstoffe (Spurenelemente) > 0,5 g / kg Trockenmasse	Abkürzung
Kohlenstoff	C	Mangan	Mn
Sauerstoff	O	Zink	Zn
Wasserstoff	H	Bor	B
Stickstoff	N	Kupfer	Cn
Phosphor	Ph	Eisen	Fe
Schwefel	S	Molybdän	Mo
Calcium	Ca	Chlor	Cl
Kalium	K	Nickel	Ni
Magnesium	Mg	Natrium	(Na)*
Silizium	(Si)*	Cobalt	(Co)*

*Nur für einige Pflanzen ein Nährstoff: Si für Reis, Na für C4-Pflanzen, Co für Stickstoff fixierende Leguminosen

Das erforderliche Mengenverhältnis ist für jede Pflanzenart unterschiedlich. Bereits das Fehlen von Spurenelementen führt zu Mangelerscheinungen mit zum Teil großen Auswirkungen. 1828 ging Carl Sprengel in einer Veröffentlichung mit dem Titel „Von den Substanzen der Ackerkrume und des Untergrundes ...“ auf den Zusammenhang ein, dass eine Pflanze nicht gedeihen kann, wenn nur ein essenzieller Nährstoff fehlt. Dieses **Minimumgesetz** genannte Prinzip besagt, dass das Nährelement, welches im Vergleich zur benötigten Menge am geringsten verfügbar ist, über das Wachstum der Pflanze und somit über ihren Ertrag entscheidet.

Grafisch dargestellt wird dies oft als ein Fass mit unterschiedlichen Daubenlängen, wobei die einzelnen Dauben für das Mengenverhältnis eines Nährelementes stehen. Selbst wenn fast alle Stoffe in ausreichender Menge vorhanden sind, würde das Fass in Höhe der kürzesten Daube – also dem geringsten vorhandenen Nährelement – auslaufen, hier also das weitere Wachstum der Pflanze beeinflussen.

Aber nicht nur der Mangel an Nährstoffen beeinflusst das Pflanzenwachstum, auch hohe Zugaben von Nährstoffen können zu einem Überschreiten des entsprechenden Optimums führen und wiederum Ertragsrückgänge verursachen. Dieser als **Ionenkonkurrenz** oder Ionenantagonismus beschriebene Effekt findet sich bei Nährelementen mit einer gleichgerichteten Ladung, also Kationen oder Anionen.

Beispielsweise nutzen Kalium- und Magnesium-Ionen den gleichen Transportweg, die Bindeproteine der Wurzel, um in die Pflanze zu gelangen. Kalium bindet jedoch deutlich rascher und effektiver an die Bindeproteine und blockiert somit die Aufnahme von Magnesium. Trotz ausreichender Magnesiumverfügbarkeit kann es demnach zu Mangelerscheinungen in der Pflanze kommen.

Nährelemente mit entgegengesetzter Ladung können hingegen fördernde, also ionensynergistische, Effekte hervorrufen. So kann ein steigendes Kaliumangebot die Aufnahme von Nitraten fördern und umgekehrt. Mitunter ist es schwierig, die geeignete Balance zu finden, und erfordert Wissen, Erfahrung und Engagement des Landwirts.

Die beschriebenen Möglichkeiten wie Mangelerscheinungen, Nährstoffunter- und -überversorgung (Überdüngung) oder antagonistische Wechselwirkungen sind nur einige von einer Vielzahl beeinflussender Faktoren im Pflanzenwachstum. Der Bestäubungsimker steht nicht direkt in der Verantwortung einer ausgewogenen Ernährung der zu bestäubenden Kultur, er sollte jedoch einige Anzeichen erkennen können, die direkten oder indirekten Einfluss auf das erfolgreiche Bestäubungsgeschehen nehmen können. Auch bei ihm sind Wissen und Erfahrung gefragt, alleine schon, um das Wahrgenommene richtig einzuordnen und unterscheiden zu können zwischen Nährstoffmissverhältnissen, Pflanzenkrankheiten und Parasitenbefall. Erste Anzeichen einer Mangelerscheinung können sein

- Gelb- oder Rotverfärbungen (Chlorosen) oder Deformationen von Laubblättern,
- Kümmerwuchs oder ungleichmäßiger Pflanzenwuchs,
- eingeschränkte bis instabile Standfestigkeit,
- beschädigte Pflanzenteile (Risse, Nekrosen),
- deformierte oder minderwüchsige Blüten.

Die folgende Tabelle gibt einen Überblick über die wichtigsten Funktionen der Nährstoffe sowie Mangelerscheinungen.

Makronährstoffe

Nährstoff / Elementsymbol	Aufnahmeform	Funktion in der Pflanze	erstes Auftreten der Mangelerscheinung	Unterversorgung / Mangelerscheinung	Überversorgung
Kohlenstoff C	CO_2 aus der Luft	Kohlenstoffquelle für alle organischen Kohlenstoff-Verbindungen			
Wasserstoff H	H_2O über die Wurzel	aus Wasser über Wasserspaltung (Protolyse) verfügbar; Einbau (Assimilation) in vorhandene Moleküle oft in Kombination mit anderen Elemementen unter Energiezufuhr			
Sauerstoff O_2	O_2 über die Luft oder aus der Wasserspaltung	Assimilation oft in Kombination mit anderen Elementen			
Stickstoff N	weitgehend als Nitrat (NO_3) oder Ammonium (NH_4^+); Nitrit (NO_2)	u. a. Bestandteil von Eiweißen (Aminosäuren), Nucleinsäuren, Enzymen und Chlorophyll	ältere Blätter	Chlorosen (Chlorophyll-Mangelerscheinung); Rotfärbungen durch Anthocyane; Kümmerwuchs; verminderte Haltbarkeit von Früchten; mangelhafte Ausbildung von Blüten, z. T. Ausbildung von Notblüten	verminderte Standfestigkeit und schlechte Fruchtqualität

Nährstoff / Elementsymbol	Aufnahmeform	Funktion in der Pflanze	erstes Auftreten der Mangel-erscheinung	Unterversorgung / Mangelerscheinung	Überversorgung
Schwefel S	SO_4^{2-} (Sulfat) über Bodenlösung	Bestandteil von Eiweißen		Chlorosen (Chlorophyll-Mangelerscheinung); Rotfärbungen durch Anthocyane; Raps: Weißblütigkeit, löffelartig verformte Blätter,aufgedunsene Schoten, verminderte Samenanzahl pro Schote	
Phosphor P	ausschließlich über die Wurzel, $H_2PO_4^-$ (Dihydrogenphosphat; saurer Boden); HPO_4^{2-} (Hydrogenphosphat; basischer Boden)	Aufbau Zellwandstruktur, Enzymaktivierung, Erzeugung energiereicher Bindungen (Nucleotide, ATP), Phosphorilierung an organischen Molekülen, fördert die Blüten- und Fruchtbildung, fördert das Wurzelwachstum	alte Blätter	kümmerliche Pflanze mit eingeschränktem Wuchs, häufig mit rötlich verfärbten Blättern und Stängeln (Anthocyanbildung); Blattaufhellungen bei Leguminosen	indirekter negativer Einfluss: schwer lösliche Eisen-Zink-Phosphate führen zu Eisen- und Zinkmangel
Kalium K	K^+	vorwiegend Speicherung in der Vakuole, damit Regulierung des Wasserhaushalts der Pflanze durch Erhöhung des osmotischen Wertes („Saugkraft der Zelle"), Erhöhung der Frostresistenz, Förderung der Enzymaktivität, Erhöhung der Standfestigkeit und natürlichen Resistenz gegen Pilz-Krankheiten und saugende Insekten	ältere Blätter	Wassermangel durch gehemmte Wasseraufnahme, dadurch verringerter Turgordruck (Welketracht); Gelbfärbungen (Chlorosen) der Blattränder, die in Nekrosen übergehen; verringerte Aufbauleistung der Fotosynthese; verringerte Standfestigkeit und Resistenz gegen Schadorganismen und Frost	Magnesium- und Calciummangel durch Ionenkonkurrenz; Salzschäden (Verbrennungen)
Magnesium Mg	Mg^{3+}	zentraler Baustein von Chlorophyll, Baustein einiger Enzyme, gemeinsam mit anderen Kationen Regulation des Wasserhaushalts, Regulation der Proteinsynthese am Ribosom sowie der ATP-Synthese	ältere Blätter	fleckige Chlorosen des Blattinnenbereichs, später nekrotisch; Blattadern bleiben zunächst grün	Kalium- und Calciummangel durch Ionenkonkurrenz
Calcium Ca	Ca^{2+} aus Verwitterungsprozessen	sekundärer Botenstoff zur Aktivierung von Proteinen, Beeinflussung des Stoffwechsels; Aufbau der Zellwandstruktur (Pektinsäure)	junge Pflanzenteile durch Schädigung des Wachstumsgewebes (Meristeme), die vom Phloem mit Assimilaten versorgt werden; Meristeme an Spross und Wurzel, junge Früchte	Blattrand- und Innenblattnekrosen; Spitzendürre; hakenförmiges Abknicken von Trieben und Blattstielen; Stippigkeit bei Äpfeln; Blüten- oder Fruchtendfäule bei Tomaten	Verringerung der Phosphat-Verfügbarkeit durch Bildung von Calciumphosphaten; Ionenenkonkurrenz zu Kalium- und Magnesium-Ionen

Nährstoff / Elementsymbol	Aufnahmeform	Funktion in der Pflanze	erstes Auftreten der Mangelerscheinung	Unterversorgung / Mangelerscheinung	Überversorgung
Silicium Si	H_4SiO_4 (Orthokieselsäure)	Aufbau der Zellwandstruktur insbesondere bei Gräsern (z. B. Reis); Schutz vor Schädlingen (z. B. Maiszünsler)	Phloemaufbau	Reis: geringer Wuchs und eingeschränkte Standfestigkeit; Welkeerscheinungen	

Mikronährstoffe (Spurenelemente)

Nährstoff	Aufnahmeform	Funktion in der Pflanze	erstes Auftreten der Mangelerscheinung	Unterversorgung / Mangelerscheinung	Überversorgung
Eisen Fe	Fe^{2+}; Fe^{3+}	Bestandteil von wichtigen Enzymen (Enzymaktivierung), in dieser Funktion Beteiligung an der Chlorophyllsynthese, des Eiweißaufbaus sowie der Zellatmung; Energietransfer bei der Fotosynthese	junge Blätter	reduzierte Fotosyntheseleistung dadurch Chlorosen im Innenblattbereich (Blattadern bleiben grün); schlechtes Wuchsverhalten bis hin zum Absterben der Pflanze; Ertragseinbußen	keine Störungen bekannt
Mangan Mn	Mn^{2+}	Steuerung der Enzymaktivität beim Chlorophyll- und Eiweißaufbau; Elektronentransfer bei der Fotosynthese II (Mangankomplex), erforderlich für die Nitratreduktion, fördert die Bildung von Seitenwurzeln, Steuerung des Kohlenhydratstoffwechsels sowie Fettsäurebiosynthese	zuerst mittelalte Blätter, später auch junge Blätter	punktförmige Chlorosen (z. B Dürrfleckenkrankheit bei Hafer, Tomaten); chlorotische und nekrotische Streifen bei Gräsern; Störung des Zellstreckungswachstum sowie der Seitenwurzelbildung	Mangantoxizität bei niedrigem Boden pH-Wert, z. B. Chlorosen bei Feldsalat; Kümmerwuchs bei Sellerie; Chlorosen/Nekrosen bei Möhren; Trockenheit, hoher Sauerstoffgehalt im Boden
Zink Zn	Zn^{2+}	Enzymsynthese; Aktivierung von Enzymen (z.B. Chlorophyllbildung), Pollen bzw. Samenvitalität, fördert Krankheitsresistenz	junge Blätter	Chlorosen. Nekrosen z. B. bei Mais (streifenartige Aufhellungen); gestauchtes Wachstum (Mais); erhöhte Krankheitsanfälligkeit	keine Störungen bekannt

Nährstoff	Aufnahmeform	Funktion in der Pflanze	erstes Auftreten der Mangel-erscheinung	Unterversorgung / Mangelerscheinung	Überversorgung
Bor B	Borsäure H_3BO_3	Aufbau der Zellwandstruktur, Förderung der Blüten- und Fruchtbildung	zuerst ältere Blätter	Absterben der Trieb- und Wurzelspitzen, dadurch verstärkter Austrieb von Seitenknospen; Nekrosen im Blattinnenbereich bis hin zum Verkrüppeln von jungen Blättern; Beeinträchtigung der Blüten- und Fruchtbildung (Herz- und Trockenfäulen); Spitzenvergilbung (Leguminosen)	Wuchshemmung; Missbildungen an Blättern (Vergilbung, Nekrosen), Blüten und Früchten
Kupfer Cu	Cu^{2+}	Enzymaktivierung zum Chlorophyllaufbau, Steuerung des fotosynthetischen Elektronentransports; Stabilisierung von Zellwänden (Lignifizierung); Beteiligung bei Pollenentwicklung und Befruchtungsprozessen; wichtiger Nährstoff für Knöllchenbakterien von Leguminosen	junge Blätter	Weißverfärbung und Einrollen der Blätter; Verkümmerung der Triebspitzen, Blüten sowie des Fruchtansatzes bei Obstbäumen; gestörte Ähren bzw. Rispenbildung und somit der Samenentwicklung bei Getreide (z. B. Mais)	
Molybdän Mo	Mo^{2+}	fördert den Abbau von Stickstoff in der Pflanze sowie die Stickstoffbindung der Knöllchenbakterien	junge Blätter	Chlorosen jüngerer Blätter; Verkümmerung der Blattspreiten (Peitschenblättrigkeit) oder Röschen (Klemmherzigkeit) bei Blumenkohl; Whip-Tail-Krankheit bei Blumenkohl	keine Störungen bekannt
Nickel Ni	Ni^{2+}	fördert Umwandlung von Nitrat zu Ammonium; essenziell zur Enzymaktivierung von Urease und somit Schlüsselnährstoff für Stickstoffaufnahme aus Harnstoff	junge Blätter	vorschnelle Alterung und Abreife der Pflanze; Blattspitzennekrose bei Leguminosen; Chlorosen bei Gräsern	starke Hemmung des Wurzelwachstums (Nickeltoxizität)
Chlor Cl	Cl^-	essenziell für die Wasserspaltung der Fotosynthese; in Kombination osmotische Regulation der Zelle (z. B. Stomata-Mechanismus)	ältere Blätter	Mangelerscheinungen eher selten auftretend, z. B. Blattrandnekrosen, Welkeerscheinungen	Chlortoxizität bei Trockenheit an Wurzeln; verminderter Ertrag oder verminderte Fruchtqualität bei Obst und Gemüse

Pflanzennährstoffe, Funktion und Mangelerscheinungen (in Anlehnung an Kurs Pflanzenernährung, Prof. Schubert, Justus-Liebig-Universität Gießen).

Durch Calciummangel hervorgerufene Blütenendfäule bei Tomate.

Insbesondere während der frühen Wachstumsphase sowie während der Blüten- und Fruchtentwicklung werden viele Nährstoffe benötigt, und demzufolge können sich in diesen Phasen erste Mangelerscheinungen zeigen. Der Landwirt kann diesem Mangel rasch durch Nährstoffgabe über die Blattoberfläche oder Spaltöffnungen (Stomata) entgegenwirken (Blattdüngung). Diese Applikationen können während der Bestäubungsphase stattfinden und stören die sich in der Kultur befindenden Bestäuberinsekten nicht.

Auch an Blüten kann ein Nährstoffmangel erkannt werden. Bei Raps führt Schwefelmangel zu Weißblütigkeit und verminderter Ausbildung von Blüten; Bormangel ist die Ursache für Zwergwuchs und ebenfalls reduzierte Blütenausbildung. Sonnenblumen weisen bei diesem Mangel oft Missbildungen auf.

FUNKTIONELLE PFLANZENANATOMIE

Der Kormus, die Organisationsform der Gefäßpflanzen (Kormophyten), besteht aus drei Grundorganen: Wurzel, Sprossachse und Blatt. Alle weiteren Pflanzenteile gehen aus diesen Pflanzenorganen hervor.

WURZEL

Wurzeln haben bei der Pflanze drei Hauptfunktionen:

VERANKERUNG DER PFLANZE IM BODEN Hierfür bildet die Pflanze eine Hauptwurzel aus, die in der Regel senkrecht tief in den Boden vordringt. Zur Stabilität und Erschließung von Wurzelräumen werden Seitenwurzeln der 1. Ordnung ausgebildet. Diese verzweigen sich weiter (2. Ordnung, 3. Ordnung usw.) und bilden dadurch ein Wurzelgeflecht aus, das annähernd die gleiche Fläche einnimmt wie die oberirdischen Pflanzenteile.

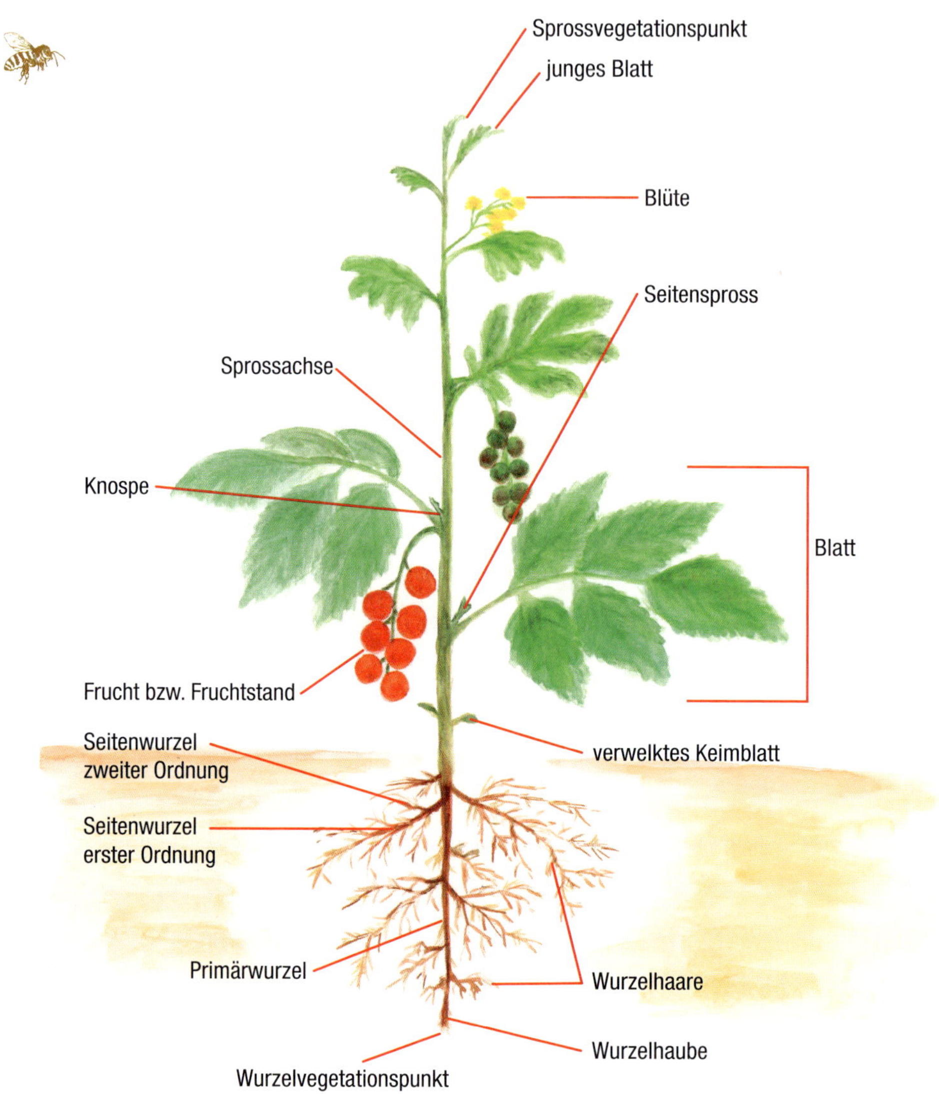

Die Pflanze und ihre Organe.

AUFNAHME VON WASSER UND GELÖSTEN NÄHRSTOFFEN Eine Pflanze kann grundsätzlich über ihre gesamte Oberfläche Nährstoffe aufnehmen. So können mittels gezielter „Blattdüngung" etwa 15 % der benötigten Nährsalze rasch in das Pflanzengewebe gelangen. Der Großteil der Nährsalze wird – in Form von Ionen im Wasser gelöst – durch einen kleinen Bereich der Wurzel, die Wurzelhaare, aufgenommen. Dieser unverholzte Wurzeltyp ist sehr fein und wächst als dichter Flaum direkt oberhalb des Wurzelvegetationspunktes. Infolge des Wurzelwachstums sterben diese Wurzelhaare ab, werden aber ständig an der nachwachsenden Wurzelspitze neu gebildet.

Durch die Ausbildung der Wurzelhaare wird die Aufnahmefläche bzw. die Aufnahmekapazität für Wasser und die darin gelösten Nährsalze enorm gesteigert. So kann die Gesamtoberfläche einer einzelnen Roggenpflanze circa 400 m² betragen.

Die Aufnahme von Nährsalz-Ionen kann in unterschiedlicher Art und Weise erfolgen. Ist der Wassergehalt im Boden höher als in der Wurzel, strömt Wasser mit den darin gelösten Nährsalzen in die Wurzel ein und gelangt entlang der Zellwände beziehungsweise durch die Zellen zu den Leitsystemen für den Ferntransport.

Roggenpflanzen, Verhältnis Wurzel zu oberirdischen Pflanzenteilen.

Von den im Boden verfügbaren Ionen sind lediglich rund 2 % für die Pflanze verfügbar. Hiervon sind maximal 10 % aufgelöst in der Bodenlösung vorhanden, der überwiegende Anteil haftet an Bodenkolloiden. Die Wurzel kann die verfügbare Ionenmenge durch **Austausch-Adsorption** beträchtlich steigern. Durch die Abgabe von Protonen (H^+) werden positiv geladene Ionen (Kationen) und durch Hydrogencarbonat (HCO_3^-) negativ geladene Ionen (Anionen) ausgetauscht und aufgenommen. Zudem kann die Wurzel organische Säuren abgeben und schwer lösliche Mineralien wurzelverfügbar machen.

SPEICHERUNG VON RESERVESTOFFEN Wurzeln können in großen Mengen Reservestoffe wie Stärke in stark verdickten Bereichen speichern. Solche Speicherwurzeln fungieren als Reservespeicher zum Überwintern der Pflanze. Zum einen kann dieser aus Seitenwurzeln bestehen, den Wurzelknollen. Bei Zierpflanzen wie Dahlien oder einigen Orchideen ist dies deutlich erkennbar; typische Nahrungspflanzen sind Süßkartoffeln/Batate (*Ipomoea batatas*), Yams (*Dioscorea* sp.) oder Maniok (*Manihot esculenta*). Zum anderen kann der Reservespeicher auch aus der Verdickung der Hauptwurzel gebildet werden wie bei Zuckerrübe oder Karotte.

BLATT

An den äußeren Regionen jedes Sprossvegetationspunktes (Sprossscheitels) der Sprossachse befinden sich die Blattanlagen, aus denen die Blätter entstehen. Sie sind in ihrer Gestalt (Morphologie) je nach Funktion sehr verschieden ausgebildet. Als erstes erscheinen Keimblätter, gefolgt von Niederblättern und Laubblättern. Im Bereich der Sprossspitze finden sich Hochblätter, die Blüten sind aus Kelch-, Kron-, Frucht- und Staubblättern aufgebaut.

Laubblätter sind entsprechend ihrer Hauptaufgabe flächig ausgebildet und meist der Sonne zugewandt. Zur Versorgung des Blattes und dem Abtransport der gebildeten Stoffe

Blattquerschnitt, nachkolorierte rasterelektronenmikroskopische Aufnahme, Schwarze Nieswurz (*Helleborus niger*).

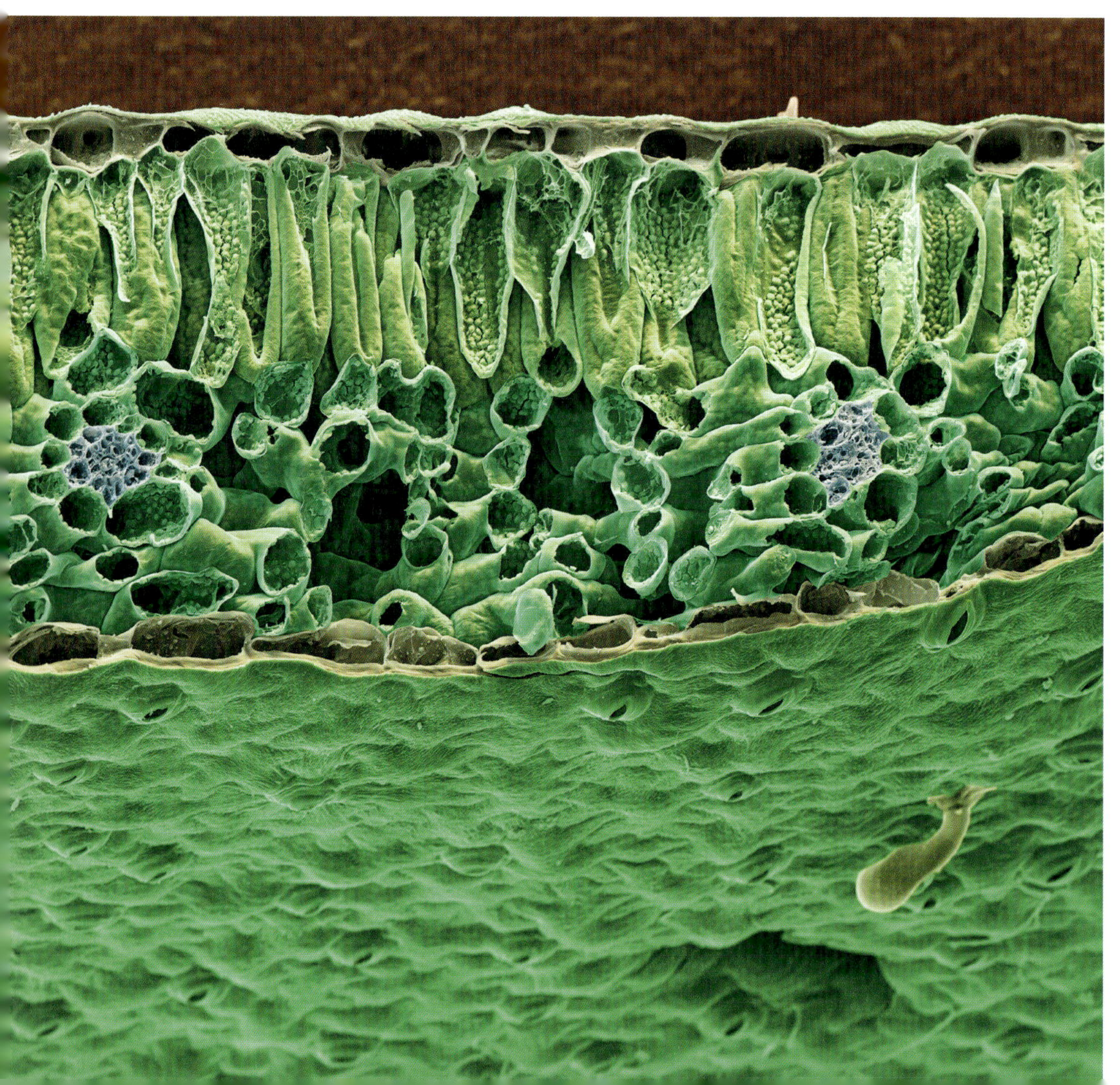

(Assimilate wie Zucker) ist das Blatt mit Leitbündeln netzartig (Netznervatur) oder wie bei Mais parallelverlaufend (Parallelnervatur) durchzogen. Oft befindet sich auf der Blattoberseite eine Wachsschicht, die an der Blattunterseite fehlt. Die Blattunterseite ist teils behaart.

Das Blatt hat drei Hauptfunktionen: Produktion von hochenergetischen Molekülen (Assimilate), Regulation des Gasaustausches sowie Regulation der Abgabe von Wasserdampf (Transpiration).

Entsprechend dieser Funktionen ist das Blattgewebe auf der Blattober- und -unterseite unterschiedlich aufgebaut oder präziser: morphologisch an die jeweilige Funktion angepasst. So findet man auf der zur Sonne gewandten Blattseite langgestreckte Zellen mit einer hohen Anzahl von Chloroplasten, um die eintreffende Lichtenergie optimal ausnutzen zu können (Palisadenparenchym). Das Blattgewebe der Unterseite weist viele Hohlräume auf (Interzellularraum), um große Mengen CO_2 aus der Luft aufzunehmen und Wasserdampf nach außen abzugeben (Schwammparenchym). CO_2-Aufnahme und -Abgabe erfolgen vorwiegend durch spezielle Blattöffnungen, die Stomata, an der Blattunterseite.

Fotosynthese – Produktion hochenergetischer Moleküle

Die Pflanze ist in der Lage, Kohlenhydrate, Fette, Eiweiße und viele weitere organische Moleküle herzustellen beziehungsweise zu synthetisieren. Für diese Biosynthesen- sowie Umbauprozesse und Transportabläufe sind zum Teil hohe Energiebeträge erforderlich, die in den Pflanzenzellen nicht zur Verfügung stehen. Daher werden fast alle biochemischen Prozesse durch Biokatalysatoren, die Enzyme, gesteuert. Diese setzen als Reaktionsbeschleuniger die für die Reaktion erforderliche Aktivierungsenergie herab (Einleitung der Biosynthese), koppeln energieabgebende mit energieaufnehmenden Prozessen und steuern zudem die Reaktionsrichtung in Einzelschritten zum gewünschten Ausgangsprodukt.

Einige dieser Enzyme sind bei fast allen biochemischen Prozessen beteiligt und unterliegen während der Reaktion einem ständigen Auflade- und Abgabeprozess. Sie sind nur kurzfristig als Redox-Reaktionspartner beziehungsweise Energiegeber oder -aufnehmer einer Reaktion beteiligt und werden daher als Co-Enzyme oder Co-Substrate bezeichnet.

Beispiele dieser universellen Energieträger sind:

- ATP: Adenosin-tri-phosphat, das durch Phosphatabspaltung zu Adenosin-di-phosphat wird und hierbei Energie freisetzt (ca. 30 kJ/mol)
- $NADPH^+ + H^+$: Nicotinamid-Adenin-Dinucleotid, das Wasserstoff-Ionen und Elektronen aufnimmt und überträgt (Co-Enzym von Redox-Reaktionen)
- FAD: Flavin-Adenin-Dinukleotid, ein wichtiges Co-Enzym, das als Elektronen- und Protonencarrier bei vielen Stoffwechselprozessen fungiert ($FADH^+ + H^+$)

Ablauf der Fotosynthese

Ein wichtiges Substrat für weitere Syntheseprozesse und wichtiger Energielieferant ist Traubenzucker (Glucose). Der zur Herstellung von Glucose erforderliche chemische Prozess wird als Fotosynthese bezeichnet. Der Ort dieser Synthese ist ein Organell, der Chloroplast im Blattinnengewebe des Palisadenparenchyms. Die Chloroplasten sind von einer Doppelmembran (Thylakoide) durchzogen, die dadurch einen Innen- und Außenbereich bilden. Im Innenbereich finden andere enzymatisch-chemische Reaktionen als im Außenbereich statt. In einigen Bereichen sind diese Doppelmembranen stark aufgefaltet (Granathylakoide), im Mikroskop als Membranstapel zu erkennen. Die Membranstapel sind mit einer Vielzahl von Protein-Pigmentkomplexen durchzogen. Sie dienen der Aufnahme und Verwertung von Photonen und zur chemischen Synthese von Zucker. Auch wenn diese Komplexe dicht beieinander liegen, ist es wichtig, dass deren Reaktionszentren sich räumlich im Außen- oder Innenbereich befinden.

Oft wird angenommen, dass eine Pflanze in der Lage wäre, aus CO_2 mit Hilfe von Licht Traubenzucker herzustellen. Der Ablauf der Fotosynthese ist jedoch ein sehr komplexer Vorgang und nur durch Zusammenarbeit einer Vielzahl von Enzymkomplexen möglich. Die genaue Funktionsbeschreibung der Fotosynthese würde den Rahmen dieses Buches überschreiten. Jedoch sollten die Grundzüge dieses außergewöhnlichen Synthesewegs verstanden werden, um die landwirtschaftliche Planung und Vorgehensweise den Erfordernissen der Pflanze und Kultur anzupassen.

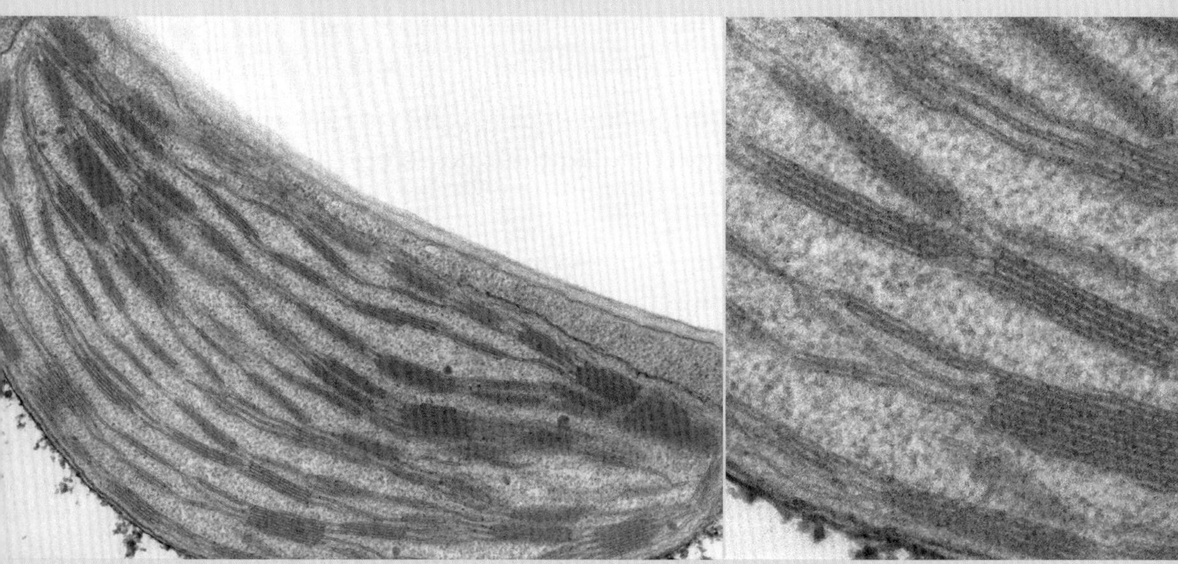

Chloroplast einer Mais-Blattzelle (*Zea mays*) in etwa 20.000-facher und 30.000-facher Vergrößerung (elektronenmikroskopische Aufnahme). Membranstapel (Granathylakoide) mit Doppelmembranen.

Grundsätzlich wird die Fotosynthese in zwei nacheinander ablaufende Reaktionswege unterteilt, die Lichtreaktion und die Dunkelreaktion.

LICHTREAKTION Während dieser wird Wasser durch einen Enzymkomplex in elementaren Sauerstoff O_2- und zwei Wasserstoffprotonen (H^+) aufgespalten Die hierbei freiwerdenden Elektronen werden durch eine „Elektronentransportkette" letztendlich auf $NADP^+$ übertragen, das durch Aufnahme von zwei Protonen (H^+) aus dem Membran-Außenraum in $NADPH^+ + H^+$ übergeht (Energiebeladung). Unterstützt wird dieser Prozess durch zwei Protein-Pigment-Komplexe (Fotosystem I und Fotosystem II). Die hierfür erforderliche Energie (Fotonen) wird von ihnen mittels spezieller Antennenpigmente (Lichtsammelpigmente) aus den Sonnenstrahlen absorbiert und für dann folgende biochemische Synthesen auf ein Reaktionszentrum übertragen – Lichtenergie wird zu biochemischer Energie. Die bei der Wasserspaltung freiwerdenden Protonen (H^+) verbleiben im Thylakoid-Innenraum und werden durch ein die Membran durchziehendes Porenprotein (Plastochinon) gezielt in den Thylakoid-Außenbereich gelenkt. Der hierbei entstehende Protonengehalt zwischen Innen – und Außenraum wird von einem Enzym (ATP-Synthetase) genutzt, um einen weiteren Energieträger (ADP) mit einem Phosphat zu ATP zu beladen (Fotophosphorilierung).

DUNKELREAKTION In der sich anschließenden lichtunabhängigen Dunkelreaktion werden diese beladenen Energieträger genutzt, um Glucose unter Einbau von Luft-Kohlendioxid (CO_2) zu synthetisieren.

Nachts kehrt sich der Prozess um. Die Fotosynthese kommt zum Erliegen, durch die sich weiter fortsetzende Dunkelatmung der Blätter strömt CO_2 nach außen und der zur Atmung benötigte Sauerstoff diffundiert in das Blatt. Die Tag-Nacht-Bilanz ergibt allerdings, dass mehr CO_2 verbraucht wird als produziert. Gleichzeitig wird mehr Sauerstoff produziert als von den Pflanzen nachts verbraucht.

Die im Fotosyntheseprozess gebildete Glucose kann direkt in den Bau- und Betriebsstoffwechsel einfließen oder nach weiteren Umbauprozessen als Reservestoffe wie Kohlenhydrate, Fette und Proteine eingelagert werden.

Beeinflusst wird der Fotosyntheseprozess durch Faktoren wie Lichtintensität, Kohlendioxid-Konzentration im Blattgewebe, Temperatur und Luftfeuchtigkeit. Die Intensität der Fotosynthese wird jeweils durch den Faktor bestimmt, dessen Konzentration am weitesten vom Optimum entfernt ist (Gesetz der begrenzenden Faktoren).

Eine hohe Assimilatmenge kann nur von gesundem Blattgewebe erzeugt werden. Chlorosen durch Nährstoffmangel oder Nekrosen durch Krankheitserreger bzw. Blattverzehrer belasten die Ausbeute an Assimilaten erheblich.

Gasaustausch

Gasaustausch der Blätter mit der Umgebung bezieht sich vorwiegend auf Kohlendioxid, Sauerstoff und Wasserdampf. Kohlendioxid ist die Hauptkohlenstoffquelle der Pflanze. Es wird als Bestandteil der Luft durch spezielle zelluläre Schließmechanismen auf der Blattunterseite, die Spaltöffnungen oder Stomata, in das Blattinnengewebe aufgenommen. Dieses ist stark verzweigt und bietet mit seinen vielen Interzellularräumen eine optimal vergrößerte Oberfläche, um mittels Diffusion CO_2 für Biosyntheseprozesse der Fotosynthese in die Zellinnenräume aufzunehmen. Die funktionelle anatomische Anpassung des Blattinnengewebes ähnelt im Aussehen einem Schwamm und wird darum als Schwammparenchym bezeichnet (Abb. S. 78).

Bei geöffneten Stomata wird der bei der Fotosynthese gebildete Sauerstoff aus der Pflanze nach außen abgegeben, auch Wasserdampf entweicht auf diese Weise (Transpiration). Umgekehrt wird Kohlendioxid aufgenommen. Die Fließrichtung in bzw. aus dem inneren Blattgewebe erfolgt entsprechend dem Konzentrationsgefälle von höherer hin zu niedriger Konzentration.

Beeinflusst wird die Spaltöffnungsbewegung durch äußere und innere (physiologische) Faktoren. Die wichtigsten sind Lichtintensität, Temperatur, CO_2-Konzentration im Blattinneren, Veränderung des Wasserpotentials des Blattinnengewebes zur Blattumgebung sowie der Versorgungszustand der Pflanze. Mit beginnender Sonneneinstrahlung und somit Start der Fotosynthese öffnen sich die Stomata, um CO_2 aufzunehmen und sich bildenden Sauerstoff

Geöffnete und geschlossene Spaltöffnungen (Stomata) an der Blattunterseite des Französischen Lavendels (*Lavandula dentata*). Nachkolorierte rasterelektronenmikroskopische Aufnahme.

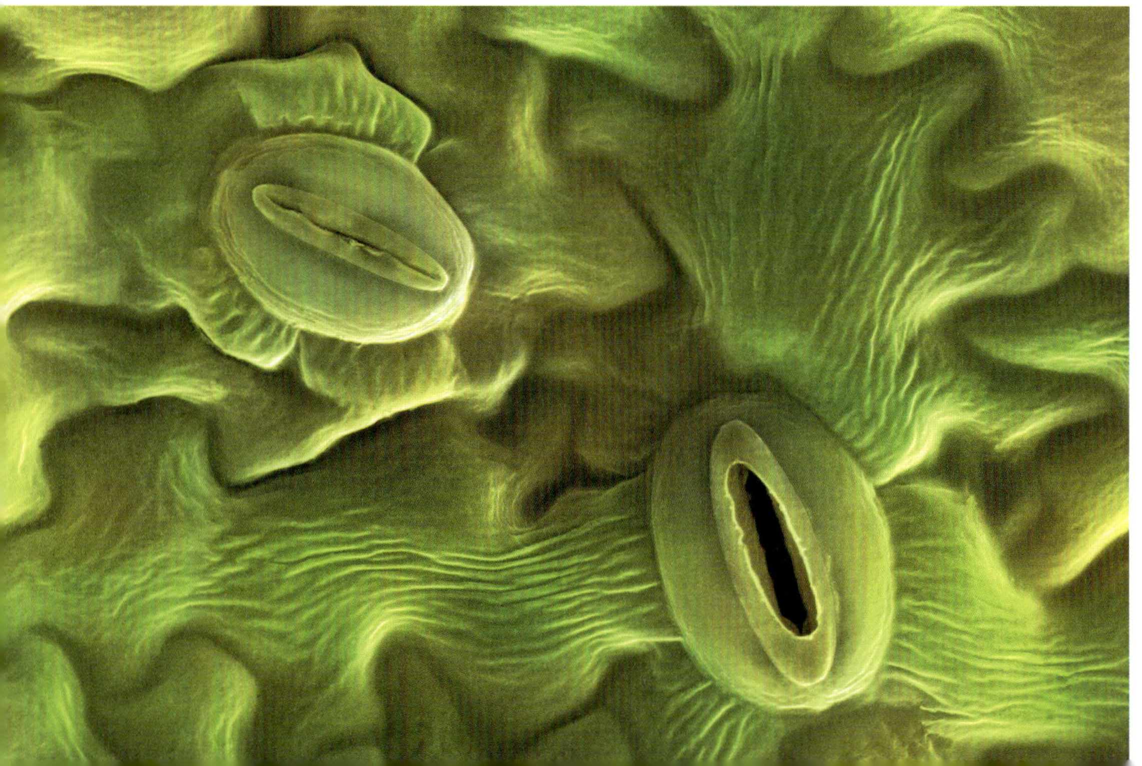

und/oder Wasserdampf abzugeben. Die Umgebungstemperatur beeinflusst die Geschwindigkeit des Öffnungs-Schließ-Mechanismus, während Veränderungen des Wasserpotenzials im Blattinnengewebe die Stomata zum Schließen veranlasst, um die Pflanze vor zu hohen Wasserverlusten zu schützen. Auch das Wasserpotenzial im Außenbereich bewirkt die gleiche Reaktion. Ist die Luftfeuchte hoch, öffnen sich die Spaltöffnungen, ist sie hingegen niedrig, schließen sie sich.

Transpiration, Motor des Stofftransports

Um durchgehend lebenswichtige Transportvorgänge in der Pflanze aufrechtzuerhalten, ist ein ständiger Wasserstrom erforderlich. Dies gelingt der Pflanze durch stetige Wasserdampfabgabe der Blätter. Hierbei entsteht eine Saugspannung, durch deren Wirkung das Wasser in den Leitbahnen zu den Blättern gezogen wird. Entsprechend dieser Fließrichtung werden wichtige gelöste Nährstoffe innerhalb der Pflanze transportiert (Transpirationsstrom). Mehr Information hierzu siehe Sprossachse.

Dilemma der Landpflanzen

Zur Aufrechterhaltung des Stofftransports (Transpirationsstrom) sowie zum Schutz der Fotosynthese-Enzyme vor Überhitzung bei voller Sonneneinstrahlung (Schutzkühlung) ist eine beständige Wasserdampfabgabe und somit ein Öffnen der Stomata erforderlich. In umgekehrter Weise verhält es sich mit Kohlendioxid, das ohne Unterbrechung zur Glucose-Biosynthese zur Verfügung stehen muss.

Werden die Stomata jedoch weit geöffnet, nimmt zwangsläufig die Transpiration und damit die Gefahr des Austrocknens der Pflanze zu. Ein Schließen würde lebenswichtige Prozesse zum Erliegen bringen. Das Problem – drohender Wasserverlust gegenüber zum Aufrechterhalten der Fotosynthese erforderlicher CO_2-Aufnahme – ist umso größer, je trockener der Standort ist.

Diese Gaswechselproblematik umgehen die Pflanzen durch Anpassungsmechanismen. Sie kontrollieren zum Beispiel die Spaltöffnungsbewegung mit wirksamen Rückkopplungssystemen, die durchgehend die CO_2-Konzentration und den Wasserstatus im Blattgewebe messen und die Spaltöffnungen entsprechend anpassen.

SPROSSACHSE

Die Sprossachse ist das „Stützgerüst" der Pflanze und wird bei krautigen Pflanzen als Stängel oder Halm, bei Gehölzen als Stamm bezeichnet. Sie verbindet die der Ernährung dienenden Grundorgane Blatt und Wurzel. In ihrem Inneren verlaufen Leitbahnen (Leitbündel) für den Wasser- und Nährstofftransport zu und von den Wurzeln beziehungsweise Blättern. Bei mehrjährigen Pflanzen dient sie zudem als Speicherorgan für Reservestoffe oder bildet direkt Speicherorgane wie Sprossknollen (Kartoffeln) oder Sprossrüben (Radieschen) aus. Sukkulenten speichern in ihren Zellen große Mengen Wasser.

Im Aufbau der Sprossachse wechseln sich langgestreckte Bereiche (Internodien) und verdickte Bereiche (Nodien) ab. In den Nodien befindet sich teilungsfähiges Gewebe, das Wachstumsgewebe oder Meristem, aus dem sich Blätter und Seitentriebe entwickeln können. Seitentriebe können entsprechend ihrer Funktion unterschiedlich gestaltet sein. Beispiele hierfür sind Sprossranken bei Kletterpflanzen wie Weinrebe oder Passionsblume, Sprossdornen zur Abwehr von Pflanzenfressern bei Robinie und Schlehe oder Klimmsprosse zur Verankerung am Untergrund, typisch für die Brombeere.

Wasseraufnahme und Nährstofftransport innerhalb der Pflanze

Wurzel, Sprossachse und Blätter sind durch ein Leitungssystem, die Leitbündel, miteinander verbunden. Dieses Leitbündel-System durchzieht die gesamte Pflanze und besteht aus zwei Gewebekomplexen, dem Xylem und Phloem.

Das **Xylem** besteht im funktionsfähigen Zustand aus toten Zellen und dient dem Ferntransport von Wasser und den darin gelösten Mineralsalzen.

Das **Phloem** hingegen besteht aus lebenden Zellen und dient der Verteilung von Assimilaten aus den Blättern innerhalb der Pflanze. Siebzellen beziehungsweise Siebröhren und Geleitzellen sind Zelltypen des Phloems und bilden eine funktionelle Einheit. Die Geleitzellen haben die Aufgabe, Assimilate in die Siebröhren zu transportieren und sie von dort wieder zu entnehmen. Die Siebröhren dienen ebenfalls dem Ferntransport.

Der Assimilatferntransport ist noch nicht hinreichend geklärt. Angenommen wird, dass der Assimilatstrom entlang dem osmotischen Gefälle von höherer Massenkonzentration hin zur niedrigen Konzentration erfolgt.

Der Ferntransport von Wasser und darin gelöster Substanzen im Xylem ist ein rein physikalischer Prozess und anders als beim Assimilatstrom im Phloem gut untersucht. Der „Motor“ für diesen Ferntransport wird durch Saugspannung, Transpirationsstrom und Anhaftkraft (Adhäsion) betrieben: Der durch die Transpiration bedingte Wasserverlust erzeugt einen Sog (Saugspannung), der Wasser und Nährsalze nach oben zieht (Transpirationsstrom). Unterstützt wird dieser Vorgang durch die Adhäsion des Wassers an den Zellwänden sowie die Bindekräfte der Wassermoleküle untereinander, die Kohäsion. Da die Saugspannung zum Teil sehr hoch ist, sind die Leitbahnen des Xylems durch netz-, spiral- oder ringförmige Leisten verstärkt.

An Tagen mit sehr hoher Luftfeuchtigkeit in der Umgebung beziehungsweise während der Nacht ist die Transpiration deutlich reduziert oder wird ganz eingestellt. Einige Pflanzen verfügen über spezielle Zellen, die Hydratoden, die aktiv Wasser nach außen abgeben und somit den Xylemstrom aufrechterhalten. Bezeichnet wird dieser Vorgang als Guttation. In den Morgenstunden sind die dann ausgeschiedenen Guttationstropfen deutlich zu erkennen. Bei Einsatz von systemischen Pflanzenschutzmitteln wird diese Flüssigkeitsausscheidung zum Problem für Wasser aufnehmende Tiere, vornehmlich Insekten, da sich in diesen Tropfen eine hohe und möglicherweise schädigende Konzentration der Mittel befindet.

BLÜTE

Die Blüte ist kein Grundorgan. Definiert wird sie als Spross begrenzten Wachstums, dessen Blattorgane direkt oder indirekt der generativen Vermehrung dienen – direkt durch die **Ausbildung von Fortpflanzungsorganen** wie Staub- und Fruchtblätter, indirekt durch den **Schutz der Fortpflanzungsorgane** sowie durch Ausbildung einer oft farbigen Blütenhülle zum **Anlocken möglicher Bestäuber**.

Es gibt zwei unterschiedliche Blütentypen: Bedecktsamer (Angiospermen), bei denen die Samenanlagen durch Fruchtblätter geschützt sind, und Nacktsamer (Gymnospermen), deren Samenanlagen offen daliegen.

Die Blüten bei Bedecktsamern bestehen im Allgemeinen aus Blütenachse beziehungsweise Blütenboden als direkte Fortsetzung des Blütenstieles und Versorgungs- und Ansatzstelle für die Blütenorgane, den Kelch- und Blütenkronblättern sowie den Staub- und Fruchtblättern.

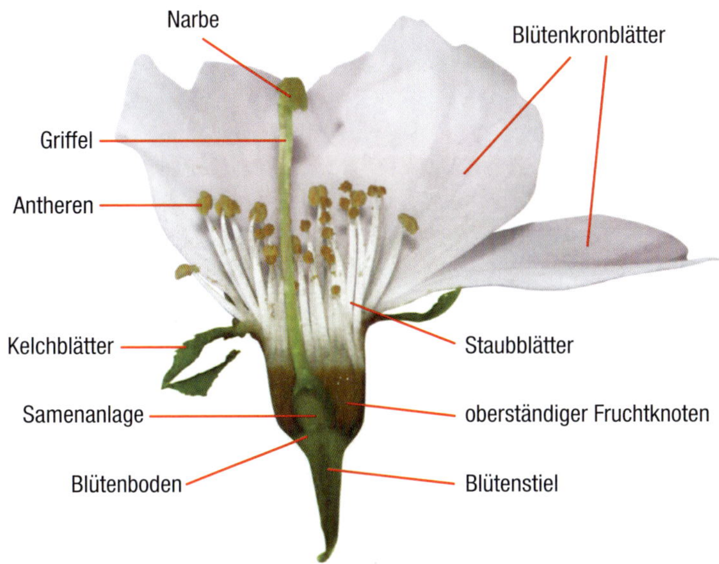

Blüte im Längsschnitt.

Die **Fruchtblätter** verwachsen zu einem Fruchtknoten, der in seinem Inneren gut geschützt die Samenanlagen (Ovulum) mit den Samenzellen beherbergt. Zudem bilden die Fruchtblätter den Griffel und die Blütennarbe aus.

Über einen kleinen Stiel (Funiculus) ist die Samenanlage über die gut versorgte „Placenta“ mit dem Fruchtblatt verbunden. Die Samenanlagen werden direkt über Leitbündel mit Nährstoffen versorgt, die durch den Funiculus bis zum unteren Bereich der Samenanlage, der

Chalaza, verlaufen. Direkt an die Leitbündel schließt sich der von meist zwei Integumenten umgebende Nucellus an, im Inneren befindet sich der Embryosack mit der durch Reduktionsteilungen (Meiose) entstandenen haploiden Eizelle. An der Öffnung der eng anliegenden Integumente, der Micropyle, dringt nach der Befruchtung der Pollenschlauch ein, um mit dem Embryosack zu verwachsen.

Die **Staubblätter** bestehen aus einem Stiel (Filament), der über ein Verbindungsstück (Konnektiv) mit den beiden Theken der Anthere verbunden ist. An jeder Theka befinden sich zwei Pollensäcke gefüllt mit Pollen.

Durch natürliche Alterung und daraus folgenden Wasserverlust entsteht Spannung, die zum Aufreißen einer perforierten Stelle an der Trennwand zwischen den beiden Pollensäcken einer Theka führt und die Pollen freigibt. Bei einigen Pflanzen wie beispielsweise der Tomate ist neben dem Wasserverlust zusätzlich ein Vibrationsreiz erforderlich, damit die Pollensäcke aufplatzen. Dies ist mit ein Grund für den Einsatz von Hummeln zur Bestäubung von Tomatenpflanzen.

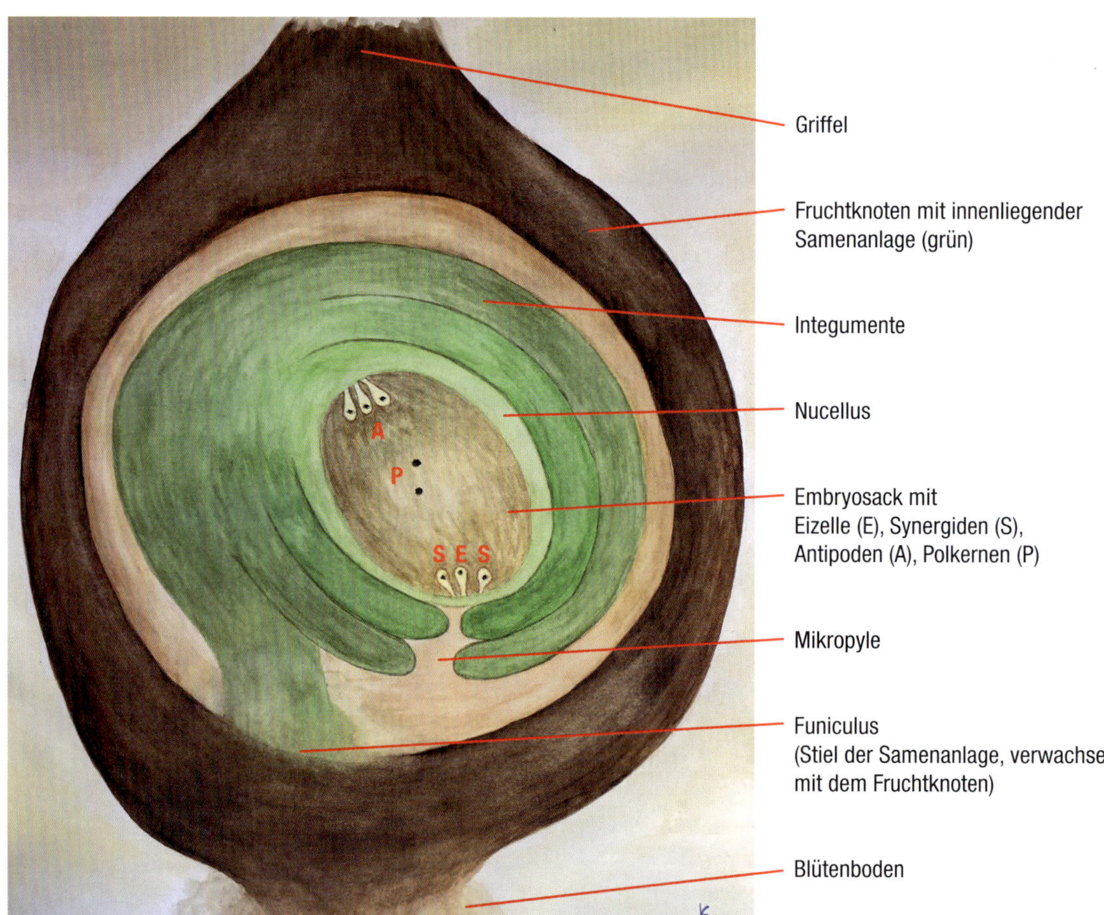

Samenanlage im Fruchtknoten.

Der **Pollen** entsteht durch Reduktionsteilung (meiotische Teilung) und enthält daher einen einfachen Chromosomensatz (haploid). Er ist durch eine doppelte Zellwand, der inneren Intine und der äußeren Exine, geschützt. Auf der Exine befinden sich Auflagerungen aus einer sehr widerstandsfähigen Struktur, dem Sporopollenin, die eine artspezifische Zuordnung ermöglichen.

Pollenkitt ist eine ölige Substanz aus Fetten und Carotinoiden. Es erleichtert dem Pollen zusätzlich zu seiner Oberflächenstruktur das Anhaften an Haaren der Bestäubungsinsekten oder auf der Narbe. Ein qualitativ hochwertiges Nährmittel darstellend, wurde der Pollen damit schon vor rund 100 Millionen Jahren speziell für Käfer interessant. Neben ihrer Nahrungsaufnahme leisteten diese als Fremdbestäuber der Pflanze Bestäubungsdienste.

Die **statische Aufladung des Pollens** ist ein wichtiger Faktor, um von einer Blüte zur anderen transportiert zu werden. Pflanzen laden sich elektrostatisch mit negativer Ladung auf, was zum Beispiel durch Reibung ihrer Staubblätter bei Wind oder sonstigen Luftbewegungen geschieht. Insekten werden ebenfalls während ihres Flügelschlags elektrostatisch aufgeladen, jedoch mit positiver Ladung. Bei einem Blütenbesuch wird der negativ geladene Pollen infolgedessen von den positiv geladenen Insektenhaaren angezogen, unterstützt durch die haftende Eigenschaft des Pollenkitts. Einige Insekten machen sich diesen Effekt zunutze und nehmen ein regelrechtes Pollenbad. Pflanzen wie Petersilie oder Möhre haben wenig Pollen. Es kann beobachtet werden, dass Bienen sich bei dieser mühsamen Sammelarbeit behelfen, indem sie flügelschlagend über die Dolden laufen und so mit Hilfe ihrer positiven Ladung den spärlich vorhandenen Pollen abernten.

In der Forschung zur industriellen künstlichen Bestäubung wird der elektrostatische Effekt genutzt, um Pollen, der an feinverteilten positiv geladenen Substanzen anhaftet, auf die Narbe zu bringen.

Die inneren Blätter der Blütenhülle werden **Blütenkronblätter** genannt. Sie sind meist großflächig und zeigen sich häufig in auffälliger Farbe. Sie können einzeln stehen oder teilweise beziehungsweise vollständig zu einer Blütenröhre verwachsen sein.

Ihre Hauptfunktion liegt im Anlocken von Bestäubern. Hierbei haben sich im Laufe der Evolution vielfältige Gestalt- und Farbausprägungen ausgebildet. Im UV-Licht zeigen sich oft ausgeprägte Farbstrukturen, die den Wahrnehmungseffekt verstärken. Im Allgemeinen bezeichnet man daher die Gesamtheit der Blütenkronblätter als Schauapparat.

Die **Blütenfarben** der Blütenkronblätter wie auch andere Blütenstrukturen können während der Alterung der Blüten wechseln. Hierdurch erhalten Bestäuber Informationen zum physiologischen Zustand der Blüte und damit zum Nahrungsangebot. Weitaus effektiver jedoch ist die mit der Blütenöffnung einhergehende Abgabe von **Blütendüften**. Insbesondere im Fernbereich ist das Anlocken mit Hilfe von Duftstoffen deutlich effizienter, da die abgegebene Duftmolekülmenge erheblich über der Duftwahrnehmungsschwelle der Bestäuber liegt. Bisher konnten mehr als hundert verschiedene Substanzen analysiert werden, die zu einer Vielzahl von verschiedenen und oft auch artspezifischen Duftgemischen (Bouquet) kombiniert werden. Duftkombinationen können zudem weitere Informationen an ihre Bestäuber vermitteln. Beispielsweise kann die Duftabgabe mit der Nektarsekretion gekoppelt sein, was bei Pflanzen Sinn macht, die von nachtaktiven Bestäubern besucht werden. Ebenso wie bei der Blütenfarbe verändert sich während der fortschreitenden Alterung der Blüte die Duftkonzentration wie auch die Duftzusammensetzung der abgegebenen Duftmoleküle. Prominentes Beispiel der sich verändernden Duftzusammensetzung ist die Rose mit ihren drei wichtigsten Blütendüften Geraniol, Nerol und Citral.

Daher ist ein Zusammenhang von Blühduftoptimum und Effektiver Bestäubungsperiode zu vermuten, dies ist allerdings noch nicht hinreichend untersucht.

Abgegeben werden die Blütenduftstoffe von speziellen Duftdrüsen, Zellarealen oder Organteilen, die zusammengefasst als **Osmophoren** bezeichnet werden. Die für den Menschen angenehmen Duftstoffe sind meist Terpene und Phenole. Unangenehme oder abstoßende, für einige Fliegen jedoch stark anziehende Düfte (z. B. Aasgeruch) sind meist Amine und Indolderivate wie bei *Arum maculatum*, dem Gefleckten Aronstab.

Entsprechend ihrer Funktion, die junge Blüte im Knospenzustand zu schützen, sind **Kelchblätter** in der Regel etwas dicker und robuster als die anderen Blütenblätter. Sie sind noch zur Fotosynthese befähigt und daher meist grün gefärbt. Nach der Blütenöffnung bilden sie mit den Blütenkronblättern die äußere Blütenhülle und stützen die sich stark auffaltenden farbigen Kronblätter. Kelchblätter können durch farbige Gestalt auch direkt wie die Blütenkronblätter zum Schauapparat beitragen (Perigon) oder durch Formumwandlung während der Samenreifung zu dessen Verbreitung beitragen. So bilden sie sich bei manchen Pflanzen zu Haaren um zwecks besserer Windverdriftung oder sie bekommen hakenförmige Härchen zum Festheften in Tierfellen.

Aus anatomischer Sicht ist der **Blütenboden** das gestauchte Ende der Sprossachse. In den meisten Fällen bilden die gestauchten Internodien den Blütenboden respektive die Blütenachse, an der dann die Blütenorgane ansitzen. Der Blütenboden kann scheibenförmig mit einem aufsitzenden Fruchtknoten ausgebildet sein (oberständiger Fruchtknoten), becherförmig mit einem zur Hälfte umwachsenen Fruchtknoten (mittelständiger Fruchtknoten), oder der Fruchtknoten wird komplett vom Blütenboden eingeschlossen (unterständiger Fruchtknoten).

Während der Fruchtreife kann der Blütenboden stark auswachsen und die Funktion einer Scheinfrucht übernehmen. Ein typisches Beispiel ist die Erdbeere, deren Blütenboden sich stark aufwölbt, rot und fleischig wird. Der Samen der Sammelfrucht ist eine Nuss, die Erdbeere somit eine Sammelnussfrucht. Bei der Feige umschließt der Blütenboden den kompletten Blütenstand, wird fleischig und süß. Aus botanischer Sicht ist die Feigenfrucht eine Sammelsteinfrucht.

Am Blütenboden befinden sich funktionell umgebildete Epidermis-Zellen, Pflanzenhaare oder Spaltöffnungen, die als Drüsenzellen fungieren und zuckerhaltige oder ölige Sekrete absondern. Neben diesem Nektargewebe treten auch umgebildete Staub-, Blütenkron- oder Tragblätter in dieser Funktion als Nektarorgan auf. Diese nektartragenden Pflanzenregionen werden als **Nektarien** bezeichnet, dienen vorwiegend zum Anreiz und Belohnung der nahrungssuchenden Bestäuber, die Blüten aufzusuchen und im Gegenzug den Pollentransfer zu gewährleisten. Neben den in der Blüte liegenden floralen oder nuptialen (Bestäuber anlockenden) Nektarien befinden sich an einigen Pflanzen auch außerhalb liegende, extraflorale beziehungsweise extranuptiale Drüsenzellen/Nektarien. Bei *Prunus*-Arten findet man sie beispielsweise an Blattstielen, bei Wicken an Nebenblättern. Je nach Pflanzenart sondern sie neben zuckerhaltigen Sekreten auch Proteine oder Aminosäuren ab. Diese extrafloralen Sekrete sind insbesondere für Ameisen sehr attraktiv. Dementsprechend zeigen sich Ameisen gegenüber möglichen Futterräubern sehr aggressiv und verteidigen somit die Pflanze auch gegen mögliche Fraßfeinde, was letztendlich eine Win-Win-Situation darstellt. Bei gut versorgten Kirschbäumen sind Honigbienen oder Schwebfliegen zu beobachten, die sich auf diese extraflorale Nahrungsquelle spezialisiert haben. In diesem Fall hat die Pflanze jedoch keinen Vorteil durch die Insektenbesuche.

FRUCHT / SAMEN

Um die Samenanlage zu schützen, wachsen die Fruchtblätter um sie herum und schließen sie ein (Bedecktsamer). Dies führt zur Entstehung eines neuen Pflanzenorgans, der **Frucht**. Definiert wird sie als Blüte im Zustand der Samenreife.

Früchte und Samen haben im Laufe der Evolution vielfältige Formen und Strategien entwickelt, um möglichst weit verbreitet zu werden. Flügel oder Haare fördern die Verteilung durch Wind (Löwenzahn, *Taraxacum*), Schleuder- oder Explosionsmechanismen befördern die Samen einige Meter weg von der ursprünglichen Pflanze (Spritzgurke, *Ecballium elaterium*). Am effektivsten für die Fernverteilung ist die Verbreitung durch Tiere (Zoochorie). Dies kann geschehen durch Hafteinrichtungen wie klebrige Oberflächen oder Haken, um sich an der Tieroberfläche festzusetzen, oder durch die Ausbildung einer schmackhaften beziehungsweise nahrhaften Frucht. Die Frucht wird verzehrt und die in der Frucht befindlichen Samen mit dem Kot ausgeschieden.

Die Fruchtwand (Perikarp) wird von den Fruchtblättern aus drei Schichten gebildet, dem Endokarp, Mesokarp und Exokarp. Je nach Erscheinungsform dieser Schichten entstehen unterschiedliche Früchte:

- Nussfrüchte: Das gesamte Perikarp ist trocken (Beispiel Haselnuss),
- Beeren: Das gesamte Perikarp ist fleischig (Beispiel Gurke),
- Steinfrüchte: Holziges, den Samen umschließendes Endokarp, fleischiges Mesokarp und dünnhäutiges Exokarp, die Fruchthaut (Beispiel Kirsche, Pfirsich).

Neben den Einzelfrüchten können sich aus einer Vielzahl von Einzelblüten eines Fruchtstandes sogenannte Sammelfrüchte ausbilden. Eine Himbeere oder Brombeere ist demnach keine Beere, sondern eine Sammelsteinfrucht. Bei der Erdbeere als Sammelnussfrucht sind die kleinen Nüsschen die eigentliche Frucht und liegen an der Oberfläche, dem Exokarp; verzehrt wird der Blütenboden.

Der **Same** besteht aus der Samenschale, die das Nährgewebe (Endosperm) sowie den Embryo schützend umschließt. Wurde der Same wunschgemäß verbreitet, keimt er in der Regel nicht sofort aus, sondern verharrt in einer Phase der Samenruhe. Zum einen benötigt der Pflanzenembryo Zeit für seine fortschreitende Entwicklung, zum anderen verhindert die Samenruhe, dass der Same bei ungünstigen Klimabedingungen wie Winterzeit keimt und kaum eine Überlebenschance hätte. Der Embryo steuert die Samenruhe entweder direkt durch die Abgabe von Hemmstoffen, die von den Keimblättern synthetisiert werden, oder indirekt beispielsweise durch eine wasserundurchlässige Samenschale, die verhindert, dass der Same aufquillt und platzt.

Erst wenn die Hemmstoffe abgebaut werden, was durch Kälte- oder Hitzeeinwirkung geschehen kann, oder die Samenschale durch physikalische oder mikrobielle Aktivität wasserdurchlässig geworden ist, keimt der Same aus.

Blütenökologie

Die Blütenökologie beschäftigt sich mit der Bestäubung von Blüten und der Vermehrung von Pflanzen. Sie bezieht alle Prozesse der pflanzlichen Fortpflanzung und deren Anpassung an ihre Bestäuber ein.

FORMEN DER VERMEHRUNG

Es gibt vielfältige Formen der Vermehrung, wobei sich zwei Hauptstrategien durchgesetzt haben.

Die **vegetative oder ungeschlechtliche Vermehrung** ermöglicht eine rasche, flächige Besiedelung. Daher findet man die entsprechenden Pflanzen in großer Anzahl an für sie günstigen Standorten. Die Fortpflanzung beruht auf mitotischen Teilungen, die Nachkommen sind demzufolge Klone mit gleichem Erbgut. Typische Formen dieser Vermehrungsstrategie sind Ausläufer (Stolonen), Knollen, Brutknospen oder Absenker. Bei der Sonderform der Apomixis findet eine Samenbildung ohne Verschmelzung männlicher und weiblicher Keimzellen statt, auch hierbei entstehen Klone. Eine Veränderung der Standortbedingung kann einen raschen Rückgang der Pflanzenart zur Folge haben, da die Befähigung der Anpassung an die neue Situation genetisch sehr eingeschränkt ist.

Die **generative oder sexuelle Vermehrung** ist von Vorteil, wenn neue Standorte erschlossen werden sollen. Genetische Variabilität sorgt für günstige Voraussetzungen, sich an die Bedingungen des jeweils neuen Standortes anzupassen. Diese Fortpflanzungsstrategie beruht auf meiotischen Teilungen, die Nachkommen sind genetisch verschieden. Die Ausbreitung erfolgt aufgrund der Bildung von Samen, der aus der Verschmelzung von männlichen und weiblichen Keimzellen entsteht. Diese Verschmelzung kann nur nach Übertragung von Pollen und den darin befindlichen Spermienzellen auf die Narbe der Fruchtblätter stattfinden, was als Bestäubung bezeichnet wird.

FORMEN DER BESTÄUBUNG

Es haben sich im Laufe der Evolution mehrere Formen der Pollenübertragung herausgebildet.

HYDROPHILIE: BESTÄUBUNG MITHILFE VON WASSER

Eine im Wasser lebende Blütenpflanze öffnet ihre Blüten über dem Wasserspiegel, um – in der Regel durch Insekten – bestäubt zu werden. Doch es gibt Ausnahmen, wie beispielsweise Hornblatt-Arten (*Ceratophyllum*), Seegräser (*Zostera*), Nixenkräuter (*Najas*), Wasserpest

(*Elodea*) und weitere Gattungen. Bei ihnen werden schwimmende männliche Blüten oder Pollenträger durch Wasserbewegung zur weiblichen Blüte transportiert. Die Bestäubung erfolgt auf oder direkt unter der Wasseroberfläche.

ANEMOPHILIE: WINDBESTÄUBUNG

Günstige Bedingungen für Windbestäubung sind dann gegeben, wenn die zu bestäubenden Pflanzengattungen bzw. Pflanzengesellschaften wenige Arten aufweisen, aber in großer Individuenzahl vorkommen. Dies trifft zu für Nadelwälder, Grassteppen bzw. Savannen. In diesen Vegetationsbereichen ist eine Massenbestäubung erforderlich und Wind hierbei ein ideales Transportmittel. Die Pflanzen haben sich an diese Bestäubungsform angepasst, indem sie große Mengen an leicht transportierbarem Pollen produzieren, nicht selten mit Luftsäcken versehen. Die weiblichen Blüten präsentieren sich zum Teil mit flächig aufgefiederten Narben.

Hasel (*Corylus avellana*), Walnuss (*Juglans regia*): männlicher Blütenstand (Kätzchen), weibliche Blüte mit mehreren aufgefiederten Narben.

Die Windbestäubung erfolgt nicht zielgerichtet. Da viel Pollen verloren geht, ist eine hohe Pollenproduktion notwendig, der Bestäubungserfolg ist wenig ökonomisch.

Auch für einige landwirtschaftliche Kulturen wird neben der Insektenbestäubung die Windbestäubung erfolgreich genutzt. So werden Rapsschläge mit einer Aussaatdichte von 30–50 Saatkörnern/qm angepflanzt. Bei dieser Pflanzdichte reichen leichte Windbewegungen aus, um den Pollen von einer Pflanze auf die nächste zu verdriften. In Küstenbereichen sind die Rapserträge ähnlich hoch wie auf von Insekten bestäubten küstenfernen Flächen. Dort wäre sonst eine Ertragsminderung von bis zu 40 % ohne Bestäubung durch Insekten zu erwarten.

ZOOPHILIE: TIERBESTÄUBUNG

Bei einer hohen Artenvielfalt mit einer relativ geringen Individuenanzahl wäre eine Windbestäubung nicht ausreichend, da mögliche Partner zu weitläufig verteilt auftreten. Um die verstreuten Pflanzen erreichen zu können, müssten enorme Pollenmengen produziert werden –und dies dennoch mit ungewissem Bestäubungserfolg.

Eine Alternative mit vielen Vorteilen bietet eine gezielte Bestäubung mit geringen Pollenmengen durch Tiere. Genutzt wird deren Beweglichkeit und die Möglichkeit, mit ihrer Hilfe große Distanzen zu überwinden. Nicht nur Bestäubungsinsekten sind hierbei gemeint, auch Vögel, Säugetiere und Reptilien sind hervorragende Bestäuber. Die Pflanzen geben einen Anreiz und haben sich in ihrer Blütenform, Farbgebung, Duftabgabe oder dem Blühzeitpunkt an ihren jeweiligen Hauptbestäuber angepasst, damit er das Übertragen des Pollens zweckmäßig ausübt und gezielt die jeweilige Pflanze aufsucht (Co-Evolution).

Für Tiere bedeutende und für deren Lebensweise notwendige Anreize sind

- Darbietung einer energiereichen Nahrung wie Nektar, Lipide (Öle), Eiweiße (meist Pollen),
- Möglichkeit der Schaffung von Brutplätzen,
- Anbieten von Schutz und Wärme (als Nachtquartier oder bei Klimaschwankungen),
- Duftstoffe, die direkt oder indirekt zur Partnerfindung erforderlich sind (Parfümpflanzen).

Einige Pflanzenarten bieten entweder Nahrung im Übermaß oder in spezifischer Zusammensetzung an. So produzieren solche Pflanzen, die hauptsächlich von Käfern bestäubt werden, Pollen als deren Hauptnahrung in großen Mengen, damit trotz der hohen Fress- und Sammeltätigkeit ihrer Besucher eine Bestäubung aussichtsreich ist. Beispiele für solche Pollenblumen sind die im Mittelmeerraum beheimatete Cistrose oder der Klatschmohn. Eine weitere Strategie ist das Anbieten von Nahrungsquellen für auf diese spezialisierte Tiere. Ölblumen wie Gilbweiderich (*Lysimachia vulgaris*) oder Pfennigkraut (*Lysimachia nummularia*) werden von Öl- oder Schenkelbienen besucht.

Ein existierendes Angebot muss dem möglichen Bestäuber mitgeteilt und beworben werden. Dies geschieht beispielsweise mittels auffälliger Farbgebung der Blüte und/oder Blütenkronblätter oder mittels intensiver Blütendüfte und Duftstoffe.

Einige Pflanzen „sparen" sich die aufwendige Produktion von energiereicher Nahrung und setzen auf Werbung durch Vortäuschen ...

- ... eines zu erwartenden hohen Nahrungsangebots. Diese Pflanzen besitzen große Antheren oder Nektarien.

- ... eines geeigneten Brutplatzes durch Abgabe von Aasgeruch zum Anlocken von Aasfliegen.
- ... eines geeigneten Sexualpartners. Die Blüten haben in ihrer Form und Farbe das Aussehen des gesuchten Partners.

Im Laufe der Evolution haben Anpassungen von Blüten an die Bestäuber und umgekehrt stattgefunden. Man bezeichnet dies als **Co-Evolution**. Käfer gelten als die ersten Bestäuber von Blüten, was durch den Bernsteinfund eines 99 Millionen alten Exemplars mit eingeschlossenem Käfer und Cycadeen-Pollen des Palmfarns bestätigt wurde. Die von Käfern angeflogenen Blüten sind in ihrer Gestalt Scheiben- oder Schalenblumen, oft weiß bis braun-gelb gefärbt, die Antheren oder Nektarien frei zugänglich. Blüten typischer Tagfalterblumen sind überwiegend röhrenförmig, als Blütenfarben treten bevorzugt rot, blau oder gelb auf. Die Blütenkronblätter zeigen oft Saftmale, die Nektarquelle befindet sich tief am Boden der Blütenröhre. Bei Nachtfalterblumen sind die Blütenumrisse stärker gegliedert bzw. treten stärker aus ihrer Umgebung hervor als bei Tagfalterblumen. Auch ist der Blütenduft hervorstechend, süß und aromatisch.

Bienenblumen sind meist glocken-, rachen- oder röhrenförmig oder von zygomorpher Gestalt (Schmetterlingsblütler). Ihr Duft ist mittelstark aromatisch, oft honigartig. Als bevorzugte Blüten-Farbgebung findet man blau, gelb und weiß. Für Blüten mit längeren Blütenröhren sind Hummeln mit ihren deutlich längeren Zungen die entsprechenden Bestäubungsinsekten. Bienenblüten entwickelten sich mit Aufkommen der ersten Nektarien und der anschließenden coevolutiven Prozesse ab Ende der Kreide- und beginnenden Tertiärzeit (vor etwa 65 Millionen Jahren).

Die Natur bietet noch eine große Vielzahl an Blütenformen, die für Vögel, Fledermäuse und weitere Bestäuber geeignet sind.

BEFRUCHTUNG

Sobald Pollen auf die feuchte Narbe der Blüte gelangt und deren Feuchtigkeit aufnimmt, beginnt er zu quellen. Einige Stellen der äußeren Pollenhaut sind sehr dünn oder fehlen gänzlich. Hier befinden sich Keimöffnungen (Aperturen), aus denen ein Pollenschlauch wächst und sich durch den Griffel hindurch Richtung Samenanlage orientiert. Der Pollenschlauch besteht aus einer einzigen Zelle im ständigen Wachstum, sofern die Umgebungstemperatur über 5 °C liegt. Da der Pollen für dieses Wachsen nicht über genügend Nährstoffe verfügt, bezieht der Pollenschlauch seinen Bedarf aus dem Griffelgewebe. Hierbei erhält der Griffel Steuerungsmöglichkeiten auf das Pollenschlauchwachstum und kann damit eine Selbstbestäubung verhindern oder eine Fremdbestäubung fördern.

Gelangt der Pollenschlauch zur Samenanlage, verschmilzt er mit dem Embryosack und entlässt zwei Spermazellen. Eine der beiden Spermazellen vereint sich mit der Eizelle zur Zygote, aus welcher der Embryo hervorgeht. Die andere Spermazelle bildet mit den Polkernen im Embryosack das triploide Endosperm (Nährgewebe). Korrekt ausgedrückt findet eine doppelte Befruchtung statt.

EFFEKTIVE BESTÄUBUNGSPERIODE (EBP) / EFFECTIVE POLLINATION PERIOD (EPP)

Der Zeitraum, in dem nach Blütenöffnung eine Befruchtung der Samenanlage möglich ist, wird als Effektive Bestäubungsperiode bezeichnet. Danach ist aufgrund der Alterungsprozesse die Pflanze nicht mehr fertil. Die folgenden drei Parameter bestimmen den Zeitraum der Effektiven Bestäubungsperiode:

- Zeitspanne ab der Blütenöffnung,
- Dauer des Pollenschlauchwachstums,
- Lebensspanne der Samenanlage.

Dieser Zeitrahmen ist eine wichtige, wenn nicht sogar die wichtigste Information für den Bestäubungsimker, der hiernach seine Bestäubungsstrategie nach Anzahl und Art der Bestäubungsinsekten festlegen sollte. Denn bei jeder Pflanze ist die EBP/EPP verschieden und mitunter äußerst kurz. Die Samenanlagen vieler unserer Haupt-Apfelsorten beispielsweise müssen innerhalb von 3–5 Tagen nach Blütenöffnung befruchtet sein, die der Süßkirsche sogar binnen 2–4 Tagen (21, 22). Entsprechend hoch muss die Anzahl der einzusetzenden Bestäubungsinsekten geplant werden (siehe Seite 105).

GENETISCHE VIELFALT ALS ZIEL

Einige Kulturpflanzen wie Tabak, Gartenbohne, Tomate, Kartoffel oder Weizen sind primär selbstbestäubend. Die Natur ist jedoch bestrebt, genetische Variabilität bzw. Rekombination der Gene zu erzielen. Dies wird nur durch Fremdbestäubung (Allogamie) erreicht, indem Pollen von artgleichen, aber nicht verwandten Pflanzen auf die Narbe übertragen wird. Selbstbestäubung (Autogamie) oder Nachbarschaftsbestäubung (Geitonogamie) dienen zwar der Arterhaltung, für eine Anpassung an einen sich verändernden Lebensraum fehlt ihnen aber die genetische Variabilität. Bei den beiden letztgenannten Bestäubungsformen werden zwar Blüten bestäubt, jedoch von derselben Pflanze.

Um die erwünschte Fremdbestäubung zu fördern, sorgen die Pflanzen für die bereits beschriebenen Anreize.

UNTERSTÜTZENDE MECHANISMEN ZUR FREMDBESTÄUBUNG

Dichogamie bezeichnet das zeitlich verschobene Heranreifen männlicher oder weiblicher Blütenorgane. Wenn die männlichen Blütenorgane (Androeceum) vor den weiblichen heranreifen, ist dies **Protandrie**, zu finden bei Koriander (*Coriandrum sativum*). Das Erscheinen der weiblichen Blütenanteile (Gynoeceum) vor den männlichen wird als **Proterogynie** bezeichnet. Ein Beispiel hierfür ist der Apfel (*Malus sylvestris*).

Unter **Herkogamie** wird die räumliche Trennung von Staubblättern und Griffel verstanden. Bei Gamanderarten sind die Blüten zunächst vormännlich, der Griffel ist noch unreif nach hinten gebogen. In der weiblichen Phase biegen sich die Staubblätter nach hinten, die Narbe wächst aus und biegt sich nach vorne, wo sich zuvor die Staubblätter befanden. Ähnlich verhält es sich beim Weidenröschen.

Apfelblüte, vorweiblich, später mit geöffneten Antheren; Blüte des Weidenröschens vormännlich, zudem herkogam.

Bei **Heterostylie** können Griffel und Staubblätter einer Blütenart unterschiedliche Längen aufweisen. Das bekannteste Beispiel sind Primelarten, die zwei Blütenformen haben (Dimorphie). Beim einen Blütentyp befinden sich die Staubblätter in der Tiefe der Kronröhre und die Narbe am Röhrenrand, beim anderen Blütentyp verhält es sich in umgekehrter Weise. Eine landwirtschaftlich genutzte Art mit dimorphen Blüten ist Buchweizen.

Bei zweihäusigen bzw. diözischen Pflanzen sind die Blüten nicht nur getrenntgeschlechtlich, sie befinden sich zudem noch auf verschiedenen Pflanzen, den männlichen und weiblichen: **Diözie (Zweihäusigkeit)**. Eine Fremdbestäubung oder Nachbarschaftsbestäubung ist hierbei unmöglich. Diözische Pflanzen finden sich bei windbestäubten Arten recht häufig, bei zoophilen Pflanzen eher selten. Damit beide Pflanzen angeflogen werden und nicht eine Pflanze mit ihrem Nahrungsangebot bevorzugt abgeerntet wird, müssen weibliche und männliche Pflanzen räumlich eng beieinander stehen und die Blüten annähernd von gleicher Gestalt sein. Diesen Bestäubungsmechanismus haben beispielsweise *Salix*-Arten, Taglichtnelke (*Silene dioica*), Zweihäusige Zaunrübe (*Bryonia dioica*), Kiwi (*Actinidia deliciosa*) oder Mistel (*Viscum album*).

VERHINDERUNG DER SELBSTBEFRUCHTUNG

Der wirksamste Mechanismus zur Förderung der genetischen Vielfalt ist ein vollkommenes Verhindern von Selbstbefruchtung und wird als Selbst-Unverträglichkeit bzw. **Selbstinkompatibilität** bezeichnet. Hierbei unterscheidet man zwischen **interspezifischer Inkompatibilität** (Unverträglichkeit zu artfremden Pollen) und **intraspezifischer Inkompatibilität** (Unverträglichkeit innerhalb einer Art).

Die Unverträglichkeit geht von den Erkennungsmerkmalen, nämlich Pollen und Pollenschlauch, sowie Narbe und Griffelgewebe aus. Der Prozess ist gengesteuert, die betreffenden Gene werden als S-Gene bzw. S-Allele bezeichnet.

Eine Hemmung betrifft in der Regel das Pollenschlauchwachstum und tritt ein, wenn die S-Allele des Pollens auf das gleiche Allel oder das gleiche gengesteuerte Produkt auf der Narbe oder des Griffelgewebes treffen. Die Hemmreaktion wird durch Stoffe auf der äußeren (Exine) oder inneren Pollenhaut (Intine) ausgelöst.

Befinden sich die Stoffe auf der Exine, erfolgt die Hemmung des Pollenschlauchwachstums bereits auf oder in der Narbe, bezeichnet als sporophytische Selbstinkompatibilität. Erkennungsstoffe auf der Intine führen zu einer Hemmung des Pollenschlauchwachstums im Griffelgewebe; dies wird gametophytische Selbstinkompatibilität genannt.

Selbstinkompatibel können auch Pflanzen sein, die einen höheren oder niedrigeren Chromosomensatz aufweisen als für ihre Art üblich. Apfelsorten wie 'Bohnapfel', 'Kaiser Wilhelm' oder 'Jonagold' sind triploid und eignen sich daher weder für die Bestäubung der eigenen noch für die anderer Apfelsorten. Bei ihnen treten nach der Verschmelzung von Spermazelle und Eizelle Störungen bei der Zellteilung auf, die Blüten werden abgeworfen. Kulturflächen mit triploiden Sorten benötigen daher zwei verschiedene Bestäubersorten, je eine für die triploide und die diploide Kultursorte.

Auf den Kulturflächen werden Bestäuber- bzw. Befruchtersorten üblicherweise in Reihen angepflanzt. Für die Bestäubung durch Hummeln oder Bienen wäre es allerdings von Vorteil, wenn sich die Bestäuberpflanzen in den Reihen zwischen den Ertragspflanzen befinden, da beide Bestäubungsinsekten reihenstet sind und während ihrer Sammeltätigkeit ungern die Baumreihen wechseln. Bei der Ernte könnte diese Pflanzanordnung allerdings logistische Probleme für den Landwirt darstellen, denn möglicherweise sind die einzelnen Bestäuberpflanzen früher oder später fruchtend; es müsste eine getrennte Ernte eingeplant werden. Auch bei zeitgleicher Ausreifung wären zusätzliche Erntekisten und exakt getrennte Erntevorgänge notwendig. Logistisch effektiver erscheint daher der Anbau von Zierapfelsorten als Bestäuberpflanze, deren Früchte nicht für den Verzehr vorgesehen sind und daher nicht zwingend geerntet werden müssen. Beispielsweise eignen sich Zierapfelsorten wie 'Evereste' oder 'Professor Sprenger' zur Bestäubung der Kulturapfelsorte 'Wellant' ('Fresco').

Der Bestäubungsimker sollte sich zuvor beim Obstbauern über die Pflanzanordnung sowie die jeweilige Bestäubersorte informieren und sein Bestäubungskonzept entsprechend anpassen.

HYBRIDBILDUNG DURCH GEZIELTE FREMDBESTÄUBUNG

Zwischen zwei Pflanzenarten können sich auf natürliche Weise Hybride bilden. Hierbei kann es auch zu einer Vermehrung der Chromosomensätze (Polyploidisierung) kommen. Zum Teil treten Eigenschaften auf, die in den Elternpflanzen nicht oder nicht in dieser Ausprägungsstärke vorkommen. Diesen Vorgang der aus Hybridisierung hervorgegangenen neuen oder

Jeder zwanzigste Baum ist ein Bestäuberbaum.

stärker ausgeprägten Eigenschaften nennt man Heterosis-Effekt. Oft sind Hybride nicht fertil. Kommt es dennoch zu einer Reifeteilung (Meiose), verschwindet der Heterosis- Charakter und die ursprünglichen Eigenschaften der Stammpflanzen treten wieder zum Vorschein.

In der Saatgutzucht bedient man sich dieses Effekts, um Linien zu züchten, die eine deutliche Mehrleistung einer oder mehrerer gewünschter Eigenschaften gegenüber den Elternpflanzen besitzen.

Während mehrjähriger Züchtung werden ausgewählte Eigenschaften von mischerbigen (heterozygoten) Ausgangspflanzen, zum Teil auch Wildformen, zu reinerbigen (homozygoten) Inzuchtlinien gezüchtet. Die aus diesen gezielten Kreuzungen hervorgehenden Linienhybriden sind als F1-Generation bekannt, genetisch uniform und weisen in jeder Pflanze die gewünschten Eigenschaften auf. Eine weitere Vermehrung der F1-Generation würde aufgrund der Rückkreuzung zum Verlust der Eigenschaften führen. Ein Landwirt ist daher letztlich auf den Einkauf von F1-Saatgut angewiesen, sofern er sich die Zeit von mitunter 15 Jahren sparen möchte, die er für eine klassische Zucht benötigen würde.

Gezielte Fremdbestäubung in Saatgutzucht und Saatgutvermehrung sowohl im Freiland als auch im geschützten Anbau sind klassische Arbeitsgebiete eines Bestäubungsimkers. Je nach Kultur und Zeltgrößen, die von 1×1 m, 3×3 m, Gazegroßzelten bis hin zu Gewächshausgröße variieren, kommen dementsprechend verschiedene Bestäubungsinsekten zum Einsatz. Sofern ein auffälliges, sonst nicht übliches Verhalten der Insekten beobachtet wird, ist dies für den Züchter von enormer Bedeutung, denn die Attraktivität der gezüchteten Pflanze muss für die bestäubenden Insekten auf jeden Fall gegeben sein.

Saatgutzucht von verschiedenen Kohlarten im geschützten Anbau, Saatgutvermehrung von Raps im Freiland. Weibliche und männliche Linien werden im Wechsel angepflanzt.

ZOOPHILIE UND DIE ZWITTRIGKEIT DER BLÜTEN

Windbestäubte Pflanzen müssen riesige Pollenmengen zur Verfügung stellen, da ein Großteil des produzierten Pollens aufgrund von Windverdriftung nicht das Ziel erreicht. Dies bedeutet einen enormen Energieaufwand. Auch Tiere, vornehmlich Insekten, sind nicht von großem Nutzen, da die Blütenbesucher beständig die Pollen tragenden männlichen Blüten aufsuchen, um sich mit Nahrung zu versorgen, jedoch die für sie unattraktiven weiblichen Blüten unbe-

achtet lassen. Um den Vorteil der durch Tiere stattfindenden Bestäubung zu erhalten, müssen Pflanzen ihre männlichen und weiblichen Blütenorgane in räumliche Nähe rücken.

In der mittleren Kreidezeit vor etwa 120 Millionen Jahren traten zwittrige, also vereint weibliche und männliche Blütenstände in einer Blüte, auf. Mit wenig Aufwand war ab jetzt eine Selbst- oder auch Fremdbestäubung durch die Nachbarblüten möglich, auch wenn Wind weiterhin als Pollenüberträger genutzt wird.

Eine deutlich höhere Effizienz jedoch wird erreicht, wenn Pollen oder andere von der Blüte angebotene Nahrung von Bestäubern aufgenommen und verteilt wird. Das Nahrungsangebot kann einfach oder vielfältig sein, in beiden Fällen erhält die Pflanze durch einen Blütenbesuch ein Pollenpaket einer anderen Pflanze. Im Laufe der Co-Evolution kam es zu gegenseitigen Anpassungen der Blüten und bestäubenden Tiere:

- Ausbilden einer Blütenhülle,
- Entwicklung von farblich prägnanten Blütenblättern,
- Vertiefen der Samenanlage als Schutz vor rabiaten Bestäubern,
- sukzessive Reduzierung der energiereichen Pollenproduktion,
- Vertiefen der Nektarien,
- Ausbilden von zygomorphen Blüten.

Bei all den Veränderungen der Pflanzen haben sich auch die Bestäubertiere angepasst:

- Verfeinerung der Sinnesorgane zur Wahrnehmung von Farbe,
- Ausbilden von effektiven Sammeleinrichtungen (Pollenkörbchen bei Honigbienen),
- Verlängerung der Rüssel.

Eine enorme Veränderung bot sich durch das neue Futterangebot in Form von Nektar, den die Pflanze über Drüsenzellen direkt aus dem Phloemsaft entnehmen kann und dem Bestäuber anbietet. Für die Pflanze ist dies energetisch deutlich effizienter.

Das Modell der Zwittrigkeit ist so erfolgreich, dass ein Großteil der heute vorkommenden Pflanzenarten zwittrige Blüten aufweist. Zwittrigkeit und ein Höchstmaß an Fremdbestäubung und somit genetischer Variabilität schließen sich nicht aus, denn die Pflanzen haben vielfältige Strategien entwickelt, um Selbstbestäubung zu vermeiden.

Die Blütengestalt von landwirtschaftlichen Kulturen bedarf keiner näheren Untersuchung, um eine erfolgreiche Bestäubung zu ermöglichen. Viele Obstarten sind Rosengewächse (Rosaceen), die meisten Feld- oder Gartenfrüchte zählen zu den Kreuzblütlern (Brassicaceen) oder den Kürbisgewächsen (Cucurbitaceen). Gemeinsam haben diese verschiedenen Arten, dass sie für Insekten einen guten Zugang zu Pollen und Nektar ermöglichen. Zudem sind für Landwirt und Imker Informationen zur jeweiligen Kultur vorhanden.

Bestäubungsimker, die ihre Dienstleistung im Zierpflanzenbau oder in der Saatgutzüchtung anbieten, sind gegebenenfalls mit Pflanzenfamilien konfrontiert, deren Bestäubungsmechanismen sich auf den ersten Blick nicht direkt erschließen. Beim Studium der Blütenmorphologie und der entsprechenden Bestäubungsmechanismen kann sich u. a. zeigen, dass die üblicherweise eingesetzten Insekten für den Auftrag ungeeignet sind, da sie nicht den gewünschten Erfolg erzielen würden. Typisches bereits erwähntes Beispiel ist Luzerne, deren mögliche Bestäuber die Alfalfabiene (*Megachile rotundata*) oder die Alkalibiene (*Nomia melanderi*) sind.

Als Lektüre zum weiteren Studium ist das Buch „Die Blüte" von Prof. Dieter Heß zu empfehlen (14).

BESTÄUBUNGS-DIENSTLEISTUNG IN DER PRAXIS

Der Imker als Dienstleister

Wer in Betracht zieht, Bestäubungsdienstleistungen anzubieten, wird rasch feststellen, dass das allgemeine imkerliche Wissen zwar wichtig ist, aber nun Themen im Vordergrund stehen, mit denen der Imker sich bisher kaum oder gar nicht befasst hat. Trachtquellen werden aus einem anderen Blickwinkel betrachtet, Landwirtschaft und die hier eingesetzte Technik anders bewertet. Es finden interessante Gespräche statt, die sowohl dem Landwirt wie auch dem Imker eine bisher eher unbekannte Sichtweise auf das eigene Fachgebiet wie auch das des anderen ermöglichen.

Die erfolgreiche Durchführung eines Bestäubungsauftrages setzt Wissen voraus. In den bisherigen Kapiteln wurden Grundlagen vermittelt. Diese Kenntnisse werden nun herangezogen, um Umsetzung und Praxis von der Kontaktaufnahme bis hin zum erwarteten Ernteerfolg zu beschreiben.

KONTAKTAUFNAHME: DAS ERSTE GESPRÄCH

Die Akquise war erfolgreich, nun kann es beginnen – der erste Gesprächstermin ist vereinbart. Selbst für einen erfahrenen Landwirt kann das Angebot einer Bestäubungsdienstleistung Neuland bedeuten. Im Erstgespräch ist es daher wichtig, eventuell vorhandene Vorbehalte auszuräumen und eine gegenseitige Vertrauensbasis aufzubauen. Häufig gestellte Fragen an den Bestäubungsimker sind:

- Worin unterscheidet sich die Tätigkeit eines Bestäubungsimkers von der eines „normalen" Imkers?
- Das bisherige Bestäubungskonzept war nicht erfolgreich, was wurde aus Sicht des Bestäubungsimkers beim zuvor gewählten Bestäubungsmanagement falsch gemacht?
- Warum soll ich Geld investieren, wenn ich die imkerliche Leistung bisher umsonst bekommen habe?

Es werden durchaus Einstellung und Haltung gegenüber den Zwängen der Landwirtschaft abgefragt. Zudem ist verständlicherweise eine Erwartungshaltung vorhanden wie bei jeder anderen Leistung auch, für die bezahlt werden muss. Genaue Kenntnisse werden vorausgesetzt, die eine optimale Vorgehensweise auch in schwierigen Situationen zulassen wie z. B. Bestäubung unterschiedlicher Pflanzen unter Glas oder Folie, optimale Wahl der Bestäubungsinsekten, rasche Ursachensuche und Lösungen beim Auftreten von Problemen. Jetzt sollten Sie Ihre Kompetenz als Imker mit dem Fachwissen für Bestäubungsdienstleistung zeigen.

GESPRÄCHSVORBEREITUNG

Das Erstgespräch kann insbesondere für Einsteiger eine Herausforderung bedeuten – eine gute Vorbereitung reduziert die Nervosität. Unabhängig davon ist es notwendig, sich über die zu bestäubende Kultur ausführlich zu informieren. Ein **Pflanzensteckbrief**, selbst angefertigt oder nachgelesen, ist eine hilfreiche Quelle.

Mitunter werden zusätzlich zu den geplanten Kulturen noch weitere angesprochen, die für einen Bestäubungsauftrag in Frage kommen können. Hierüber im Vorfeld informiert zu sein erhöht die eigene Sicherheit.

Ein guter Pflanzensteckbrief beinhaltet folgende Punkte:

- Herkunft der Pflanze und historische Bedeutung,
- exakte biologische Beschreibung,
- für Bestäubungsinsekten relevante Attribute (Blühdauer, Blütenattraktivität / Pollenqualität, Nektarmenge, Zuckergehalt),
- Effektive Bestäubungsperiode,
- biologische Besonderheiten und optimale Wahl und Anzahl der einzusetzenden Insekten,
- Ansprüche an Bodenbeschaffenheit und Kulturführung,
- eventuelle Gefährdung durch Schädlinge oder Krankheitserreger,
- durchschnittlich zu erwartende Erntemenge.

Ab Seite 141 finden Sie Beispiele für die wichtigsten Kulturen.

GESPRÄCHSINHALT

Jedes Gespräch hat einen individuellen Verlauf, dem man selbstverständlich folgen sollte. Zudem ist es notwendig, einige wichtige Punkte abzuklären.

ZIELE DEFINIEREN Sind neben Ertrags- und Fruchtqualitätssteigerung weitere Ziele gewünscht? Dies könnte beispielsweise in Himbeerkulturen das Vermeiden von Rußtaubildung sein.

PROBLEME ANSPRECHEN Gab es bisher bei der Bestäubung der Kultur Schwierigkeiten, falls ja, welcher Art? Vorschläge machen, Alternativen aufzeigen.

BIOLOGISCHES VERHALTEN Für die verschiedenen Bestäubungsinsektenarten erläutern und Maßnahmen besprechen. Beispiel Wildbienen: Der Entwicklungszyklus, dessen Dauer über die Zeit des Bestäubungseinsatzes hinausgeht, sollte nicht gestört werden und in Ruhe beendet werden können.

PFLANZENSCHUTZMASSNAHMEN BESPRECHEN Welche Schädlinge können auftreten, welche Maßnahmen sind wann geplant? Falls diese während der Bestäubungsphase durchgeführt werden müssten, sollte die Bereitschaft eines zügigen Abzuges der Insekten, sofern möglich, zugesichert werden.

UNTERSTÜTZENDE MASSNAHMEN DURCH DEN LANDWIRT Da der Bestäubungserfolg durchaus höher ausfällt durch Maßnahmen wie Mulchen der Fahrgassen, Bewässerung der Kultur, Legen der Fruchtstände bei Erdbeeren nach außen usw., sind dies für den Landwirt wichtige Informationen.

EVENTUELLE KONKURRENZTRACHTEN Erfragen, welche in unmittelbarer Umgebung vorhanden sind. Daraus könnte eine Abweichung vom geplanten Bestäubungskonzept resultieren.

FROSTPHASEN Diese sind jederzeit möglich. Vorgehensweise klären.

ANSCHLUSSBETREUUNG BZW. -VERSORGUNG Betrifft die Bestäubungsinsekten, die seitens des Landwirtes in Eigenregie eingesetzt wurden, wie z. B. Hummelvölker oder Wildbienenhotels: Sollen diese nach der Bestäubung in imkerliche Betreuung übergehen?

BESTÄUBUNGSEINSÄTZE IN FOLIENTUNNEL ODER GEWÄCHSHAUS Auf die wesentlichen Aspekte wird auf den Seiten 37 und 38 eingegangen.

SPERRGEBIET BEI SEUCHENMELDUNG Die sich daraus ergebenden Konsequenzen erläutern, die eine Änderung der geplanten Vorgehensweise bedeuten würden.

TECHNISCHE HILFSMITTEL Klärung, welche technischen Hilfsmittel zur Verfügung gestellt werden können. Dies können Ernteboxen als Aufstellpodest sein, aber auch geländefähige Kleinfahrzeuge oder Hänger.

ERREICHBARKEIT UND ZUGANG DER KULTURFLÄCHE Schlüsselübergabe bei verschlossenen Bereichen vereinbaren, Befahrbarkeit des Geländes mit Auto und/oder Transporter besprechen. Gute Informationen zu Straßenanbindung, Flächenmaßen und Geländestruktur können über Google Maps erfahren werden.

Sinnvoll ist eine Begehung der Kultur, denn oftmals kommen weitere Aspekte hinzu, die abzuklären sind, zudem kann man sich einen ersten Eindruck von der Anlage machen.

Insbesondere bei einem Neukunden sind die Ergebnisse und Vereinbarungen in einem Protokoll festzuhalten und werden dem Landwirt zwecks Prüfung auf Stimmigkeit zur Verfügung gestellt.

Im telefonischen Vorgespräch steht zunächst die zu bestäubende Kultur im Fokus, mitunter ergeben sich aber im persönlichen Erstgespräch Folgeaufträge für weitere Kulturen. Eine entsprechende Vorbereitung zu den aus dem Portfolio hervorgehenden in Frage kommenden Kulturen ist nicht verkehrt.

BENÖTIGTE ANZAHL DER BESTÄUBUNGSINSEKTEN JE HEKTAR

Eine der schwierigsten Aufgaben ist es, die Art und Anzahl der einzusetzenden Bestäubungsinsekten zu bestimmen. Ohne Erfahrungswerte aus vorherigen Aufträgen bedarf es bei jeder Kultur eines Errechnens und Abwägens. Die vorhandene Literatur gibt hierzu sehr unterschiedliche Zahlen vor. So wird je ha Apfel bei Corbet et al. 1991 (15) eine Anzahl von 0,6 Bienenvölkern als ausreichend angesehen, bei Mantinger (Versuchszentrum Laimberg) sind es 5 Bienenvölker.

Als erste Annäherung kann man anhand der Bestäubungskapazität des Einzeltieres errechnen, wie hoch die Bestäuberdichte sein könnte. Eine verlässliche Berechnung ist dies aber nicht, da Einzeltiere beziehungsweise einzelne Kokons die tatsächliche Bestäubungsaktivität nicht ausreichend abbilden.

Einen hohen Stellenwert in Bezug auf den Ernteerfolg haben die biologischen Eigenschaften der Kulturpflanze. Der Fruchtertrag wird stark beeinflusst vom anfänglichen Fruchtansatz. Dieser ist das Ergebnis einer Reihe physiologischer Ereignisse wie Pollenkompatibilität, Pollenschlauchwachstum, Langlebigkeit der Eizellen und erfolgreiche Befruchtung. Seit 1960 werden diese Vorgänge mit dem Begriff **„Effektive Bestäubungsperiode“** (engl. *effective pollination period*), kurz EPP bezeichnet; sie umfasst den Zeitraum, der eine erfolgreiche Befruchtung der Samenanlage ermöglicht, ab Öffnen der Blüte. Dieser ist bei jeder Obstart und -sorte und jeder sonstigen Kulturpflanze sehr unterschiedlich und stark temperaturabhängig.

Tageslichtverhältnisse und vorherrschende Witterungsbedingungen sind weitere wichtige Faktoren, denn beides hat einen entscheidenden Einfluss auf die Aktivität und damit die effektive Kapazität der Bestäubungsinsekten.

Erdhummeln und Honigbienen sind stets um eine optimale Stocktemperatur bemüht, damit das Brutnest ausreichend gewärmt wird. Bienenbrut benötigt 34 °C, ein Hummelnest 31 °C. Bei niedrigen Frühjahrstemperaturen bedeutet dies, dass die Sammlerinnen im Brutnest eine Temperaturerhöhung bis zu 20 °C erzeugen müssen, was sie durch Muskelzittern erreichen. Die mit dieser Tätigkeit beschäftigten Tiere stehen dann nicht für die Bestäubungstätigkeit zur Verfügung. Je größer das zu versorgende Brutnest und je höher die Differenz zur erforderlichen Stocktemperatur, umso höher ist der benötigte Anteil an Sammlerinnen, um das notwendige Stockklima aufrecht zu erhalten. Bei guter Witterung kann man davon ausgehen, dass 30 % eines Bienen- respektive 35 % eines Hummelvolkes zur Sammeltätigkeit aktiv sind, bei niedrigen Temperaturen ist das erheblich weniger. Allein aus der Volksstärke lässt sich daher nicht zuverlässig die mögliche Bestäubungskapazität ableiten.

Die genannten Faktoren zeigen viele Variablen, die das Befruchtungsgeschehen und den späteren Fruchtbehang beeinflussen. Dennoch ist es möglich, mit Hilfe einer mehrstufigen Errechnung und Einschätzung die benötigte Bestäuberanzahl pro ha relativ genau zu ermitteln.

1. BERECHNUNG anhand von Blütendichte der Kulturpflanze und der Bestäubungskapazität der einzelnen Bestäuberarten. Die Tabelle auf S. 109 gibt hierzu einen Überblick.

2. BEWERTUNG der tatsächlich möglichen Bestäubungskapazität unter Berücksichtigung der zu erwartenden Witterungsverhältnisse, der biologischen Eigenschaften sowohl der Insekten als auch der Kulturpflanzen (Zucker- und Pollenwert), der Effektiven Bestäubungsperiode und der eventuell vorhandenen Konkurrenztrachten in direkter Umgebung.

3. EINBEZIEHUNG DER VORGABEN DES LANDWIRTES. Welcher Fruchtbehang je Baum/Pflanze wird gewünscht? Oft ist dies ein Vollbehang, da der Landwirt nach erfolgter natürlicher Ausdünnung häufig weitere Ausdünnungsmaßnahmen durch chemische Mittel oder per Hand vornimmt.

Aus der Kombination dieser drei Punkte ergeben sich zwei Herangehensweisen mit unterschiedlicher Zielsetzung:

- A) Die Bestäubung führt zu Frucht-Überhang, den der Landwirt korrigieren kann. Durch diese gezielte Fruchtausdünnung behält er die Kontrolle über den zu erwartenden Fruchtbehang.
- B) Eine annähernd genaue Bestäubung für den gewünschten Fruchtbehang und Ernteertrag.

ZWEI BEISPIELE FÜR METHODE A)

Raps *Brassica napus*

Blühzeitraum Mitte April bis Anfang Mai, wenig Nachtfröste, Tagestemperaturen zum Teil bis 30 °C.

BERECHNUNG Das **Blütenaufkommen** bei einer Pflanzdichte von 40 Pflanzen/m² und durchschnittlich 800 Blüten je Pflanze beträgt 320 Mio. Blüten/ha (Fuchs/Kemmeter, eigene Untersuchungen). Bei einer optimalen Aktivität aller Sammlerinnen ergibt sich pro Tag eine **Bestäubungskapazität** der Honigbiene je Volk von 13,25 Mio. Blüten, bei Hummeln 168.000 Blüten. Während der **Effektiven Bestäubungsperiode** von 4 Tagen können von Honigbienen 53 Mio. Blüten erfolgreich bestäubt werden, von Hummeln 672.000 Blüten. So wären rechnerisch 6 Bienenvölker respektive 47 Hummelvölker erforderlich.

BEWERTUNG Die Blühdauer mit ansteigender und abnehmender Blühintensität beträgt circa 12–14 Tage (Rheinebene) mit einer Hauptblüte von 5–6 Tagen. Somit korreliert die **Effektive Bestäubungsperiode** mit dem Zeitraum der Hauptblüte. Rapspflanzen sind zwar selbstbefruchtend und benötigen keine Bestäuber, jedoch resultiert eine deutliche Erhöhung der Erntemenge (etwa 25 %, Fuchs/Kemmeter, eigene Erhebung) und der Fruchtqualität aus der Anwesenheit von Bestäubungsinsekten. Dieses Ergebnis ist möglicherweise auf eine erhöhte Pollenübertragung während der EPP zurückzuführen, denn jede Rapsblüte hat mehr als 30 Samenanlagen und benötigt für eine optimale Befruchtung mehrere Blütenbesuche beziehungsweise windige Standorte. Raps ist eine sehr attraktive Pflanze: Zuckergehalt etwa 44–59 %, Nektarmenge 0,6–1,6 mg/Blüte (= **Zuckergehalt/Blüte** 0,29–0,9 mg), **Pollenwert** 1–1,3 mg/Blüte, **Eiweißgehalt** 22–25 %, **Gesamtstickstoffgehalt** 4,3–4,9 % (16). Somit stellen Konkurrenztrachten in der Nähe nur einen unbedeutenden Faktor dar.

Der Einsatz von Bestäubungsinsekten reduziert die Gesamtblühdauer erheblich und ermöglicht dem Landwirt rasch folgende Kultivierungsmaßnahmen wie Pflanzenschutz o. ä. Die verkürzte Fruchtausreifungszeit auf der Gesamtfläche bedeutet geringere Ernteverluste und homogenere Frucht-Qualität.

FAZIT Eine gute Wasserversorgung vorausgesetzt, ist die Kultur mit der Anzahl der oben errechneten Bienen- beziehungsweise Hummelvölker optimal versorgt. Bei **Hybridsaatgut** zwecks Saatgutvermehrung sind jedoch mindestens 6 Bienenvölker erforderlich. Eine **Gegenüberstellung der Kosten** von Hummeln (35 € × 47 = 1.645 €) und Bienen (60 € × 6 = 360 €) zeigt eindeutig, dass zur Bestäubung von Raps Bienenvölker die richtige Wahl wären. Sowohl der Einsatz von Hummeln wie auch Wildbienen ist hier unwirtschaftlich.

Pfirsich *Prunus persica*

Blühzeitraum Mitte März bis Mitte April mit Nachtfrösten und Tagestemperaturen von 5–20 °C.

BERECHNUNG Das **Blütenaufkommen** wird mit ≤ 1 Mio. Blüten/ha angegeben (17). Während der **Effektiven Bestäubungsperiode** von 3–5 Tagen (17) könnte als **optimale Bestäubungskapazität** innerhalb dieses Zeitraums 1 Honigbienenvolk 40–60 Mio. Blüten, 1 Hummelvolk 504.000–840.000 Blüten bestäuben, die weibliche Mauerbiene 21.000–35.000 Blüten. Es wären rechnerisch 1 Bienenvolk respektive 2 Hummelvölker oder 29–47 weibliche Mauerbienen *Osmia cornuta* (respektive insgesamt 80–120 Wildbienenkokons Männchen und Weibchen) erforderlich.

BEWERTUNG Die Blühdauer ist stark temperaturabhängig und kann bis zu drei Wochen betragen. Pfirsich ist eine **selbstfertile Pflanze**, zur erfolgreichen Befruchtung ist sie dennoch auf eine Insektenbestäubung angewiesen. Die **Effektive Bestäubungsperiode** wird je nach Fruchtsorte mit 3–5 Tagen beschrieben. Der Blühbeginn ab Mitte März (Pfalz) geht einher mit **sehr schwankenden Witterungsverhältnissen** von Nachtfrösten bis zu Temperaturen um 20 °C. Auch dauerhaft niedrige Temperaturen unter 10 °C sind keine Seltenheit, so dass nur wenige Tage für einen guten Insektenflug geeignet sind, in extremen Jahren mitunter nur 1–2 Tage. Hinzu kommt die bei diesem Wetter notwendige **Aufrechterhaltung der Brutnest-Temperatur**, es steht nur ein geringer Teil der Sammlerinnen für Bestäubungsflüge zur Verfügung.

Pfirsich ist mit einem **Zuckerwert** von 1–2 mg und einer **Pollenmenge** von 0,3–0,8 mg je Blüte (16) eine für Insekten sehr attraktive Pflanze. Konkurrenztrachten, zumal so früh im Jahr, stellen daher kein Problem dar.

Ziel des **Landwirts** ist eine Erntemenge von 260 marktfähigen Früchten je Baum. Dies entspricht 5–20 % des ursprünglichen Blütenaufkommens.

FAZIT Die errechnete Insekten- respektive Völkerzahl bildet nicht die tatsächliche Bestäubungsaktivität beziehungsweise Bestäubungskapazität ab und ist bei früh blühenden Kulturen zu gering. Zur Sicherung des Ernteertrags ist eine **Kombination** von unterschiedlichen Bestäubungsinsekten empfehlenswert. Damit wird sowohl den unsicheren Witterungsverhältnissen Rechnung getragen als auch der Tatsache, dass nur an wenigen Tagen eine annähernd volle Sammelstärke der Insekten zur Verfügung steht – und dies bei einer kurzen EPP. Um eine gute Bestäubung und Befruchtung zu erreichen, ist eine Erhöhung der errechneten Bestäubungsinsekten anzuraten: 2–3 Bienenvölker, 4 Hummelvölker, 1 Wildbienenhotel mit 500 Kokons *Osmia cornuta* (circa 200 weibliche Tiere). Die **Wirtschaftlichkeit** ist in der Sicherung des vollen Ernteertrages zu sehen, es würden Kosten in Höhe von 400–500 € entstehen.

EIN BEISPIEL FÜR METHODE B)

Eine völlig andere Herangehensweise ist das Ermitteln der Bestäubungsinsekten in Bezug auf den gewünschten Ernteertrag. **Parameter** sind: marktfähiges Fruchtgewicht, Ertragsmenge in Dezitonnen (dt) je ha, zu erwartende natürliche Fruchtausdünnung, zu erwartender Ernteausfall durch Schaderreger. Diese in Beziehung gesetzt ergeben einen Risikofaktor X, der zum Errechnen der erforderlichen Mindestanzahl an gut befruchteten Blüten der Kultur erforderlich ist.

Apfel *Malus sylvestris*

Blühzeitraum Mitte April bis Mitte Mai, wenig Nachtfröste, Tagestemperaturen zum Teil bis 30 °C, Blütenaufkommen circa 5 Mio. pro ha, Effektive Bestäubungsperiode 3–5 Tage.

VORGABE des Landwirtes Die durchschnittliche Apfel-Erntemenge im Jahr 2020 betrug laut Statistischem Bundesamt 301,8 dt/ha. Im bayrischen Obstleitfaden wird fast die gleiche Menge als anzustrebende Erntemenge (300 dt/ha) für die Apfelsorte Boskoop aufgeführt. Das gewünschte Fruchtgewicht eines Boskoop-Apfels beträgt 170 g. Hieraus ergibt sich eine Anzahl von 176.470 Äpfeln mit optimalem Fruchtgewicht/ha. Aus der Multiplikation dieser Erntemenge mit dem Risikofaktor X, hier als Beispiel 5, müssten 882.350 Blüten optimal befruchtet werden.

BERECHNUNG Für diese Bestäubungsleistung wäre 1 Bienenvolk beziehungsweise 2 Hummelvölker oder 36 weibliche Mauerbienen *Osmia bicornis* (respektive insgesamt 90 Wildbienenkokons Männchen und Weibchen) notwendig.

FAZIT Die errechnete Anzahl an Bestäubungsinsekten ist in der Regel deutlich geringer als die der Methode a). Diese Herangehensweise bedarf jedoch ebenfalls einer Bewertung.

BEWERTUNG Zu berücksichtigen sind **witterungsbedingte** und **biologische Faktoren** von Kulturpflanze und Bestäuber sowie die **Effektive Bestäubungsperiode**.

Apfelblüten sind durchaus attraktiv: **Zuckergehalt** 35–65 %, **Nektarmenge** 2–6 mg, **Zuckerwert** 1–3 mg/Blüte, **Pollenwert** 1,7 mg/Blüte, **Eiweißgehalt** 26–28 %, **Stickstoffgehalt** 4,5–4,9 % (12). Dennoch müssen zu diesem Blühzeitpunkt auch ernstzunehmende Konkurrenztrachten wie Löwenzahn und Raps berücksichtigt werden.

Ein anderer Weg, vom erwünschten Ernteertrag ausgehend die erforderliche Bestäuberdichte zu ermitteln, hat den **Baumertrag** als Bezugspunkt. Anhand der Menge an pflückreifen Früchten je Baum wird die Anzahl der zu bestäubenden Blüten errechnet. Auch hier wird der Risikofaktor X in gleicher Weise berücksichtigt.

Für Boskoop ist im Bayrischen Obstleitfaden (18) bei 2500 Bäumen/ha eine Behangdichte von 75 Äpfeln je Baum vorgesehen. Demnach wäre das Ertragsziel mit 210.000 pflückreifen Früchten erreicht. Eine Multiplikation mit dem angenommenen Risikofaktor 5 ergibt eine Blütenanzahl von 1.050.000 Blüten/ha, die optimal befruchtet werden müssten.

BERECHNUNG Für diese Bestäubungsleistung wäre 1 Bienenvolk beziehungsweise 2 Hummelvölker oder 42 weibliche Mauerbienen *Osmia bicornis* (respektive insgesamt 110 Wildbienenkokons Männchen und Weibchen) notwendig.

Letzten Endes wird der Imker die Besatzdichte und die hierfür zugrunde liegenden Argumente vorgeben und der Landwirt muss entscheiden, welche Ziele ihm wichtig sind.

	Entscheidende Kriterien	Erdhummel (*Bombus terrestris*)	Honigbiene	Mauerbiene (*O. cornuta, O. bicornis*)
Bewertung	Volksstärke (April)	natürliche Volksstärke ca. 50 Tiere; Zucht ca. 150 Tiere	ca. 25.000 Tiere	Solitär (Einzeltier)
	Sammlerin je Volk	35–50 (25 %–35 %)	6250–7000 (25 %–30 %)	1
	Beginn der Flugaktivität	5–7 °C	10–12 °C	7–9 °C
	Pollentransport	Beinsammler, Feuchtsammler (Anfeuchten des Pollens)	Beinsammler, Feuchtsammler (Anfeuchten des Pollens)	Bauchsammler, Trockensammler (nicht angefeuchteter Pollen)
	Blütenstetigkeit	begrenzt blütenstet, Konkurrenztrachten vermeiden	sehr blütenstet	begrenzt, in Obstanlagen sehr blütenstet
	Ø Flugradius zur Proviantierung und Eigenversorgung	ca. 1500 m	ca. 3000 m	ca. 200–500 m
	Aktivierung weiterer Sammlerinnen durch Kommunikation	begrenzt („Erregungstanz“)	hoch, zudem Angaben zur Richtung und Entfernung der Trachtquelle („Schwänzeltanz“)	–
	Sammelaktivität/ Einzeltier (sonniger, warmer Tag)	Ø ca. 4000–4500 Blüten / Tag	Ø ca. 2000–3000 Blüten / Tag	Ø ca. 5000–7000 Blüten / Tag
Berechnung	Bestäubungskapazität (Nektar u. Pollen) /Volk	ca. 168.000/Tag (bei Ø 42 Sammlerinnen je Volk)	ca. 13,25 Mio./Tag (bei Ø 6625 Sammlerinnen je Volk)	---
	Ø Bedarf je ha Kultur am Bsp. Süßkirsche mit 3–5 Mio. Blüten/ha, Epp 2 Tage	mindestens 18 Hummelvölker	rechnerisch ein Bienenvolk; erfahrungsgemäß 3–4 Bienenvölker	450–600 Tiere; 1125–1500 Kokons bei 40 % Anteil an weiblichen Tieren); erfahrungsgemäß 2000 Kokons
	Ø Bedarf/ha Kultur am Bsp. Raps mit 320 Mio. Blüten/ha, EPP 4 Tage	47	6	–
	Kosten entsprechend dem Ø Bedarf/ha Kultur	ca. 35 € je Volk 630 € (Kirsche) 1.645 € (Raps)	ca. 65 € je Volk 195 €–260 € (Kirsche) 390 € (Raps)	ca. 0,55 € je Kokon 1100 € (Kirsche)

Bestäubungskapazität der häufigsten Bestäubungsinsekten: Berechnung und Bewertung.

DER STELLPLAN

Nach Klärung des Bestäubungszieles sowie der Art und Anzahl der Bestäubungsinsekten wird die Aufstellordnung in Form eines Stellplans festgehalten. Dies mag manchem unnötig oder übertrieben erscheinen, doch ein guter Stellplan ist essenziell für den Überblick hinsichtlich Bestäubungsdichte und bei widrigen Wander-Verhältnissen von großem Nutzen. Als Hilfsmittel können Google-Earth- oder Geo-Portal-Fotografien verwendet werden. Oder man fertigt eine Skizze an, die der Größe und Proportion der Kulturfläche entspricht.

Der Plan sollte u. a. folgende Vermerke beinhalten:

- Hindernisse (Strommasten, Gräben, Netze, Zäune),
- Beregner-Standorte,
- unpassierbare Stellen (Schlamm, Wasserlöcher),
- Anzahl der Baumreihen,
- Neupflanzungen (Anzahl der Reihen, Beginn und Ende).

Bei der Planerstellung ist darauf zu achten, dass ...

- ... die Platzierung der Bestäubungsinsekten auf deren Fluggewohnheiten abgestimmt ist. Wildbienen fliegen eher von außerhalb in die Kultur, Bienen und Hummeln von ihrem Standort aus im Radius.
- ... Hummeln ihre Sammeltätigkeit bereits bei niedrigeren Temperaturen starten. Bei einer Kombinationsbestäubung sind daher an windigen und kühleren Stellen Hummeln die günstigeren Bestäuber.
- ... Flugradien sich überlappen sollen. Hierbei ist das individuelle Bestäubungsverhalten der Bestäuberarten sowie die Blühdichte zu berücksichtigen.
- ... etliche Obstsorten untereinander inkompatibel sind und sich nicht gegenseitig befruchten können. Daher sind in der Obstanlage kompatible Bestäuber-Obstsorten integriert. Bestäubungsinsekten sind so aufzustellen, dass Pollen von den kompatiblen zu den untereinander inkompatiblen Obstsorten transportiert wird. Ähnliches gilt für die Hybridbestäubung in der Saatgutzucht bzw. Saatgutvermehrung.

Stellplan zur Bestäubung einer Pfirsich-Kultur, Drohnenaufnahme.

DER GEEIGNETE STELLPLATZ

Jeder Standort ist individuell vorzubereiten, um den Bestäubungsinsekten gerecht zu werden, aber auch landwirtschaftliche Kultivierungsmaßnahmen und imkerliches Arbeiten zu ermöglichen. Es versteht sich von selbst, dass alle Insektenbehausungen in erhöhter Position aufzustellen sind. Dies schützt sie vor Witterungseinflüssen und Bewässerungsmaßnahmen, die Ausflughöhe ist zudem nahe oder direkt in der Blüte der Kulturen. Sofern es möglich ist, sollte darauf geachtet werden, dass die Flugbahnen den Tätigkeitsbereich von landwirtschaftlichen Helfern nicht mehr als notwendig stören.

Im **Freiland** werden die Bienen- und Hummelvölker in die Baumreihen gestellt, in denen sich die Bewässerungsregner befinden (mittig zwischen zwei Beregnern). Bei der Platzierung von Bienenvölkern muss an ein eventuell notwendiges Arbeiten oder Erweitern der Völker gedacht werden, ohne die Blüten der Kultur zu beschädigen. Die Aufstellhöhe von Hummel- und Bienenvölkern sollte etwa 50 cm betragen, um Beeinträchtigungen durch bodennahe kühle Temperaturen und Bodenfeuchte weitgehend zu vermeiden.
Wildbienenbehausungen verbleiben bis zum Verpuppen der folgenden Generation in der Anlage. Daher ist es oftmals wahrscheinlich, dass sie Pflanzenschutzmaßnahmen ausgesetzt sind. Um Schäden zu vermeiden, ist ein Standort möglichst außerhalb und dennoch nahe der

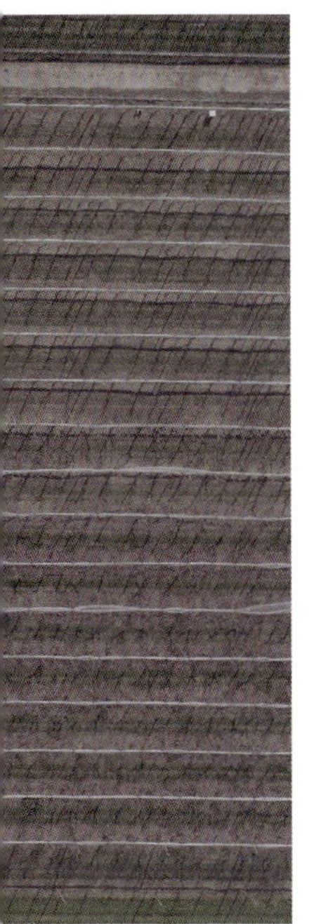

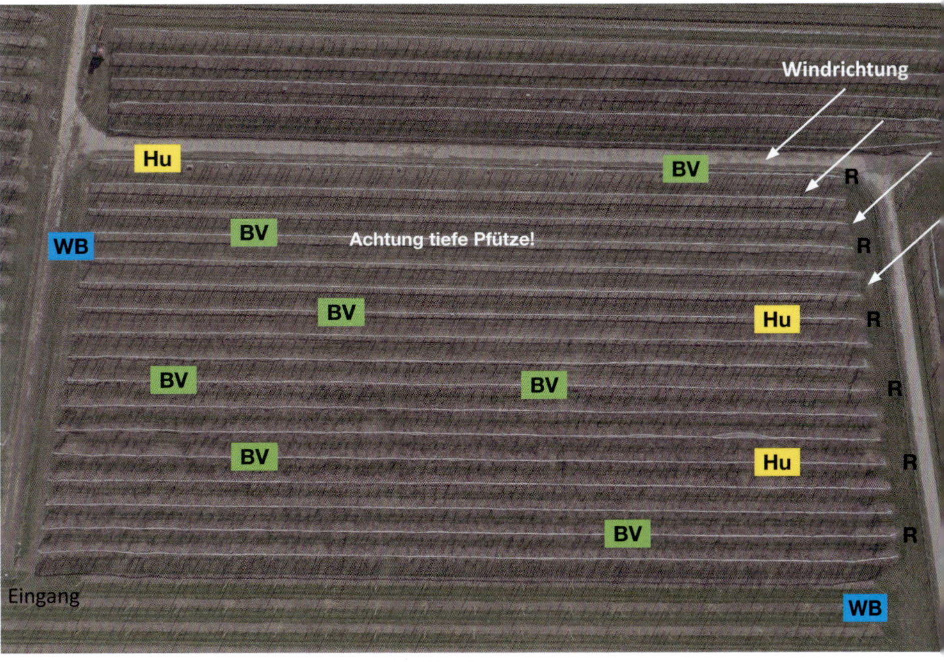

Kirsche ↓

Hu = Hummelvolk
BV = Bienenvolk
WB = Wildbieneneinheit

R = Beregnerreihe

Pflanzenreihen zu wählen. Die Ausflugrichtung muss von der Applikationsseite abgewandt ausgerichtet sein.

Bei der Wahl eines Stellplatzes im **Gewächshaus** steht im Vordergrund, dass die Insekten ungestört in die Kultur einfliegen können und durch die intensiven Kulturmaßnahmen nicht gestört werden. Um dies zu erreichen, sind Standorte oberhalb der Kultur zu bevorzugen. Falls solch eine Platzierung nicht möglich ist, müssen Freiflächen seitlich genutzt werden. Zu berücksichtigen ist, dass an den Völkern gearbeitet oder Vorkehrungen wie z. B. Sonnenschutz eingerichtet werden können.

Im **Folienhaus** ist die Auswahl eines Stellplatzes stark eingeschränkt. Ein Aufhängen über oder erhöhtes Aufstellen vor der Kultur auf der Westseite ist wünschenswert. Sofern bei hohen Temperaturen die Möglichkeit einer Belüftung besteht und die Folientunnelseiten hochgezogen werden, ist eine Platzierung in der Mitte des Folientunnels in der Nähe dieser hochgezogenen Seiten zu wählen.

Wahl eines Stellplatzes in unterschiedlichen Kulturen.

VORBEREITUNG DER BESTÄUBUNGSINSEKTEN

Für einen erfolgreichen Honigertrag ist es wichtig, mit gesunden und starken Bienenvölkern in die jeweilige Tracht zu wandern. Dies trifft auch für Bestäubungsaufträge von **Freilandkulturen** zu. Für Hummelvölker und Mauerbienen ist keine Vorbereitung bzw. Anpassung erforderlich.

Anders hingegen verhält es sich bei Bestäubungsaufträgen in **Gewächshaus und Folientunnel**. Die Kulturflächen sind deutlich kleiner, die Umgebung für die Insekten schwieriger. Bestäubungserfahrungen mit mittelgroßen Honigbienenvölkern zeigten, dass die Flugbienen sich in einer Art Schwarmtraube in den Eckbereichen vor allem in Folientunneln sammelten und nur ein Teil wieder in das Magazin zurückkehrte. Dieses Verhalten wird als **Trapping-Effekt** bezeichnet und ist auf veränderte Lichtverhältnisse zurückzuführen, insbesondere Polarisationsmuster durch Glas und Folie.

Bienenvölker müssen daher an die zu bestäubende Kulturfläche angepasst werden. Es kommen bevorzugt einzargige Völker mit Königin und viel junger Brut (mindestens 3 Bruträhmchen) in Frage. Hinzu kommen 1 komplette Pollenwabe, 2 Futterwaben und eventuell zusätzlich abgekehrte Jungbienen. Idealerweise werden die Völker direkt vor dem Einsatz auf diese Größe eingestellt. An einen schattigen Ort gestellt, wird einem Großteil der Flugbienen die Möglichkeit gegeben, in das zurückbleibende Volk zu fliegen. Ziel dieser Maßnahme ist, ein Ansammeln der bisherigen Flugbienen zu vermeiden (Trapping-Effekt). Aus dem Jungvolk entwickelt sich eine neue Generation von Sammelbienen, die sich direkt an die veränderten Umgebungsbedingungen anpasst.

Sofern geeignete Klein-Völker zur Verfügung stehen, sollte man auch deren Sammelbienen auf jeden Fall abfliegen lassen. Bei beiden genannten Methoden eignen sich die auf dem Bienenplatz verbleibenden Völker zur Königinnen-Aufzucht.

Auch bei **Hummeln** zeigt sich die Problematik der Orientierungslosigkeit: „Alt-Hummeln" fliegen auf ihren ersten Sammelflügen direkt an die Glas- oder Folienwände und verausgaben sich dort bis zur völligen Erschöpfung, eine Rückkehr in ihr Volk ist ihnen nicht mehr möglich.

Dieses Verhalten kann verhindert werden, indem die Völker direkt aus der Zuchtstation im Glashaus beziehungsweise Folientunnel aufgestellt werden. So passen sie sich bei ihren ersten Orientierungsflügen der Umgebung an und lernen, sich in diesen beengten Raumverhältnissen zurechtzufinden. Dies funktioniert jedoch nur, wenn Folie und Glas eine hohe Durchlässigkeit für UV-Licht-Anteile besitzen und keine Absorber oder Lichtstreuungskomponenten aufweisen.

Wenn Glas- oder Folienqualität eine Orientierung mittels polarisiertem Licht ermöglichen, ist eine Anpassung für den Einsatz von **Wildbienen** nicht erforderlich. Die Kokons werden in der Regel bei 2–4 °C in der Entwicklungsruhe (Diapause) gehalten. Sie sollten nicht direkt aus der Kühlung in warme Gewächshäuser oder Folientunnel verbracht werden, sondern stufenweise an die dort herrschende Temperatur gewöhnt werden.

Für einen Freilandeinsatz verhält es sich umgekehrt. Üblicherweise schlüpfen innerhalb von circa 2 Wochen nach Abbruch der Kühlung die ersten Wildbienenmännchen. Diese Phase kann deutlich verkürzt werden, indem die Kokons bei Zimmertemperatur für 4–6 Tage gelagert werden und dann zum Einsatz ins Freiland kommen. Nach 2–4 Tagen schlüpfen die ersten Tiere.

VORBEREITUNG DER KULTUR BZW. KULTURFLÄCHE

In Ergänzung zum Kapitel „Wie kann der Landwirt zum Bestäubungserfolg beitragen“ (Seite 36) sind in den meisten Fällen weitere Vorbereitungsmaßnahmen in der Kulturfläche vorzunehmen, insbesondere wenn es sich um große Flächen handelt.

Je nach Platzierung der Bestäubungsinsekten ist nicht immer sichergestellt, dass die Flugradien sich in der Feldmitte überlappen. Mitunter ist es nicht möglich, die Standorte der Insekten in der Kultur zu verteilen. Vor allem bei solchen mit hoher Blütendichte wie z. B. Raps mit etwa 320 Mio. Blüten/ha oder Weißklee (*Trifolium repens*) mit circa 200–400 Mio. Blüten/ha (Aussaatdichte 10 kg/ha, TKG 1,2 g, mindestens 40 Blüten je Blütenstand; eigenen Daten) sind die Kulturen im Innenbereich nicht ausreichend versorgt, um innerhalb der EPP eine erfolgreiche Bestäubung zu erreichen. Der Landwirt muss abwägen, ob es wirtschaftlich sinnvoll ist, zusätzliche Stellplätze in der Kultur anzubieten, um das volle Potenzial der Bestäubungsinsekten nutzen zu können.

Das Behandeln mit Pflanzenschutzmitteln – insbesondere Insektiziden – während der Bestäubungsphase gefährdet den Bestäubungserfolg, da sie zu erheblichen Schäden mit hoher Todesrate bei den Bestäubungsinsekten führen. Es ist daher **vor dem Anwandern** eine Absprache zwischen Imker und Landwirt notwendig, um Behandlungspläne zu klären: Wann wird die letzte Applikation vor Aufstellen der Bestäubungsinsekten durchgeführt, ab welcher prozentualen Restblüte müssen die Insekten (mit Ausnahme der Wildbienen) aus der Fläche abgezogen werden. Gute Kommunikation und zeitlich angepasste Applikationen verhindern Schäden, beiden Seiten ist gedient.

Falls während der Bestäubungsphase Fröste auftreten und der Einsatz von Schutzfolien erforderlich wird, muss der Landwirt für Öffnungen sorgen, um den Bestäubungsinsekten die Möglichkeit eines freien Ab- und Zuflugs zu geben. Dies ist gerade dann wichtig, wenn zuvor ein barrierefreies Befliegen der Anlage möglich war. Die Folien sollten circa alle 10 m für etwa 50 cm geöffnet sein.

Am Beispiel Erdbeere: Präsentieren der Fruchtstände erleichtert die Bestäubung und die spätere Ernte.

Eine gute Vorbereitung der blühenden Kultur seitens des landwirtschaftlichen Betriebes hat für alle Parteien einen positiven Effekt. Das Präsentieren der Blütenansätze oder Hochbinden respektive Herausziehen der Blütentriebe aus dem Blattgrün (z. B. bei Erdbeerpflanzen) beschleunigt nicht nur die spätere Ernte, es erleichtert auch den Bestäubungsinsekten einen raschen Blütenwechsel und steigert den Ernteertrag, da alle Blüten bestäubt werden.

Praktische Umsetzung

Noch mehr als beim Wandern in eine Tracht muss der Bestäubungsimker vielerlei Aspekte beachten, zumal die einzusetzenden Bestäubungsinsekten oftmals nicht nur die gewohnten Honigbienen sind.

AUFSTELLEN UND VERSORGEN DER INSEKTEN

Das Aufstellen der Insekten erfolgt im Freiland wie im Gewächshaus in der Regel bei einer Blütenöffnung der Kultur von 5–10 %. Sind attraktive Konkurrenztrachten in der näheren Umgebung und/oder ist die Kulturpflanze nicht interessant, ist allerdings eine Blütenöffnung von 15–20 % notwendig.

In Gewächshaus und Folientunnel ist beim Einsatz von Honigbienenvölkern darauf zu achten, dass sie nach 3 Wochen ausgetauscht werden. Trotz bester Fürsorge können Probleme auftreten, mitunter kann sich eine latent vorhandene Krankheit unter den künstlichen Bedingungen bemerkbar machen. Daher sollten immer Bienen- oder Hummelvölker als Ersatz vorhanden sein.

WASSERVERSORGUNG UND HITZESCHUTZ

Unabhängig von Einsatzort und Kultur ist für alle Insekten eine gute Wasserversorgung essenziell. Weder Tau- noch Guttationswasser ist ausreichend, zudem könnte Letztgenanntes kritische Konzentrationen von systemischen Pflanzenschutzmitteln beinhalten und schädigend wirken. Im Freiland behilft man sich beispielsweise mit einer Hühnertränke; Moospolster als Landefläche in der Trinkrinne verhindern das Ertrinken der Insekten. In Gewächshaus und Folientunnel herrschen durch höhere Temperaturen und Luftfeuchte optimale Bedingungen für Schimmelbildung; hier haben sich daher mit schwach saurem Torf-Erd-Gemisch gefüllte Eimer bewährt, die stets gut gewässert sein sollten.

Regelmäßige Wasserversorgung gilt auch für die Pflanzenkulturen, denn nur dann produziert die Pflanze ausreichend Nektar, um für Insekten attraktiv zu sein. Auch wenn die Versorgung der Kulturflächen im Verantwortungsbereich des Landwirtes liegt, schadet es nicht, ihn auf diesen Sachverhalt hinzuweisen.

Gewächs- und Folienhäuser verfügen nicht immer über ausreichenden Sonnenschutz. Weiße Kunststoffplatten (Styropor, Styrodur) oder Faserplatten verhindern, dass Hummel- und Bienenvölker sich zu stark aufheizen.

FUTTERKONTROLLE

Im geschützten Anbau ist die Pollenversorgung deutlich geringer als im Freiland. Der Vergleich während eines dreiwöchigen Einsatzes machte dies deutlich: Die durchschnittlich gesammelte Pollenmenge im Gewächshaus betrug 49,3 g, im Freiland 214,8 g bei einem nicht auf den Einsatz eingestellten Wirtschaftsvolk (19). Doch auch bei eingestellten Völkern ist ein Polleneintrag unter der erforderlichen Mindestmenge nicht selten. Daher ist eine erste Futterkontrolle bereits nach einer Woche einzuplanen. Honig und Nektarvorräte sind leicht aufzustocken, Pollenersatz muss auf unterschiedliche Weise angeboten werden. Hummelvölker erhalten einen zum Teil mit Zuckerwasser angefeuchteten gepressten Pollen. Bei Bienenvölkern können Pollenwaben oder Ersatzfutterteige zugegeben werden. Wildbienenweibchen bevorraten ihre Brutzellen nur mit frisch geerntetem Pollen. Infolgedessen werden bei Pollenknappheit weniger Brutzellen angelegt.

Es ist sinnvoll, vor allem bei der ersten Durchsicht Ersatzfutterteig, Futter- und Pollenwaben und gepresste Pollenwürfel als Reserve mitzuführen. Auch ist zu empfehlen, den Insekten generell eine zusätzliche Pollengabe beziehungsweise Ersatzfutterteige anzubieten. Rezepte für Ersatzfutterteige finden sich in Königinnenzucht- und Bienenzuchtbüchern.

Bei Freilandeinsätzen erfolgt die Futterkontrolle im Zeitrahmen der üblichen Volkskontrolle nach etwa 9–10 Tagen.

ERHOLUNGSFLÄCHEN

Insbesondere Honigbienen- und Hummelvölker, die in geschütztem Anbau eingesetzt wurden, bedürfen nach dem Bestäubungseinsatz einer besonderen Pflege, um sich wieder rasch erholen zu können. Blühstreifen als Erholungsfläche haben sich hier als besonders wertvoll erwiesen. Gegebenenfalls kann ein Landwirt einen Ackerstreifen zur Verfügung stellen, der rechtzeitig zum geeigneten Zeitpunkt blüht.

VERHALTEN DER INSEKTEN IN DER KULTUR

Bei einem Bestäubungsauftrag übernimmt der Imker die Verantwortung für ein erfolgreiches Arbeiten der Bestäubungsinsekten. Daher ist insbesondere in frühblühenden Kulturen eine Inspektion in der Anlage erforderlich und vom Auftraggeber auch durchaus gewünscht. Es lohnt die Mühe, in allen Bereichen der Kulturfläche zu kontrollieren, ob alle aufgestellten Insekten anzutreffen sind und deren Anzahl ausreichend ist. Sollte dies nicht zutreffen, muss jedes Volk respektive Bienenhotel auf Ausflughäufigkeit überprüft werden. Bei beginnender Blüte sind Nachbesserungen ohne Auswirkungen auf den Bestäubungserfolg möglich.

Kulturheidelbeere *Vaccinium corymbosum*. Hohe Nektarverfügbarkeit am Blütenboden erhöht die Attraktivität der Blüte.

Auch für die Pflanzkultur könnte eine Optimierung erforderlich sein. Der Blütenquerschnitt sollte im Bereich der Nektarien durch Nektar angefeuchtet sein, der Pollen frisch glänzend erscheinen. Trifft dies nicht zu, ist eine Unterversorgung mit Wasser wahrscheinlich.

Auch weitere Ereignisse wie Krankheiten, Mineralienunterversorgung, Vorhandensein von Schaderregern oder Abweichungen im Wuchs bei Pflanzenzüchtungen (genetisch bedingte Wuchsstörungen bei Neusorten) können hierfür verantwortlich sein. Jeder Landwirt weiß es zu schätzen, über mögliche Abweichungen in seiner Kultur informiert zu werden.

KONTROLLE DES BESTÄUBUNGS- BZW. BEFRUCHTUNGSERFOLGES

Blütenkronblätter dienen als sogenannter Schauapparat zum Anlocken von möglichen Bestäubern. Wenn eine Blüte befruchtet wurde oder altersbedingt nicht mehr befruchtungsfähig ist, werden diese Blätter von der Blüte abgestoßen. Oft zeigt danach der anschwellende Fruchtknoten eine erfolgreiche Befruchtung. Diese Veränderung, für jeden recht deutlich erkennbar, zeigt das Ende der Bestäubungsperiode an.

Um notwendige Korrekturen im Bestäubungsmanagement noch während der Blühperiode vornehmen zu können, muss man in der Lage sein, die Anzeichen der Blütenalterung vor dem Blütenblattfall zu erkennen. Diese schwierige Disziplin, sofern nicht in der Fachliteratur beschrieben, erfordert eine ständige Beobachtung der Blütenveränderung und Überprüfung, ob das Beobachtete auch auf das gewünschte Ziel hindeutet. Da die Blühsaison in der Regel lediglich 2–3 Wochen andauert, ist eine Auswertung oftmals erst im Folgejahr möglich. Es lohnt sich daher, Beobachtungen der Blütenveränderungen bei einer erfolgreichen Befruchtung genau zu protokollieren. Beispiel Apfelblüte: Die rosa gefärbten Blattadern verblassen; Beispiel Kirschblüte: Der Blütengrund wird rötlich.

Apfel- und Süßkirschenblüte vor (hintere Blüten) und nach einer erfolgreichen Befruchtung der Samenanlage (vordere Blüten).

Was tun bei unerwarteten Ereignissen

Trotz bester Planung treten bei manchen Bestäubungsaufträgen Ereignisse ein, die plötzlich alle zuvor eingeleiteten Vorbereitungen und Durchführungen infrage stellen. Im Folgenden einige Beispiele und Lösungsvorschläge.

... BEI PLÖTZLICH EINTRETENDER FROSTPERIODE

Einige Landwirte verfügen über entsprechende Frostschutzeinrichtungen wie Netze und Folien. Da alle aufgestellten Insekten sich in der Anlage barrierefrei eingeflogen haben, ist darauf zu achten, dass die Anlage erst abends nach Einstellen des Insektenflugs verschlossen wird. Zudem sind im Abstand von 10 m Fluglücken von circa 2 m einzurichten.

Aprikosenanbau unter Folie. Ungewöhnlich, aber effektiv: Kerzen in Eimern zum Vermeiden nächtlicher Spätfrostschäden.

Alternativ oder ergänzend werden Überkronen- beziehungsweise Anlagenberegnungen eingesetzt, die zusätzlich Wärme in die Anlage bringen.

In Folienhäusern genügt das Anzünden von Kerzen, um vor schädigenden Bodenfrösten zu schützen.

... WENN BIENEN UND HUMMELN IM GEWÄCHSHAUS ODER FOLIENTUNNEL NICHT FLIEGEN

ÜBERPRÜFUNG DES CO_2-GEHALTES Zur Wachstumssteigerung wird je nach Kultur und Jahreszeit mit Kohlenstoff gedüngt, dessen Konzentration zwischen 0,06 Vol.-% und 0,12 Vol.-% als ideal angesehen wird. Erdbeerkulturen werden dauerhaft über poröse Schläuche unterhalb der Pflanzungen in einer Konzentration von 0,07 Vol.-% (700 ppm) versorgt. Diese mit 300 ppm überhöhte Konzentration ist für Bienen dennoch akzeptabel, bei noch höheren Werten stellen sie den Sammelflug ein. Ab 1 Vol.-% (1000 ppm) verfallen die Tiere in Apathie.

BEEINTRÄCHTIGUNG DURCH GLAS- ODER FOLIENQUALITÄT Mitunter schützen spezielle UV-Blocker die Kulturen vor zu hoher UV-Einstrahlung. Zudem schützen sie die Folien vor Zersetzung. Die Orientierung der Bestäubungsinsekten steht in unmittelbarem Zusammenhang mit polarisiertem Licht, wie im Kapitel „Räumliche Orientierung" (Seite 44) beschrieben wurde. Bei reduzierter UV-Einstrahlung ist diese Form der Orientierung empfindlich gestört. Es muss eine Möglichkeit geschaffen werden, dass möglichst viel natürliches Licht in die Kulturfläche einfallen kann.

TEMPERATURVERHÄLTNISSE PRÜFEN Gewächshäuser sind üblicherweise mit einem automatischen Belüftungs- bzw. Beschattungssystem ausgestattet. In Folienhäusern/-tunneln fehlt dies, hier muss von Hand nachgesteuert werden, indem die Frontflächen geöffnet, aber auch die Seitenflächen hochgezogen werden. Dies schützt vor Überhitzung. Dennoch fliegen Bienen im Gewächs- beziehungsweise Folienhaus generell später aus und ihr Trachtflug endet früher als in natürlicher Umgebung.

Anpassungen der Kollektorenfläche ermöglichen einen störungsfreien Anbau der Himbeerkultur.

Hochgezogene Folienhausseiten verhindern ein Überhitzen des Folientunnels.

… WENN BIENEN UND HUMMELN IM FREILAND NICHT FLIEGEN

Fällt bei einem Volk trotz guter Wetterbedingungen ein schwacher oder gar kein Flug auf, muss dies überprüft werden. Sofern genügend Futter und Pollen vorhanden ist, kann ein Königinnenverlust als Grund vorliegen. Hier ist entweder das Volk auszutauschen oder bei Bienen das Volk mit einer neuen Königin zu versorgen. Als weitere Ursache kann eine zuvor nicht erkannte Krankheit (z. B. Nosemose oder Kalkbrut) vorliegen, die das Volk beeinträchtigt. Das Volk muss ausgetauscht werden.

… BEI VERDACHT AUF FAULBRUT WÄHREND DER BESTÄUBUNGSPHASE

Hierbei treten zwei Möglichkeiten auf:

Ein **Verdacht auf Faulbrut** in der umliegenden angewanderten Region hat sich **während der Bestäubungsphase** bestätigt, ein Sperrgebiet wird eingerichtet. Für einen Wanderimker bedeutet dies, dass ein Verstellen der Völker nicht möglich ist, solange das Sperrgebiet besteht. Der Bestäubungsimker jedoch muss aus der Kulturanlage abwandern, um die Völker vor weiteren Kultivierungsmaßnahmen wie z. B. Spritzmittelapplikationen zu schützen und dem Landwirt die Möglichkeit des Mulchens oder anderer Maßnahmen (Baumschnitt) zu geben. In diesem Fall muss mit dem Veterinäramt geklärt werden, ob eine Quarantänefläche zur Verfügung steht, auf die die Völker gestellt werden können, bis die erforderlichen Untersuchungen abgeschlossen sind.

Oder es wurde **vor dem Anwandern ein Faulbrut-Sperrgebiet ausgerufen**, die Bienenvölker können daher nicht wie vorgesehen in die Kultur gestellt werden. Hier ist der Bestäubungsimker gefordert, alle ihm verfügbaren Alternativen wie Hummelvölker beziehungsweise Wildbienen als Ersatz in die Kultur zu stellen, um einen ausreichenden Fruchtbehang zu gewährleisten.

Beide Situationen sind selten, es ist jedoch wichtig, diese Problematik stets zu erwägen und für Alternativen gerüstet zu sein.

… BEI EINER ERKRANKUNG ODER EINEM UNFALL

Die Erfüllung des Bestäubungsauftrages kann damit oft gefährdet oder unmöglich werden. Als Bestäubungsimker sollte man daher mit anderen Imkern, im besten Fall ebenfalls Bestäubungsimkern, vernetzt sein. Solch ein Netzwerk wird durch die Vereinigung der Bestäubungsimker in Deutschland e. V. zur Verfügung gestellt.

Im Falle einer notwendig werdenden Auftragsübernahme bleibt der ursprüngliche Bestäubungsimker weiterhin Vertragspartner des Landwirtes; Stellplan und Vertragsbedingungen werden durch den aushelfenden Imker umgesetzt.

… WENN ABSPRACHEN NICHT EINGEHALTEN WERDEN

Dies können z. B. durchgeführte Applikationen während der Bestäubungsphase sein. Um Ärger zu vermeiden, sollte zunächst das Gespräch mit dem Landwirt gesucht werden. Unabhängig von der Klassifizierung des Spritzmittels muss deutlich gemacht werden, dass vor jeder Maßnahme in der Kultur – auch bei Verwendung von B4-Mitteln – der Imker informiert werden muss. Gemeinsam kann eine Beurteilung erfolgen, ob oder in welcher Form bezüglich der Bestäubungsinsekten Handlungsbedarf besteht. Beste Voraussetzungen für klare Absprachen sind Vereinbarungen, die in einem Bestäubungsvertrag festgehalten wurden.

... BEI DIEBSTAHL ODER VANDALISMUS

Solche Fälle treten leider immer wieder auf. Die beschädigten oder entwendeten Insekteneinheiten sind auszutauschen respektive zu ersetzen. Bei Schäden oder Verlust von Bienenvölkern kommt die Versicherung für Imker mit der vertraglich festgelegten Summe als Entschädigung auf. Hummelvölker und Wildbieneneinheiten sind leider nicht zu versichern. Der Landwirt kann für solcherlei Schäden nicht in Haftung genommen werden.

... BEI UNDICHTEN ZUCHTEINHEITEN IN DER SAATGUTZÜCHTUNG

Bei Feststellen von beschädigten Zelten oder Planen muss der Züchter umgehend informiert werden, da eine einwandfreie Hybridbestäubung gefährdet ist. Der Schaden muss seitens des Züchters behoben werden, die Bienen- bzw. Hummelvölker müssen gegebenenfalls ausgetauscht werden.

Undichte Folien führen auch zu Bienenverlusten.

Imkern anhand des phänologischen Kalenders

Ein Bestäubungsdienstleister hat sowohl die Entwicklung und das Wohl seiner Bienen im Blick, richtet zudem aber auch seine Aufmerksamkeit auf die erwachende Natur und deren Abläufe. Er steht in der Verantwortung, seine Bestäubungsinsekten zum passenden Zeitpunkt zur Verfügung zu stellen. Dazu muss er terminlich gut orientiert sein, um beispielsweise zu entscheiden, wann Wildbienenkokons aus der Kühlung genommen werden müssen, Hummeln vor Ort sein sollen, Bienenvölker zu höherer Brutaktivität angeregt werden können. Jedes Jahr stellt ihn vor neue und immer wieder andere Herausforderungen.

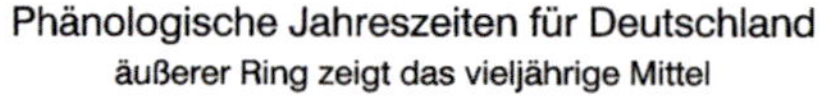

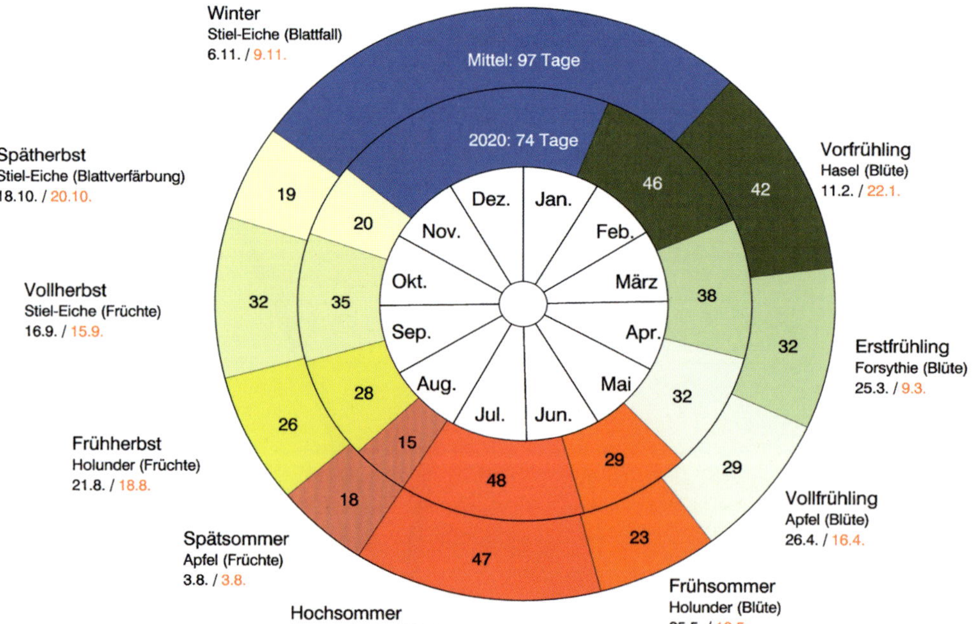

Mit Hilfe des **phänologischen Kalenders**, der Beobachtung der 10 Jahreszeiten und dem daraus sich ergebenden Handeln ist eine Optimierung des bestäubungsimkerlichen Jahresablaufs möglich.

Generell gilt, dass sämtliche Naturvorgänge unmittelbar im Zusammenhang stehen mit den herrschenden Witterungsgegebenheiten. Die klimatischen Bedingungen geben den Rhythmus vor, Flora und Fauna reagieren darauf und folgen ihm. Diese jährlich sich wiederholenden sichtbaren Veränderungen der Wachstums- und Entwicklungserscheinungen der Pflanzen (Blattaustrieb, Blühbeginn, Blattverfärbungen) ermöglichen es anhand von bestimmten Zeigerpflanzen, den Vegetationsverlauf relativ genau zeitlich zu fixieren und die Handlungen danach auszurichten. Diese Vorgehensweise wurde bereits vor 2000 Jahren genutzt, um den besten Zeitpunkt für Aussaaten festzulegen.

In heutiger Zeit wird die „Lehre der Erscheinungsformen“ oder Phänologie als Teilgebiet der Meteorologie verstanden. Phänologische Daten werden zu landwirtschaftlichen Prognosemodellen, zur Information über bevorstehenden Pollenflug sowie zur Erforschung des Klimawandels genutzt.

Der julianische und gregorianische Kalender als Solarkalender nehmen den Lauf der Erde um die Sonne als Basis für die Jahreseinteilung, das Jahr wird in 12 Monate gegliedert. Die

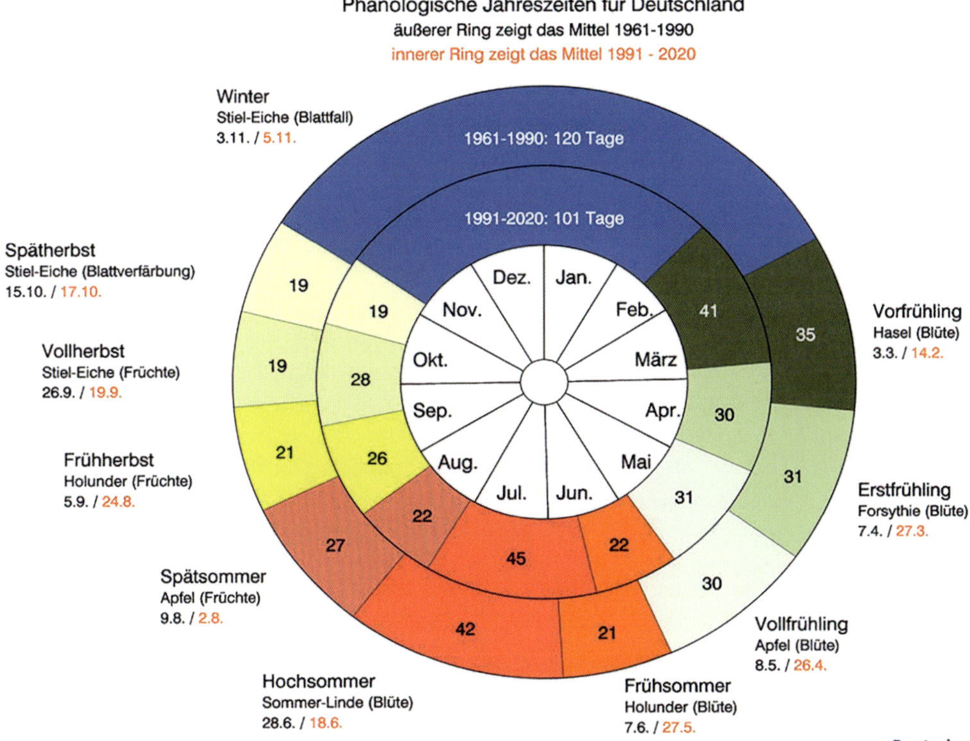

Phänologische Kalenderuhren von 2020 sowie phänologische Verschiebungen der letzten 30 Jahre.

4 Jahreszeiten werden anhand von beobachteten Jahresdaten, nämlich den Sonnenwenden und Tag-Nacht-Gleichen, festgelegt.

Der phänologische Kalender hingegen teilt das Jahr in 10 Jahreszeiten ein. Sowohl Beginn als auch Ende einer Jahreszeit werden aufgrund von Beobachtungen ganz bestimmter Pflanzen, der **Zeigerpflanzen**, festgestellt. So wird beispielsweise der Beginn des Vorfrühlings durch den Blühbeginn von Hasel und Schneeglöckchen, sein Höhepunkt durch Schwarzerle und das Vorfrühlingsende durch Krokus, Kornelkirsche oder Salweide definiert. Als verlässliche Zeigerpflanzen gelten solche, deren Entwicklungsverlauf durch die Temperatur bestimmt wird, nicht durch die Helligkeitslänge.

Vom Deutschen Wetterdienst werden diese periodisch wiederkehrenden phänologischen Entwicklungen dokumentiert und im Internet zur Verfügung gestellt. Oft werden die Daten der 10 Jahreszeiten in Form einer phänologischen Uhr mit 2 Kreisen dargestellt. Der innere Kreis stellt das dokumentierte Jahr dar, der äußere Kreis den ermittelten Durchschnitt mehrerer Jahre. Hierbei lassen sich rasch die Veränderungen im Vergleich zum langjährigen Mittel erkennen.

Die Abbildung auf S. 124 zeigt das Jahr 2020, ein vom Durchschnitt stark abweichendes Jahr mit einem verkürzten Winter von 74 statt 97 Tagen. Der gesamte Frühlings- bis Frühsommerablauf blieb bis zum Beginn des Hochsommers verfrüht. Hochsommer und die daran folgenden Kalenderjahreszeiten verliefen wie der Durchschnitt der Vorjahre.

Die Abbildung auf S. 125 verdeutlicht den Trend des sich verkürzenden Winters der letzten 30 Jahre. Der Vorfrühling begann deutlich früher und dauerte länger an. Die nachfolgenden Jahreszeiten starteten ebenfalls früher, Spätsommer und Herbstphasen waren länger.

Die dargestellte phänologische Uhr bezieht sich auf das gesamte Bundesgebiet und stellt den ermittelten Durchschnittswert dar. Die Regionen in Deutschland sind jedoch nicht einheitlich, sie unterscheiden sich in Relief, Geologie, Klima und Vegetation. Dies berücksichtigend wurde Deutschland in 90 Naturräume eingeteilt und entsprechend deren Größe in 4 Ordnungsstufen untergliedert. Beim Deutschen Wetterdienst kann für einzelne Zeigerpflanzen der mittlere Blühbeginn im Vergleich mit den 90 Naturräumen abgerufen werden.

Ähnlich wie bei Pflanzen haben Temperatur und insbesondere Tageslängenveränderungen einen starken Einfluss auf den Entwicklungsverlauf von Insekten.

Honigbienen und Hummeln haben eine ausgeprägte Fähigkeit, Tageslänge und Tageszeit wahrzunehmen: Hiernach richten sie ihren Tagesablauf aus und folgen damit letztendlich dem julianischen Kalender. Nach der Wintersonnenwende und den nun zunehmenden Tageslängen beginnt im **Bienenvolk** die Bruttätigkeit. Je nach Temperaturverlauf wird sie gesteigert oder verringert, wobei die Volksstärke weitgehend konstant bleibt. Das Volk verjüngt sich durch die schlüpfenden Jungbienen, die alten Winterbienen sterben. Während dieser Phase werden zur Aufrechterhaltung des Brutmilieus enorme Futterreserven verbraucht. Eine signifikante Brutzunahme bei Honigbienen findet im Zeitraum der Frühlings-Tag-Nacht-Gleiche statt. Der Organismus ist auf Vermehrung beziehungsweise Verjüngung ausgerichtet. Parallel zu dieser Entwicklung vervielfältigt sich das Blütenangebot in der unmittelbaren Umgebung, das Nahrungsangebot ist reichlich.

Verlauf des Blühbeginns der Apfelblüte im Jahr 2022.

Apfel: Blüh-Beginn 2022

Deutschland

1. Meldung: 25. März letzte Meldung: 10. Mai Meldequote: 92 %

Naturräumliche Gliederung der Bundesrepublik Deutschland

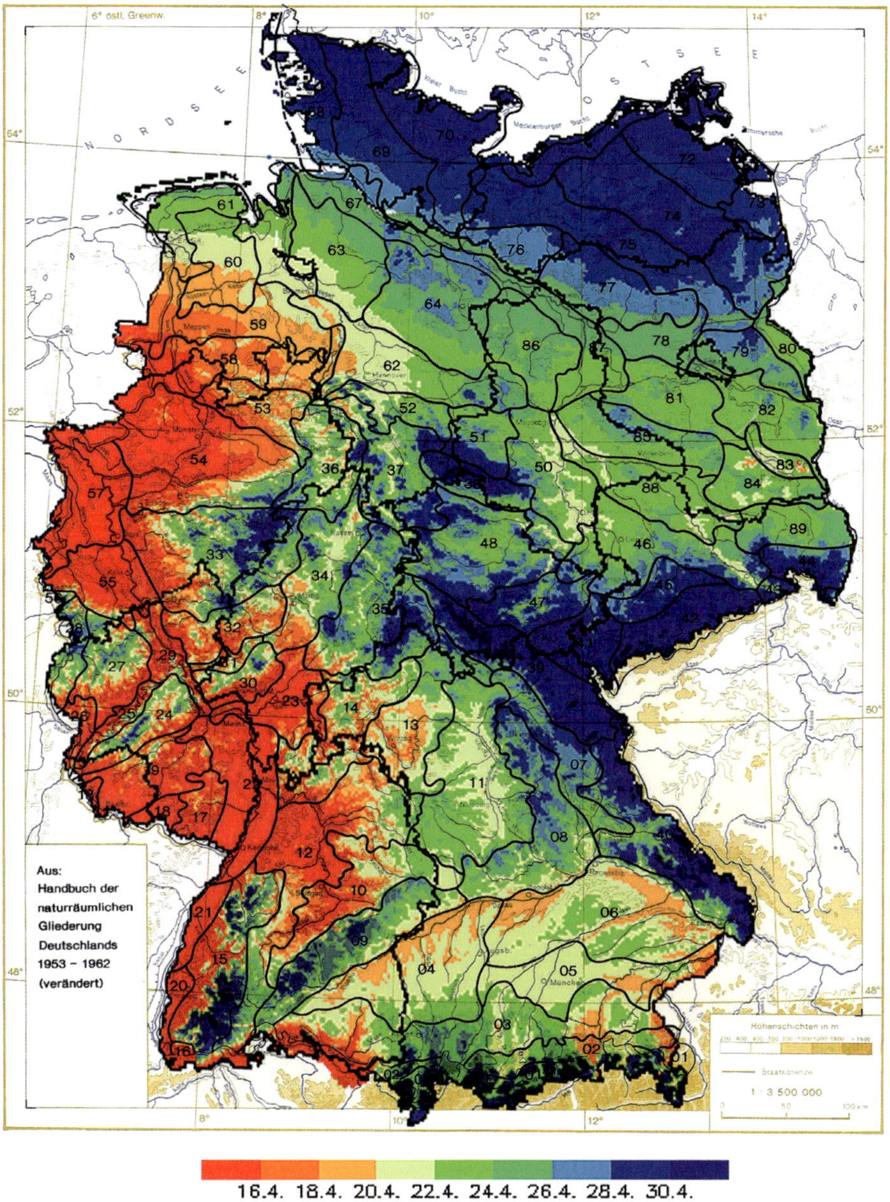

Aus:
Handbuch der
naturräumlichen
Gliederung
Deutschlands
1953 – 1962
(verändert)

16.4. 18.4. 20.4. 22.4. 24.4. 26.4. 28.4. 30.4.

Deutscher Wetterdienst (erstellt 23.07.2022 01:24 UTC)
Kontakt: Landwirtschaft@dwd.de
Geobasisdaten © Bundesamt für Kartographie und Geodäsie (www.bkg.bund.de)

Die Apfelblüte Mitte bis Ende April leitet den Beginn des Vollfrühlings ein. Einhergehend mit guter Pollen- und Nektarversorgung setzt der Schwarmtrieb ein. Bereits zur Rapsblüte können einzelne Schwärme beobachtet werden.

Zur Sommersonnenwende beginnt mit der Blüte der Sommerlinde der Hochsommer. Honigbienen reagieren sehr empfindlich auf die kürzer werdenden Tageslängen. Der Brutkörper hat sein Maximum erreicht, der Schwarmtrieb ist nun stark rückläufig. Wabenbautätigkeiten lassen nach, die Drohnen werden nicht mehr im Volk geduldet, da deren Notwendigkeit für die Begattung von Königinnen in der Regel nicht mehr gegeben ist. Parallel zu dieser Phase ist das Nahrungsangebot und insbesondere das Pollenangebot stark rückläufig. Mit Fruchtreife

Lebenszyklus eines Bienenvolkes

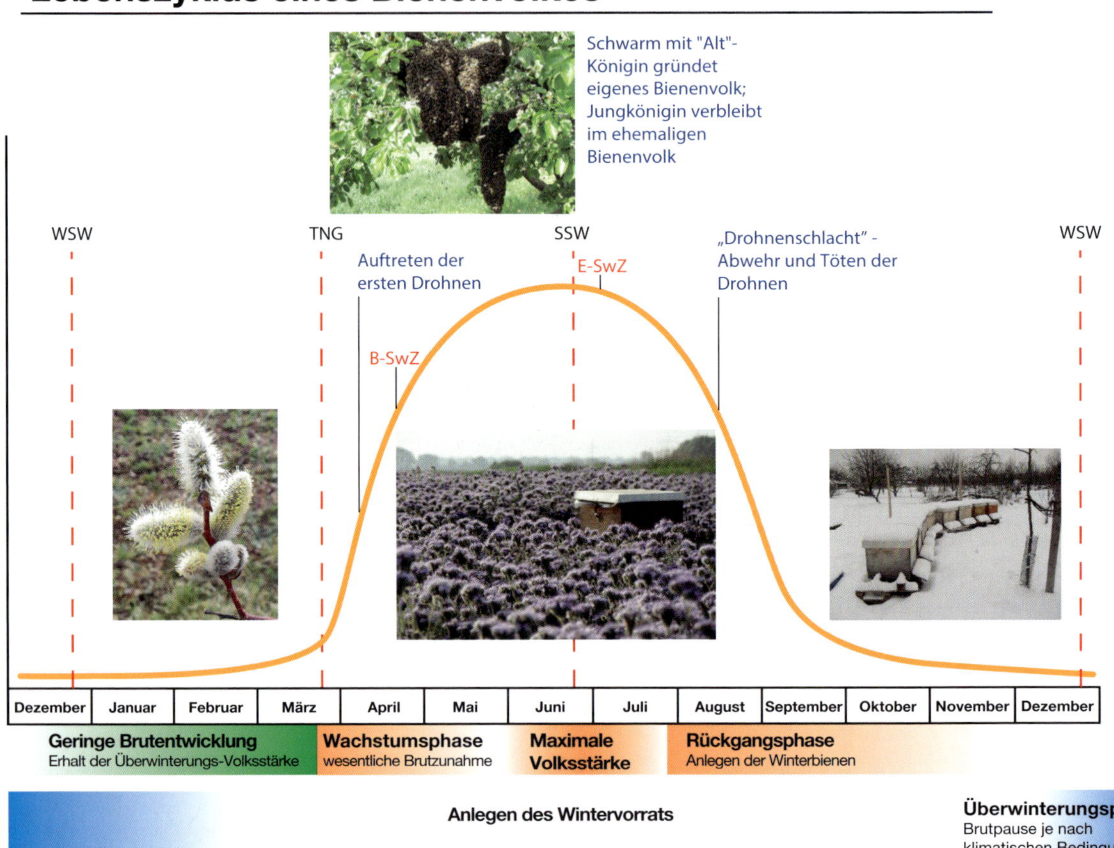

Jahres-Entwicklung eines Bienenvolkes in Bezug auf sich verändernde Tageslängen.

der Eberesche und Pflückreife frühfruchtender Apfelsorten Ende Juli/Anfang August werden Winterbienen erbrütet. Das Bienenvolk bereitet sich auf den Winter vor.

Hummelköniginnen verlassen mit zunehmenden Temperaturen und Tageslängen (Februar) zur Schneeglöckchen- und Krokusblüte ihr Winterquartier und begeben sich auf die Suche nach geeigneten Nistplätzen. Im Zeitraum der Frühlings-Tag-und-Nacht-Gleiche startet die Jungkönigin mit der Nestgründung. Bis zur Sommersonnenwende wächst das Hummelvolk zur maximalen Volksstärke heran. Etwa zur Sommersonnenwende tritt der Switch Point ein. Im Volk werden Jungköniginnen- und Drohnenzellen angelegt und hiermit das Ende des Volkes eingeleitet. Bei aus Züchtungen stammenden Völkern ist der natürliche Rhythmus allerdings nicht mehr gegeben, da die Entwicklung insgesamt um etwa 40 bis 50 Tage vorverlegt wurde. Demnach treten Switch Point und Competition Point (siehe „Lebenszyklen der relevanten Bestäubungsinsekten“, Seite 30) deutlich früher ein.

KOORDINATION VON BESTÄUBUNGSAUFTRÄGEN ANHAND PHÄNOLOGISCHER BEOBACHTUNGEN

Nach phänologischen Vorgaben zu imkern bedeutet, die phänologischen Beobachtungen und den Entwicklungsverlauf der Bestäubungsinsekten miteinander zu kombinieren und hieran seine Tätigkeiten auszurichten. Gut beraten ist, wer die Zeichen der Natur erkennen und die richtigen Erkenntnisse in sein Bestäubungskonzept integrieren kann. Eine mögliche Herangehensweise stellen die drei nachfolgenden Handlungsschritte dar:

SCHRITT 1 Beobachtung der Entwicklungsstufen von vorhandenen Zeigerpflanzen im umgebenden Naturraum sowie von Honigbienen, Hummeln und Mauerbienen. Eine gründliche Dokumentation ist sinnvoll für zukünftige Vergleiche in den Folgejahren.

SCHRITT 2 Diese Beobachtungen sind in Bezug zu setzen zu einzuleitenden Aktivitäten. Hierbei können zur Beurteilung weitere Zeigerpflanzen mit einbezogen werden.

SCHRITT 3 Planung und Durchführung der daraus sich ergebenden Vorgehensweise.

Im Folgenden einige Beispiele, wie phänologische Beobachtungen die Vorgehensweise eines typischen Bestäubungsauftrages leiten.

BEISPIEL 1: KOORDINATION VON DIREKT AUFEINANDERFOLGENDEN KULTUREN

Sofern zu bestäubende Kulturen zeitlich direkt aufeinanderfolgen wie etwa bei Pfirsich, Süßkirsche und Apfel, ist eine frühzeitige Koordination der erforderlichen Maßnahmen wichtig.

Beobachtungen

HASELBLÜTE Sie beginnt Ende Januar, somit Beginn des Vorfrühlings. Nach der Wintersonnenwende beginnen die **Honigbienen** mit der Brutaufzucht. Je nach Witterungsverlauf wächst bzw. reduziert sich das Brutnest. Zur Aufrechterhaltung der Brutwärme von 34 °C ist im Vorfrühling eine enorme Futtermenge erforderlich (Futterverbrauch von 6 kg innerhalb 6 Wochen bei einem mittelstarken Volk, Aufzeichnung mittels eigener Stockwaage).

SCHNEEGLÖCKCHEN- ODER KROKUSBLÜTE Im Februar, Mitte Erstfrühling. **Hummelköniginnen** zeigen sich an warmen Tagen, um einen geeigneten Ort für den Nestbau zu finden. Die erste Eiablage erfolgt rund 2 Wochen später.

FORSYTHIENBLÜTE Gegen Mitte/Ende März, Beginn des Erstfrühlings, Blattentfaltung Stachelbeere Ende März/Anfang April, Mitte Erstfrühling. **Mauerbienen** befinden sich bis Ende des Vorfrühlings noch im schützenden Kokon. Die ersten Männchen der Gehörnten Mauerbiene (*Osmia cornuta*) schlüpfen zur Forsythienblüte, die der Rostroten Mauerbiene (*Osmia bicornis*) erscheinen zur Blattentfaltung der Stachelbeere.

Einzuleitende Aktivitäten zu Blühbeginn der Kulturen

PFIRSICH Etwa 8 Wochen nach Beginn der Haselblüte zu Beginn der Salweiden-Blüte (Ende Vorfrühling) beziehungsweise der Forsythie (Beginn Erstfrühling) befinden sich die Pfirsichblüten im Ballonstadium. Mit Aufblühen der Kirschpflaume (*Prunus cerasifera*) beginnt auch die Pfirsichblüte.

SÜSSKIRSCHE 2 Wochen nach Beginn der Pfirsichblüte folgt die Süßkirschenblüte.

APFEL 3 Wochen nach Beginn der Süßkirschenblüte startet die Apfelblüte.

Planung und Durchführung der resultierenden Vorgehensweise

Für früh blühende Kulturen muss bereits vor der Vorfrühlingszeit ein Stellplan entwickelt werden, um die notwendige Anzahl von Hummelvölkern und Mauerbienenkokons bestellen zu können. Der Lieferzeitpunkt der Hummelvölker muss zeitgenau passen, für Wildbienenkokons reicht bei früherer Lieferung eine geeignete Kühlmöglichkeit. Zu beachten ist dann, dass die Kokons einige Tage vor Einsatz aus der Kühlung genommen und bei Temperaturen von 1–20 °C aufbewahrt werden.

Beim Ausbringen der Kokons ist zu beachten, dass eine Sondergenehmigung notwendig ist. Falls noch nicht erfolgt, muss diese bei der Oberen Naturschutzbehörde unverzüglich beantragt werden.

Honigbienenvölker, insbesondere der Brutkörper, sollten generell nicht vor Aufblühen der Süßkirsche (= Mitte/Ende Erstfrühling) gestört werden. Manche Eingriffe sind unvermeidbar, wenn vorbereitend auf den Bestäubungseinsatz der Futtervorrat überprüft und gegebenenfalls Futterwaben zugegeben werden müssen. Auch ist ein aktuelles Gesundheitszeugnis auszustellen, es sei denn, es ist ein noch gültiges vom Herbst des Vorjahres vorhanden. Um die Störung in das Brutgeschehen so kurz wie möglich zu halten, ist eine Orientierung an den Gemüllbahnen des Bodenschiebers sinnvoll, mit deren Hilfe der Bienensitz und die Größe des Volkes erkennbar werden.

Völker, die bereits im Erstfrühling zur Erdbeerbestäubung eingesetzt werden, erhalten zwecks Kompensation des fehlenden natürlichen Polleneintrags z. B. durch die Kirschblüte eine Portion Eiweißzusatznahrung. Die Zugabe sollte während der notwendigen Volksdurchsicht zwecks Erstellens des Wanderzeugnisses erfolgen, um eine weitere Störung zu der dann noch sehr frühen Jahreszeit (oft Anfang März) zu vermeiden.

PFIRSICH Die Aufstellung der **Hummelvölker** erfolgt im Ballonstadium oder bei beginnender Blüte. Für Wildbienenkokons der *Osmia cornuta* ist das Ballonstadium zu wählen mit dem Ziel, dass zu Blühbeginn die ersten Weibchen schlüpfen. **Honigbienenvölker** werden bei 10 % geöffneter Blüte in die Kultur gestellt.

SÜSSKIRSCHE Hier werden **Hummelvölker** im Ballonstadium beziehungsweise bei beginnender Blüte eingesetzt, des Weiteren ist eine Kombination von *Osmia cornuta* und *Osmia bicornis* zu wählen. **Honigbienenvölker** werden bei einer Blütenöffnung von 10 % in die Kultur eingestellt.

APFELKULTUREN In diesen ist die Vorgehensweise wie bei Pfirsich- oder Süßkirschenkulturen. Als Wildbienenart ist *Osmia bicornis* einzusetzen.

BEISPIEL 2: BIENENVÖLKER FÜR DIE SAATGUTZUCHT RESPEKTIVE SAATGUTVERMEHRUNG

Bestäubung für Saatgut ist die schwierigste Form der Bestäubungsimkerei. Insbesondere Bienenvölker müssen optimal auf Kulturart und -fläche eingestellt werden. Nicht nur das Fehlen der natürlichen Pollen- und Nektarvorkommen, auch die mögliche Desorientierung durch ungeeignete Folien- oder Glasqualität muss im Blick behalten werden. Zudem können trotz hoher Temperaturen die Gewächshäuser und Folientunnel nicht geöffnet werden, da sonst die Gefahr von Fremdpolleneintrag gegeben ist. Zur Vermeidung von Überhitzung werden Glas respektive Folie mit Kalklauge besprüht, was die Orientierung der Insekten zusätzlich beeinträchtigt.

Eine dennoch erfolgreiche Kreuzbestäubung gelingt am besten mit jungen Völkern und Jungköniginnen. Diese Völker befinden sich im Aufbau und passen ihre Brut- beziehungsweise Volksentwicklung den veränderten Gegebenheiten an. Ableger hingegen, die aus starken Völkern gebildet werden, neigen in einer Umgebung mit reduziertem Pollen- und Nektarangebot eher dazu, ihre Bruttätigkeit gänzlich einzustellen, wenn der Polleneintrag sich reduziert.

Folglich muss die Königinnenvermehrung mit Beginn der Apfelblüte gestartet werden, um eine ausreichende Anzahl an Völkern mit hohem Anteil an junger Brut zur Verfügung zu haben. Zusätzlich ist es ratsam, mindestens 30 % Jungvölker als Reserve zu einem eventuell notwendigen raschen Tausch einzuplanen.

Generell ist zu beachten, dass Völker nach Folien- oder Gewächshauseinsätzen an einen pollenreichen Platz zur Regeneration aufzustellen sind. Bei frühzeitiger Absprache mit einem Landwirt kann dieser meist unabhängig von der Jahreszeit durch entsprechende Zeitplanung für eine passende Pollenquelle sorgen (z. B. spezielle Bienenweide, Phacelia).

BEISPIEL 3: BESTÄUBUNGSEINSATZ BEI SPÄTFRUCHTENDEN KULTUREN

Mit Beginn des Spätsommers Ende Juli/Anfang August (Fruchtreife der Eberesche) beginnt die Blüte der **Kultur-Herbsthimbeere**, die bis Ende Oktober andauern kann. Infolge der Gefährdung durch die Kirschessigfliege *Drosophila suzukii* werden die spätblühenden Beerenkulturen in Folienhäusern oder mit Netzen geschützt. Daher sind Insekten zwecks Bestäubung notwendig. Idealerweise werden Bienenvölker eingesetzt, da sie den reichlich anfallenden Nektar komplett abernten und somit Rußtaubildung verhindern.

Wie bei der Saatgutbestäubung können die geschützten Einheiten nicht geöffnet werden, daher sind die einzusetzenden Bestäubungsinsekten auf den Einsatz gut vorzubereiten.

Mit einem solchen Bestäubungsauftrag im Spätsommer gerät der Imker jedoch in Konflikt. Zu diesem Zeitpunkt muss die Varroaprophylaxe durchgeführt werden. Während der Bestäubungsphase ist eine mehrwöchige Behandlung mit Ameisensäure oder Thymolpräparaten ausgeschlossen. Alle „Beteiligten" würden hierdurch stark belastet werden (Beeinträchtigung der Bienenaktivitäten, Störung des Erntebetriebes). Es bliebe zum einen die Möglichkeit einer einmaligen Behandlung mit chemischen Akariziden, was von imkerlicher Seite oft nicht gewünscht wird oder in einer Bio-Imkerei nicht zulässig ist. Die beste Wahl wäre eine komplette Brutentnahme mit anschließender Sprühbehandlung mit 3%iger Oxalsäurelösung als effektive und witterungsunabhängige Methode. Wichtig ist der rechtzeitige Beginn der Behandlung, der mit Blühbeginn von Sonnenblume respektive Buchweizen Mitte Juni stattfinden sollte. Anschließend werden die behandelten brutfreien Völker an einen separaten bienenisolierten Platz gebracht, um eine Re-Invasion zu vermeiden. Vorausgesetzt, es ist genug Futter und eine potente Königin vorhanden, hat das Volk bis zur Blüte der Herbsthimbeeren erneut eine ausreichende Stärke erreicht. Unterstützend sollte Eiweißfutterteig zugegeben werden, da nun nicht mehr an jedem Standort für den notwendigen Pollenvorrat gesorgt ist.

Die vorgenannten Beispiele sind speziell für die Vorgehensweise einer Bestäubungsimkerei gedacht. Für einen Honigimker ist das Beobachten von Honigtrachtpflanzen an geschützten Standorten ebenfalls aufschlussreich. Am Beispiel **Robinie** (*Robinia pseudoacacia*) wird deutlich, dass der frühe Blühbeginn einzelner bestimmter Bäume zur phänologischen Bewertung eingesetzt werden kann. Insbesondere an wärmeren Standorten und Stadtgebieten kann die frühere Blühphase einer Trachtpflanze als Startzeichen der bevorstehenden Tracht in der anderen kühleren Trachtwanderorten gesehen werden.

Wer seine Imkerei nach den 10 phänologischen Jahreszeiten ausrichten möchte, findet im Buch „Das Bienenjahr, Imkern nach den 10 Jahreszeiten der Natur" von Dr. Wolfgang Ritter und Ute Schneider-Ritter eine sehr gute Beschreibung zu Jahreszeiten und den dann erforderlichen imkerlichen Arbeiten (20).

Zucht der Wildbienen *Osmia cornuta* und *Osmia bicornis*

Im europäischen Raum werden Honigbienen, Hummeln, Wildbienen und Schmeißfliegen in großer Menge zur kommerziellen Bestäubung eingesetzt.

Für Hummeln und Fliegen existieren etablierte Zuchtsysteme. Diese Insekten können bei Zuchtbetrieben oder entsprechenden Lieferanten in gewünschter Menge bestellt werden. Für sie besteht daher keine Notwendigkeit, ein eigenes Zuchtsystem aufzubauen. Honigbienen werden von Imkern betreut und erfolgreich vermehrt; ohne entsprechende Sachkenntnisse zur Bienentierhaltung ist von Zucht und Vermehrung unbedingt abzuraten.

Wer den Kauf von Fliegenpuppen aus Zuchtbetrieben dennoch nicht nutzen möchte, kann sich im Terrarien- beziehungsweise Angelsportfachhandel Fliegenlarven im Litergebinde kaufen und vor Ort verpuppen lassen. Hierfür benötigt man eine große Schüssel mit Gleitbarriere (z. B. Fluon). Die Schüssel wird mit mehreren Lagen Stoffbahnen, Zellstoffbahnen oder ähnlichem Material ausgelegt, um den Larven Unterschlupfmöglichkeiten zum Verpuppen anzubieten. Innerhalb weniger Tage sind sie verpuppt und werden gekühlt bei 2–5 °C gelagert aufbewahrt, was den Entwicklungsverlauf aufhält. Aus der Kühlung genommen, schlüpfen die Fliegen nach 2 Tagen.

Hummeln und Wildbienen sind nach dem Bundesnaturschutzgesetz (BNatSchG) als besonders schützenswerte Arten eingestuft. Unter Abschnitt 3 – Besonderer Artenschutz – werden in § 44 Vorschriften wie das „**Zugriffsverbot**", das „**Besitzverbot**" sowie das „**Vermarktungsverbot**" erwähnt, die eine Zucht wildlebender Arten ausschließt.

Besitz- und Vermarktungsverbot sind dann nicht betroffen, wenn die Vermehrung mit legal gezüchteten Exemplaren erfolgt, die also nicht aus der Umwelt entnommen wurden (vgl. § 45 Abs. 1 Satz 1 Nr. 1a und Abs. 2 Satz 1 BNatSchG).

Um eine mögliche Faunenfälschung zu vermeiden, gelten für das Verbringen von besonders geschützten Arten in die Natur weitere Richtlinien. Hierin geregelt wird, dass ein Verbringen nur dann möglich ist, wenn die gleiche Subspezies wie die dort lebende ausgesetzt wird. Art, Varietät und Anzahl sind zu dokumentieren.

Insbesondere bei Hummelvölkern besteht das Problem, dass aufgrund des Bestäubungseinsatzes große Mengen gezüchteter Tiere ausgesetzt werden und daraus sich ergebend eine enorme Zahl von Jungköniginnen. Deren Nachkommen könnten die dort herrschende Varietät verdrängen. Die Zuchtbetriebe reagieren entsprechend und bieten verschiedene Varietäten an, um diese Auflage umzusetzen.

Züchter und Käufer von Wildbienenkokons stehen vor derselben Problematik. Der Einsatz von Wildbienen kann unter Umständen von der Oberen Naturschutzbehörde eingeschränkt oder gar untersagt werden, selbst wenn die Herkunft der gekauften Kokons belegt wird. Diesem

Problem kann mit einer eigenen Zucht der im Einsatzgebiet heimischen Varietäten begegnet werden. Daraus ergeben sich noch weitere Vorteile:

- gute Verfügbarkeit der Kokons zum erforderlichen Zeitpunkt,
- Anpassung der Zucht auf den Bedarf,
- Möglichkeit des Zuchtaufbaus für große Stückzahlen,
- geringer technischer Aufwand,
- niedrige Kosten.

Für den Aufbau einer kommerziell erfolgreichen Wildbienenzucht ist es sinnvoll, einige Kriterien zu berücksichtigen und sich vorab ein paar Fragen zu stellen.

- Sind die technischen Voraussetzungen vorhanden (Klimakammer oder Klimaschrank)?
- Macht es hinsichtlich der entstehenden Kosten Sinn, eine Insektenzucht aufzubauen?
- Kann das Konzept bezüglich Nachhaltigkeit und artgerechter Haltung/Nutzung gewährleistet werden?

Vermehrung der Gehörnten Mauerbiene *Osmia cornuta* sowie der Rostroten Mauerbiene *Osmia bicornis*

Das Angebot an Nisthilfen für Wildbienen, insbesondere der Mauerbienen, ist vielfältig und basiert auf dem Prinzip, eine röhrenförmige Behausung anzubieten. Oft werden Holzblöcke mit Bohrungen unterschiedlicher Breite und Tiefe angefertigt. Mauerbienen nehmen diese Behausungen durchaus an, aber auch deren Proviantträuber und Parasiten, die sich während der Folgejahre ungehindert vermehren. An einen Aufbau einer stabilen Wildbienenzucht ist damit nicht zu denken, denn erfahrungsgemäß ist die Wildbienen-Population nach 3 Jahren infolge der starken Parasitierung stark rückläufig oder bricht völlig zusammen. Es muss von Neuem begonnen werden sowohl mit Behausungen als auch mit einer Starterpopulation. Zudem hat man bei dieser Art von Nistangebot keinen Zugriff auf die Kokons und kann sie daher nicht „nach Termin" einsetzen.

GEEIGNETES ZUCHTMATERIAL

Der Aufbau einer erfolgreichen und dauerhaften Wildbienenzucht beginnt mit der Frage, wie eine Nisthilfe konstruiert sein sollte. Sowohl Material als auch Beschaffenheit müssen gewährleisten, dass die unterschiedlichen Mauerbienenarten den angebotenen Nistplatz akzeptieren. Auch muss eine schadfreie Entnahme der Kokons möglich sein. Diese Maßnahme ist notwendig, um Parasiten aus dem Brutsystem dauerhaft zu entfernen und die Kokons im Frühling für den zeitlich geplanten Einsatz zur Verfügung zu haben.

Zudem sollte das Zuchtsystem so beschaffen sein, dass

- Wildbienenweibchen während der kompletten Proviantierungsphase ihre Flügel nicht verletzen,
- die verwendeten Materialien keine Giftstoffe abgeben,
- ein Brutklima (Feuchte, Wärme) sichergestellt wird, damit alle Arten ihren kompletten Lebenszyklus abschließen können,
- es leicht zu öffnen ist, um die darin befindlichen Kokons entnehmen zu können,
- es mit geringem Kostenaufwand herzustellen ist,
- es flexibel erweiterbar ist und somit an die Erfordernisse der zu bestäubenden Kultur angepasst werden kann,

- es ohne großen Aufwand in der Kultur aufgehängt oder aufgestellt werden kann,
- es leicht zu reinigen und zu desinfizieren ist,
- im Sinne der Nachhaltigkeit die Materialien im Folgejahr wieder eingesetzt werden können.

Es lohnt sich, einige aktuell verwendete Zuchtsysteme zu vergleichen und im Hinblick auf die gestellten Anforderungen zu bewerten.

RIESENSCHILF- ODER BAMBUSRÖHREN Diese werden von Mauerbienen gerne angenommen. Das Gelege kann seine komplette Entwicklungsphase abschließen und bis zum Frühjahr in den Röhren überwintern. Die Schilfabschnitte können mit Kokons belegt maximal 3 Jahre in der Kultur eingesetzt werden, dann müssen sie ausgewechselt werden.

Ein gezielter Einsatz im Folgejahr mit einer ganz bestimmten Anzahl von Kokons ist nicht möglich, da die Menge der überlebenden Kokons (frei von Parasitierung) nicht eingeschätzt werden kann. Zur Kokonentnahme werden die Schilfröhren aufgeschnitten und können nicht wieder verwendet werden.

Vor dem Einsatz ist dringend darauf zu achten, dass die Schnittkante der Röhren splitterfrei ist, um einen verletzungsfreien Ein- und Ausflug der Mauerbienen zu garantieren.

PAPPRÖHRCHEN Sie eignen sich wie Riesenschilf- oder Bambusröhren für die ganzjährige Entwicklungsphase der verschiedenen *Osmien*-Arten und werden ebenfalls gerne angenommen. Die Röhrchen halten einen kurzen Regenschauer aus, bei dauerhaften Regenereignissen werden sie durchweicht. Daher sind sie für den Einsatz in der Kultur nur an gut geschützten Stellen geeignet oder in einem regengeschützten Behältnis. Die belegten Papproöhren können in die Kultur verbracht werden, wobei auch hier die aktive Anzahl der Kokons nicht genau eingeschätzt werden kann.

Zur Kokonentnahme werden die Röhren aufgeschnitten, für Folgeeinsätze sind sie nicht wieder einsetzbar.

STRANGFALZZIEGEL Diese – ähnlich der Biberschwanzziegel – eignen sich für die ganzjährige Entwicklungsphase und werden gerne besiedelt. Eine Kontrolle der Belegungs- und Parasitierungsrate ist nicht möglich. Auch ist ein Öffnen der Brutröhren mit hohen Kokonverlusten verbunden. Strangfalzziegel eignen sich nicht für einen individuellen Bestäubungseinsatz. Sie sind eher als Ergänzung zu den geplanten Maßnahmen zu verstehen und sollten einen festen Standort in der Kultur haben.

NISTPLATTEN AUS SILIKON ODER GUMMI-MATERIALIEN Sie sind so gestaltet, dass in der Regel 10–15 Nistgänge eine Platte ausfüllen. Beim Stapeln der Platten werden durch die obere und die darunter befindliche Ebene die offenen Brutgänge zu einer Brutröhre geschlossen.

Die Elastizität des Materials ermöglicht eine rasche und verletzungsfreie Entnahme der Kokons. Zudem können die Platten leicht gereinigt und desinfiziert werden.

Dieses System wird von den Mauerbienen lediglich aus Mangel an Alternativen akzeptiert. Gründe für die Ablehnung könnten die Kunststoffausdünstungen sowie das ungünstige Brutklima sein. Die Platten nehmen bei Sonnenbestrahlung rasch Wärme auf und geben sie in den Abendstunden relativ langsam wieder ab. Feuchtigkeit durch Nektar oder Tau wird vom

Plattenmaterial nicht aufgenommen, ein Ausbreiten von Pilzsporen im Futtervorrat kann die Folge sein. Ein Überleben der Larven ist fraglich.

NISTPLATTEN AUS FESTEM KUNSTSTOFF Diese basieren auf der Idee, auf engstem Raum eine hohe Anzahl an Niströhren anzubieten, die durch ein Klicksystem eine kompakte Nisteinheit bilden. Die einzelnen Platten werden aufeinandergestapelt und ineinandergeklickt. Hierdurch können bis zu 30 Brutröhren je Platte gebildet werden. Die Platten sind leicht zu reinigen und zu desinfizieren. Zudem sind sie durch ihr geringes Gewicht ohne großen Aufwand in der Kultur aufzuhängen und leicht zu handhaben.

Auch dieses System wird von Mauerbienen erst angenommen, wenn keine weiteren Brut-Alternativen vorhanden sind. Gründe sind auch hier Kunststoffausdünstungen, ungünstiges Brutklima mit nachfolgender Verpilzung des Futtervorrats und eine starke Erhitzung der Bruteinheiten bei Sonneneinstrahlung. Die Kokons der Gelege, die die komplette Entwicklungsphase beenden konnten, sollten frühzeitig entnommen werden, da die Platten Feuchtigkeit und Kälte nicht fernhalten.

NISTPLATTEN AUS HOLZ Sie sollten aus Hölzern gefertigt werden, welche sich durch Feuchtigkeit nicht verwerfen, kein Harz absondern und splitterfrei verarbeitet werden können. Es werden zwei Varianten angeboten:

- Platten mit bis zu 15 gefrästen Bahnen auf der Ober- und Unterseite, die jeweils eine halbe Brutröhre formen. Hierbei ist eine hohe Passgenauigkeit erforderlich.
- Platten, deren Bahnen so tief ausgefräst sind, dass die abdeckende weitere Platte Brutröhren in gewünschter Größe bilden.

Die großen Nistblockeinheiten haben ein entsprechend hohes Eigengewicht und benötigen zum Aufstellen beziehungsweise Aufhängen in der Kultur einen festen Standplatz oder geeignete sichere Aufhänge-Konstruktionen.

Splitterfreie hölzerne Nistblöcke werden von den Wildbienen gerne angenommen. Die Gelege können problemlos ihre komplette Entwicklung abschließen und darin überwintern. Falls der Nistblock zur Puppenentnahme nicht geöffnet wird, sollte zur Überwinterung ein dauerhaft trockener Standort gewählt werden. Reinigung und anschließende Desinfizierung werden mit Wurzelbürste und einem Gasbrenner durchgeführt.

NISTPLATTEN AUS MITTELDICHTEN FASERPLATTEN (MDF-PLATTEN) Diese lassen sich gut verarbeiten und hinterlassen beim Fräsen keine Splitter. Bei dauerhafter hoher Umgebungsfeuchtigkeit können die Platten aufquellen, der Nistblock sollte daher vor Regen geschützt werden. Die Platten haben einseitig bis zu 15 gefräste Bahnen. Durch Aufeinanderstapeln werden die Brutröhren geformt, den Abschluss bildet eine Deckplatte. Wie die Holzvariante weist dieses System ein hohes Eigengewicht auf und benötigt daher entsprechende Standorte respektive Aufhänge-Konstruktionen. Die Platten können mit einer Wurzelbürste gereinigt und mit Hilfe eines kleinen Gasbrenners desinfiziert werden.

MDF-Platten werden von Mauerbienen gerne angenommen und eignen sich wie die Holzvarianten zur Entnahme der Kokons oder zur Überwinterung.

Die folgende Tabelle gibt einen raschen Überblick über die wichtigsten beschriebenen Materialien.

System	Praxisbezug								Biologische Aspekte		
	Anzahl Brutröhren (BR)	Haltbarkeit in Jahren	Preis je Einheit in €	Preis für 100 BR in € pro Jahr	Reinigungs-/ Desinfektions-möglichkeit	Kokonentnahme möglich	Material wieder-verwendbar	Splitterfreie Brut-röhren	Annahme durch die Mauerbienen	Eignung zum Überwintern	Brutröhrenklima
Holzblock	100	3	6,25	3,13	nein	nein	ja	+-	hoch	ja	optimal
Riesenschilf	1	1–3	0,14	4,67–14,0	nein	ja	nein	+	hoch	ja	optimal
Pappröhrchen	1	1–3	0,14	4,67–14,0	nein	ja	nein	++	hoch	ja	gut
Strangfalzziegel	9	15	1,00–3,00	6,67–20,0	nein	nein	ja	+-	hoch bei geeignetem Röhren-duchmesser	ja	gut
Gummi/ Silikonplatten	12	3–6	5,40	7,50–15,0	ja	ja	ja	++	begrenzt	stark ein-geschränkt	feucht Verpilzungsgefahr
Kunststoff-platten	20	6	6,00	5,00	ja	ja	ja	++	begrenzt	stark ein-geschränkt	feucht Verpilzungsgefahr
Schaumstoffe/ Polyamid mit Sperrholzplatten	15	3–6	3,32	3,69–7,39	ja/nein	ja	ja	++	begrenzt	stark ein-geschränkt	mittel
Gefräste Platten											
Fichte/ Tanne	6	8	2,08	4,73	ja	ja	ja	+-	hoch bei guter Ver-arbeitung	ja	optimal
Buche	8	8	2,90	4,54	ja	ja	ja	+	hoch bei guter Ver-arbeitung	ja	optimal
Mitteldichte Faserplatten (MDF)	10	6	2,50	4,16	ja	ja	ja	++	hoch, frische Platten wer-den z. T. erst im zweiten Jahr ange-nommen	ja	optimal

Einige marktübliche Nistsysteme im Vergleich (Jürgen Lorenz, Erweiterung Friedhelm Kemmeter).

ZUCHTABLAUF

Die Standortwahl hat auf den Vermehrungserfolg der beiden *Osmien*-Arten einen entscheidenden Einfluss. Der Aufstellort sollte für mindestens 6 Wochen eine hohe Blühdichte vorwiegend von verschiedenen Obstarten respektive -sorten aufweisen. Durch die große Anzahl der Nistmöglichkeiten werden auch Parasiten vermehrt auftreten. Es ist daher ratsam, für die Aufzucht mehrere geeignete Standorte einzuplanen. Der Stellplatz sollte wettergeschützt beziehungsweise die Zuchteinheit mit entsprechendem Regenschutz versehen sein.

Die Größe der Zuchteinheit richtet sich nach Anzahl der ausgebrachten Kokons. In den Kokons befinden sich circa 40 % weibliche Tiere. In der Regel werden von einem Weibchen

Vorder- und Rückseite einer belegten Bruteinheit.

zwei bis drei Brutröhren mit Nachkommen belegt. Für 1000 Kokons errechnet sich also eine Nisteinheit mit 1200 Niströhren, die den Weibchen zur Verfügung gestellt werden sollten.

Üblicherweise werden die Niströhren mit nach vorne offenen Einfluglöchern angeboten, damit die einfliegenden Bienen direkt in die Brutröhren gelangen. Vorteilhafter jedoch ist, einige Platten um 180 Grad zu drehen und nun die Einheit mit einem geringen Abstand zur Gehäuserückwand einzuschieben. So werden die Brutröhren auch von hinten sehr gut besiedelt, jedoch ist die Parasitierungsrate deutlich niedriger.

Für alle Zuchteinheiten gilt, dass sie durch ein großzügig angebrachtes Netz geschützt werden sollten. Vögel entdecken schnell die günstige Futterquelle, die sich ihnen bietet, denn zum einen sind frisch geschlüpfte Bienen sehr träge, zum anderen werden Weibchen unmittelbar nach dem Schlupf von einem Männchen besetzt. In beiden Fällen wären sie leichte Beute für hungrige Insektenjäger.

Für den Bau der Lehmzellen ist es von Vorteil, wenn die Wildbienen gutes Baumaterial finden. Dies kann man unterstützen mit einem Angebot an lehmreichen feuchten Stellen beziehungsweise speziell aufgestellten Behältnissen mit einem Erd-Bentonit-Gemisch. Denn je besser das gefundene Baumaterial, desto geringer die Zutrittsmöglichkeit durch Parasiten.

Der aktive Lebenszeitraum der Bienen beträgt 4–6 Wochen. In dieser Zeit legen die Weibchen bei guter Pollenverfügbarkeit pro Tag eine Zelle mit Pollen-Nektar-Proviant an, legen ein Ei an den Vorrat und verschließen die Zelle. Für die geschlüpfte Larve folgt eine mehrwöchige

Metamorphose bis zum ausgewachsenen Insekt. Dann erfolgt eine bis zu 8 Monate andauernde Phase im Kokon, die Diapause. In dieser Zeit ist eine Entnahme der Kokons und Beseitigung der Parasiten möglich. Empfehlenswert sind die Monate Oktober bis Dezember.

Die Nisteinheit wird behutsam geöffnet, die Kokons werden mit einem geeigneten Werkzeug (Pinzette, Spatel) vorsichtig aus der Niströhre entnommen und in ein Sieb gegeben. Neben den Kokons werden meist verschiedene Parasitenarten in unterschiedlichen Entwicklungsstadien vorgefunden.

Auch finden sich verschiedene weitere Wildbienenarten in ihren diversen Überwinterungsstadien wie z. B. Mörtelbienen oder Blattschneiderbienen. Diese sollten in der Platte verbleiben und, wieder zu einer Einheit zusammengefügt, an einem geeigneten Ort zur abschließenden Überwinterung aufgestellt werden.

Die im Sieb befindlichen Kokons sollten mit schwacher Wasserbrause und kurzem Aufschwemmen von Lehmresten, Milbeneiern und Taufliegenlarven gereinigt werden. Auf einem geeigneten saugfähigen Tuch werden die Kokons während der Trocknungsphase von ansitzenden Parasitenlarven befreit und nach Art sortiert.

Die Fortführung der Diapause findet in einem geeigneten Kühlschrank oder Klimagerät statt, Temperatur und Luftfeuchtigkeit sollten 2–3 °C respektive 60–70 % Luftfeuchte betragen.

RECHTLICHE SITUATION

Für den Aufbau einer kommerziellen Vermehrungszucht wird eine Ausbringungsgenehmigung gemäß § 40 Abs. 1 BNatSchG benötigt, die man per Antrag bei der jeweils zuständigen Oberen Naturschutzbehörde erhalten kann. In der Regel ist die Genehmigung mit Sonderauflagen verbunden, wie Führen eines Zuchtbuches, Auflistung von weiteren einquartierten Wildbienenarten, Herkunftsnachweis der Starterpopulation.

Wildbienenkokons, Entnahme und Überblick über die Belegung. Die Kokons der beiden gewünschten Mauerbienenarten sind bereits in der Zuchteinheit sehr gut zu unterscheiden.

PFLANZEN-
STECKBRIEFE

Apfel

Neben verschiedenen Zitrusfrüchten, Tafeltrauben und Bananen zählt der Apfel zu einer der am meisten verzehrten Obstarten weltweit. Schon frühzeitig wurden Apfelsorten züchterisch bearbeitet. Geschätzt stehen heute weltweit rund 20.000–30.000 Apfelsorten und hiervon allein in Deutschland 1600–2000 Sorten zur Verfügung. In Deutschland werden etwa 70 Sorten gewerblich genutzt, davon 20 Sorten in relevanten Mengen angebaut.

FAMILIE

Rosengewächse (Rosaceae)

HEIMAT

Wildformen des Apfels sind nur noch vereinzelt anzutreffen. Zu diesen zählen die nordamerikanischen Arten *Malus fusca* und *Malus coronaria*, die in Zentral- und Ostasien (insbesondere China) vorkommenden Arten *Malus sieboldii*, *Malus hupehensis*, *Malus sieversii* und *Malus baccata* oder die in ganz Europa verbreitete Apfelwildart *Malus sylvestris*.

Urformen der heutigen Kulturäpfel (*Malus × domestica*) werden zwischen Kaukasus und Zentralasien vermutet. Angenommen wird, dass mit dem Handel entlang der Seidenstraße *Malus sieversii* bis nach Griechenland gelangte und sich im europäischen Raum mit der dort vorherrschenden Wildart *Malus sylvestris* hybridisierte. Im Zuge der römischen Expansion gelangten die Apfelhybriden nach Deutschland. Aus den kleinen Wildformen entstanden durch Fremdbestäubung, bewusste Einkreuzungen und Mutationen die heutigen Kultursorten.

GESCHICHTE

Im Mittelalter wurden Äpfel zur Eigenversorgung vorwiegend in Kloster- und Hausgärten angebaut. Mit Beginn der Industrialisierung und der damit einhergehenden Abwanderung der Landbevölkerung in Großstädte entstand auch der Erwerbsobstbau mit großflächigem Apfelanbau. Anfänglich wurden hochstämmige Apfelkulturen angelegt. Durch Zucht und Auswahl geeigneter Unterlagen wurden die Bäume immer kleiner und die Anzahl je ha deutlich erhöht. Heutige Unterlagen erlauben einen Spindel- bzw. Säulenanbau mit 6.000 bis zu 10.000 Apfelbäumchen/ha.

BESCHREIBUNG

Der Kulturapfel als Hochstamm ist ein Baum von 8–15 m Höhe, als Spindelbaum von circa 2 m Höhe. Die gestielten, runden bis

ovalen Laubblätter stehen wechselständig, der Blattrand ist meist gezähnt. Die Blüten erscheinen an Kurztrieben, der Blütenstand ist eine Schirmrispe. Jede 5-zählige radiärsymmetrische, zwittrige Einzelblüte misst 2–5 cm im Durchmesser, ist flach, zum Blütenboden leicht becherförmig. Die 5 Kelchblätter sind noch an der sich ausbildenden Frucht erkennbar. Die freistehenden Kronblätter sind weiß, rosafarben oder rot. 3–5 Fruchtblätter bilden einen unterständigen Fruchtknoten, die 3–5 Griffel sind an der Basis verwachsen. Nach erfolgreicher Befruchtung der Samenanlagen umwächst der Blütenboden den Fruchtknoten und bildet eine Scheinfrucht aus.

BLÜTEZEIT

Entsprechend des phänologischen Kalenders beginnt mit der Apfelblüte Ende April der Vollfrühling. Die übliche Blühperiode beträgt sortenabhängig 12–15 Tage von Ende April bis Mitte Mai (Rheinebene). In sehr warmen Jahren verkürzt sich diese Zeit auf 9–10 Tage. Die Effektive Bestäubungsperiode wird je nach Sorte mit 5–7 Tagen angegeben.

STANDORT UND VERBREITUNG

M. sylvestris ist vorwiegend an Waldrändern oder lichten Mischwäldern, häufig in warmen Tieflagen, anzutreffen. Als Halbschattenpflanze wächst der Baum meist auf nährstoff- und basenreichem, tiefgründigem Lehmboden.

Kulturäpfel werden weltweit angebaut. Sie sollten bevorzugt auf feuchten, wasserdurchlässigen humusreichen, leicht sauren bis pH-neutralen Böden kultiviert werden. Staunasse und/oder schlecht durchlüftete Lagen begünstigen durch den stärkeren Feuchtigkeitsdruck die Mehltau- und Schorfbildung.

BIENE UND BESTÄUBUNG

Apfelblüten sind proterogyn, das weibliche Gymnoceum (Fruchtblätter, Griffel, Narbe, Samenanlage) reift vor dem männlichen

Anthroceum (Staubblätter). Zudem sind viele Sorten selbstinkompatibel. Eine Selbstbefruchtung ist somit ausgeschlossen. Für eine erfolgreiche Bestäubung sind nahegelegene kompatible Apfelsorten sowie Insekten als Pollentransporteur erforderlich.

Apfelblüten sind mit folgenden Werten für Insekten sehr attraktiv: Zuckergehalt 35–65 %, Nektarmenge 2–6 mg, Zuckerwert 1–3 mg/Blüte, Pollenwert 1,7 mg/Blüte, Eiweißgehalt 26–28 %, Stickstoffgehalt 4,5–4,9 % (16). Dennoch müssen zu diesem Blühzeitpunkt auch ernstzunehmende Konkurrenztrachten wie Löwenzahn und insbesondere Raps berücksichtigt werden.

Auf 1 ha werden durchschnittlich 2.500–4.000 Apfelbäume angepflanzt. Geschätzt befinden sich auf 1 ha mindestens 3 –5 Mio. Blüten respektive 1.000–1.200 Blüten je Baum. Als anzustrebender Vollertrag wird unter Berücksichtigung von Sorte, Baumalter und Pflanzabstand ein Fruchtbehang von durchschnittlich 70–100 Früchten gewünscht. Unter Berücksichtigung des natürlichen Fruchtfalls, Schädlingsbefalls und Handausdünnung sollten circa 25–35 % der vorhandenen Blüten später fruchttragend sein.

Die Ausbildung einer gleichmäßigen, wohlgeformten Frucht steht im direkten Zusammenhang mit der Anzahl der befruchteten Samenanlagen. Je zahlreicher die einzelnen Samenanlagen befruchtet sind, respektive je höher der hiervon ausgehende hormonelle Reiz, desto ausgeformter und wohlschmeckender ist die Apfelfrucht.

Für eine erfolgreiche Befruchtung respektive den Vollertrag im Freiland sind 2–3 Bienenvölker/ha beziehungsweise 2–3 Wildbienenhotels mit je 500 Kokons (*Osmia bicornis*) erforderlich. Alternativ können 8–12 Hummelvölker/ha eingesetzt werden.

FRUCHT

Der Apfel ist eine Scheinfrucht. Nicht der Fruchtknoten, sondern der den Fruchtknoten umwachsende Blütenboden bildet die fleischige essbare Frucht. Das pergamentartige Balggehäuse wird vom Fruchtfleisch umschlossen. Diese Fruchtform bezeichnet man als Sammelbalgfrucht oder Apfelfrucht.

Bedeutende Schädlinge und Krankheiten

	Pflanzenkrankheit / Schadbild	Schädling / Erreger
Tierische Schädlinge	Wurmgänge bis zum Kerngehäuse	Apfelwickler (*Cydia pomonella*)
	stark verformte Blätter	Mehlige Apfelblattlaus (*Dysaphis plantaginea*)
	rot gefärbte Blattfalten	Apfelfaltenläuse (*Dysaphis* spp.)
	gelb getupfte Blätter	Spinnmilbe (*Tetranychus urticae*)
	Fraßlöcher an den Knospen	Apfelblütenstecher (*Anthonomus pomorum*)
Mykosen	Apfelschorf; fleckige Blätter, verkorkte Stellen auf der Fruchtschale	*Venturia inaequalis*
	Apfelmehltau; weißer Belag auf Blättern, Triebspitze und Blüten	*Podosphaera leucotricha*
Bakteriosen	Feuerbrand; welke und verfärbte Blüten und Blätter	*Erwinia amylophora*

Entscheidend für eine gute Lagerung ist der optimale Pflücktermin. Zu früh geerntete Äpfel zeigen eine schlechtere Ausfärbung, geringere Fruchtgröße und mäßigen Geschmack. Zu spät geerntete Äpfel werden schnell mehlig und morsch, sind anfällig für Fäulnis und Schalenbräune, die Schale wird fettig. Der optimale Erntetermin für Lageräpfel ist erreicht, wenn der Apfel bereits eine gute Ausfärbung zeigt, aber noch etwas unreif schmeckt. Die Genussqualität infolge von Aromazunahme und Abbau von Stärke zu Zucker sowie Farbausprägung nimmt während der Lagerung bis zu einem gewissen Maße zu. Durch Alterung werden diese Qualitätsmerkmale jedoch rasch gemindert.

Ein optimales Lagermanagement (CO_2-Begasung, Kühlung) gewährleistet die Haltbarkeit für mehrere Monate.

HEUTIGE BEDEUTUNG UND VERWENDUNG

2020 betrug die Erntemenge auf einer Fläche von 33.905 ha 10.233.159 dt, was einem Ertrag von 301,8 dt/ha entspricht.

China ist mit 44,5 Mio. t der weltgrößte Apfelproduzent, gefolgt von den USA mit 4,6 Mio. t und Polen mit 3,6 Mio t. Deutschland steht mit 1,02 Mio. t an 14. Stelle der Weltproduktion.

In Deutschland werden 75 % der Jahresapfelmenge für Tafelobst verwendet. Weitere beträchtliche Mengen werden zur Saftherstellung eingesetzt. Mit einem jährlichen Pro-Kopf-Verbrauch von 11,7 l ist Apfelsaft der meistgetrunkene Fruchtsaft. Äpfel finden zudem Verwendung in Kuchen und Gebäck, als Mus oder Kompott, als Cidre oder Apfelbrand.

Süßkirsche

Kirsche ist eine beliebte Frucht und nur für kurze Zeit verfügbar. Sie wird in einer Vielzahl von gezüchteten Sorten weltweit angeboten. Aufgrund von Funden in jungsteinzeitlichen Siedlungen ist bekannt, dass die Vogelkirsche bereits seit 8000–10.000 Jahren als Nahrung diente. Doch nicht nur die Frucht, auch als Möbel- beziehungsweise Furnierholz ist der Kirschbaum sehr geschätzt. In deutschen Wäldern ist die Vogelkirsche nur zu 0,4 % der gesamten Baumartenfläche anzutreffen. Dies mag einer der Gründe sein, weshalb sie 2010 als „Vogelnährbaum" zum Baum des Jahres ausgewählt wurde.

Kirschen werden nach ihrem Geschmack in Süß- und Sauerkirschen (*Prunus cerasus*) eingeteilt.

Entsprechend ihrer Früchte werden Süßkirschen in zwei Gruppen aufgeteilt:

- Herzkirschen (*Prunus avium* spp. *juliana*) mit weichen, sehr saftigen, dunkelroten bis schwarzen Früchten; der Fruchtsaft ist dunkelrot.
- Knorpelkirschen (*Prunus avium* spp. *duracina*) mit festen, gelben bis roten Früchten; der Fruchtsaft ist farblos.

FAMILIE

Rosengewächse (Rosaceae)

HEIMAT

Die ursprünglich in Südosteuropa und Vorderasien verbreitete Vogelkirsche *Prunus*

avium ist die Stammart, aus der in über 2000 Jahren Züchtungsarbeit mehrere hundert Sorten entstanden sind.

GESCHICHTE

Bereits 400 v. Chr. wurden in West- und Kleinasien gezüchtete Sorten großflächig kultiviert. Der römische Feldherr Lucius Licinius Lucullus soll 74 v. Chr. diese kultivierten Kirschsorten aus Kerasus, dem heutigen Giresun (türkische Schwarzmeerküste), nach Rom verbracht haben. Im Zuge der römischen Expansion gelangten diese Kirschsorten auch nach Deutschland, wo sie züchterisch weiterbearbeitet wurden. Die „wilde" Vogelkirsche beziehungsweise Waldkirsche (*Prunus avium* spp. *avium*) ist eine verwilderte Form der ursprünglichen Stammart.

BESCHREIBUNG

Die Wuchshöhe von Süßkirsche als Hochstamm kann bis zu 25 m, die der Sauerkirsche bis zu 15 m betragen. Selbst mit schwachwüchsigen Unterlagen werden Höhen von 4 m erreicht. Typisch sind die rotbraune bis schwarze, beim Dickenwachstum in Querstreifen sich abschälende Rinde sowie quer verlaufende Lentizellen (Korkporen zum Gasaustausch). Kennzeichnend im Kronenaufbau ist die ausgeprägte Gliederung der Verzweigung in Kurz- und Langtriebe. Die Langtriebe bilden im unteren Drittel Kurztriebknospen aus, im oberen Bereich verzweigen sie sich wieder zu Langtrieben, was zu einem stockwerkartigen Kronenaufbau führt. Nur die Kurztriebe sind fruchttragend. Sie bleiben unverzweigt und weisen nach mehrjährigem Wuchs kaum noch Seitenknospen auf (Ringelspieße).

An den Kurztrieben (Fruchtholz) stehen eine Endknospe und mehreren Seitenknospen, aus denen sich ein doldenartiger Blütenstand mit je 2–4 cm lang gestielten Blüten bildet. Die Endknospe ist laubtragend und bildet einen neuen Kurztrieb fürs Folgejahr aus. Die Laubblätter sind gestielt, elliptisch zugespitzt mit leicht gezähntem Blattrand. An der Blattstielbasis sind neben 2 Nebenblättern deutlich extraflorale Nektarien erkennbar, die außerhalb der Blüte Nektar produzieren. Ihr Vorhandensein kann vermutlich als „Belohnungs-System", das sich im Laufe der Evolution entwickelt hat, verstanden werden: Der Nektar lockt etwa Ameisen an, die die Pflanzen im Gegenzug vor „Fraß-Schädlingen" schützen. Tatsächlich sind an diesen Nektarien sehr oft Ameisen anzutreffen, die z. B. Raupen absammeln.

Jede 5-zählige radiärsymmetrische, zwittrige Einzelblüte misst 2–3 cm im Durchmesser. Die 5 Kelchblätter sind zurückgeschlagen, die strahlend weißen Kronblätter stehen frei. Der kelchförmig erweiterte Blütenboden umgibt den mittelständigen Fruchtknoten, der von einem Fruchtblatt gebildet wird. 1520 Staubblätter bilden das Androeceum. Als Frucht wird eine Steinfrucht ausgebildet.

BLÜTEZEIT

Die Blütezeit beginnt kurz vor dem Laubaustrieb zum Ende des Vorfrühlings Mitte April und dauert bis Anfang Mai (Rheinebene). Die Blühperiode erstreckt sich über 3 Wochen, in warmen Jahren verkürzt auf 2. An den vorjährigen Kurztrieben erscheinen Blütendoldenbüschel mit je 2–4 Blüten. Ein Baum in Vollblüte erscheint strahlend weiß.

Die Effektive Bestäubungsperiode wird je nach Sorte mit 3–5 Tagen angegeben.

STANDORT UND VERBREITUNG

Prunus avium gedeiht auf nährstoffreichen mittel- bis tiefgründigen Lehmböden. Sie verträgt aber auch trockenere Standorte. Die Wildform als Halbschattenbaumart findet man vorwiegend in mittleren Gebirgslagen. Sie ist aber auch in den Alpen bis 1100 m Höhe und unter günstigen Bedingungen bis 1700 m Höhe anzutreffen. Bei staunassen Flächen kann es zu Störungen im Wasserhaushalt kommen (Valsakrankheit). An einigen Pflanzenteilen tritt ein gummiartiges Sekret aus (Gummifluss), oft sterben diese ab. Gegebenenfalls muss der betroffene Baum gerodet werden.

BIENE UND BESTÄUBUNG

Viele Kirschsorten sind selbstinkompatibel beziehungsweise es liegt eine Sortengruppen-Inkompatibilität vor. Eine Selbstbefruchtung auch innerhalb der Sortengruppe ist somit ausgeschlossen. Für eine erfolgreiche Bestäubung sind kompatible Kirschsorten in der Nähe zwingend erforderlich.

Für Süßkirsche werden je Blüte ein Zuckerwert von 1–2 mg innerhalb von 24 Stunden und eine Pollenmenge von 0,3–0,8 mg angegeben. Der Eiweißgehalt des Pollens mit 26–28 % sowie der Stickstoffgehalt mit 4,5–4,9 % sind jeweils sehr hoch (16). Kirschblüten werden daher von Insekten gerne besucht. Konkurrenztrachten wie Löwenzahn im Unterbewuchs sollten jedoch vermieden werden.

Bedeutende Schädlinge und Krankheiten

	Pflanzenkrankheit/Schadbild	Schädling/Erreger
Tierische Schädlinge	Kirschwurm; braun verfärbte faulige Früchte	Kirschfruchtfliege (*Rhagoletis cerasi*)
	silbrige Flecken auf Blättern	Obstbaumspinnmilbe (*Panonychus ulmi*)
	Früchte werden weich und verlieren ihre Form; weiße Fäden ragen aus den Früchten	Kirschessigfliege (*Drosophila suzukii*)
	eingerollte Blätter an den Triebspitzen, Triebstauche und Verkrüppelungen	Schwarze Kirschblattlaus (*Myzus pruniavium / Myzus cerasi*)
	Fraßschaden an Blüten, Knospen und Blättern	Kleiner Frostspanner (*Operophtera brumata*)
Mykosen	Spitzendürre; abgestorbene Triebspitzen	*Monilinia laxa*
	Fruchtfäule	*Monilinia fructigena*
	Schrotschusskrankheit; runde, braune Flecken auf Blättern	*Stigmina carpophila*
	Gnomonia-Blattbräune; eingerollte, vertrocknete Blätter, die nicht abfallen	*Apiognomonia erythrostoma*
Bakteriosen	Bakterienbrand; löchrige Blätter, fleckige, eingesunkene Stellen an Früchten, an befallenen Stellen Gummifluss	*Pseudomonas syringae*

Auf 1 ha werden durchschnittlich 800–1000 Bäume angepflanzt. Geschätzt befinden sich auf 1 ha mindestens 5–10 Mio. Blüten respektive 6000–10.000 Blüten/Baum. Als anzustrebender Vollertrag wird unter Berücksichtigung von Sorte, Baumalter und Pflanzabstand ein Fruchtbehang von durchschnittlich 12 kg Früchten angestrebt. Natürlichen Fruchtfall, Schädlingsbefall und Handausdünnung einbeziehend, sollten circa 15–20 % der vorhandenen Blüten später fruchttragend sein.

Während der frühen Kirschblüte treten nachts und zum Teil auch tagsüber tiefe Temperaturen auf, die das Pollenschlauchwachstum stoppen. Der Alterungsprozess der Samenanlage jedoch schreitet fort, wenn auch verlangsamt. Eine Bestäubung sollte daher in den ersten beiden Tagen nach Blütenöffnung erfolgen, auch wenn bei einer Effektiven Bestäubungsperiode von 3–5 Tagen eine Befruchtung möglich wäre.

Ausgehend von einem für die Jahreszeit üblichen Temperaturverlauf sind im Freiland für eine erfolgreiche Befruchtung je ha 3–4 Bienenvölker in Kombination mit 2 Wildbienenhotels und je 500 Kokons (*Osmia cornuta*) oder mit 2–4 Hummelvölkern erforderlich. Alternativ können 18–21 Hummelvölker/ha eingesetzt werden.

FRUCHT

Die Kirsche ist eine Steinfrucht. Von der dreischichtigen Epidermis der Fruchtwand (Perikarp) entwickelt sich die äußere zur Fruchthaut (Exokarp), die mittlere zum Fruchtfleisch (Mesokarp), die innere Epidermis (Endokarp) verholzt zur Kernschale. Im Inneren des Kerns befindet sich gut geschützt der Samen.

HEUTIGE BEDEUTUNG UND VERWENDUNG

2020 betrug die durchschnittliche Erntemenge 380.000 dt auf einer Fläche von circa 6.000 ha, was einem Ertrag von 63,2 dt/ha entspricht. In guten Obstjahren können durchschnittliche Erträge von 80 dt/ha erzielt werden.

Circa 70 % der geernteten Früchte werden als Tafelkirschen verzehrt. Die restlichen Mengen finden Verwendung in einer Vielzahl von Backwaren, in Fruchtjoghurt, als Konfitürenfrucht oder als Obstbrand.

Sauerkirsche

Die Kernanbaubiete von Sauerkirschen sind Baden-Württemberg, Rheinland-Pfalz und Sachsen. Anders als bei Süßkirschen wird die Frucht nicht zum Verzehr, sondern vorwiegend als Konserven- und Konfitürenfrucht, für Saft und Wein sowie für Backwaren verwendet.

HEIMAT

Von Sauerkirsche (*Prunus cerasus*) ist keine Wildform bekannt. Der doppelte Chromosomensatz (tetraploid 4 n) lässt auf eine Kreuzung aus zwei oder mehreren Arten schließen. Angenommen wird, dass die Sauerkirsche aus einer Kreuzung der Vogelkirsche (*Prunus avium*) mit der in Süd- und Osteuropa beheimateten Steppenkirsche (*Prunus fruticosa*) hervorgegangen ist.

BESCHREIBUNG

Im Vergleich zum kräftigen Wuchs der Süßkirsche wächst die Sauerkirsche sehr langsam zu einem Baum mit einer maximalen Höhe von 10 m heran. Sie kommt auch als Strauch vor. Der Baum ist weniger verzweigt, die Äste sind dünn und seitwärts abstehend, oft hängend.

Die fruchtragenden Kurztriebe befinden sich nicht wie bei Süßkirschen an der Basis, sondern am Ende der Langtriebe. Die Blätter sind kleiner und oft mit glatter und glänzender Oberfläche.

Sauerkirschen sind anfälliger für Spitzendürre (Monilia), doch weisen sie oft einen geringeren Befall durch Kirschessigfliegen (*Drosophila suzukii*) auf. Ansonsten treten dieselben Erkrankungen wie bei Süßkirsche auf.

Während die Süßkirsche höchste Ansprüche an den Standort hat, ist die Sauerkirsche weniger anspruchsvoll.

BLÜTEZEIT

Blütezeit ist Ende April bis Ende Mai (Rheinebene), somit 2 Wochen später als bei Süßkirschen.

BIENE UND BESTÄUBUNG

Sauerkirschen weisen gegenüber Süßkirschen eine geringere Blütenanzahl pro Baum auf. Der Zuckerwert mit 12 mg/Blüte/Tag entspricht dem der Süßkirsche. Auch Pollenwerte und Stickstoffgehalt des Pollens sind vergleichbar. Im Zuckerspektrum gibt es deutliche Unterschiede. Der Nektar der Süßkirsche ist saccharosereich, der Nektar der Sauerkirsche ist saccharosearm. Die Bestäubungsattraktivität ist ähnlich hoch.

Während der Blütezeit können kühle Nachttemperaturen bis hin zu Nachtfrösten auftreten. Eine Kombinations-Bestäubung mit Honigbienen, Hummeln oder Wildbienen (*Osmia bicornis* und/oder *Osmia cornuta*) ist ratsam. Die Anzahl der einzusetzenden Bestäuber ist in gleicher Weise wie bei Süßkirsche zu wählen.

FRUCHT

Im Vergleich zur Süßkirsche sind Sauerkirschen oft kleiner, weicher und saftreicher mit leicht glasiger Fruchthaut. Der Saft ist hell bis dunkelrot mit einem fast doppelt so hohen Fruchtsäureanteil („sauer"). Die Lagerfähigkeit ist sehr gering. Zum Verzehr angebotene Sauerkirschen weisen mitunter ein Nebenblatt am Langstiel auf.

2020 betrug die Anbaufläche mit circa 1.850 ha etwa ein Drittel dessen der Süßkirschen. Je ha wurde ein Ertrag von 83,7 dt erzielt.

Erdbeere

Erdbeeren zählen zu den beliebtesten Früchten. Als erste Frucht des Jahres wird die Erdbeere im Allgemeinen mit dem Frühlingsbeginn assoziiert. Neue Zuchtlinien und entsprechende Kulturführung ermöglichen jedoch inzwischen eine fast ganzjährige Verfügbarkeit.

FAMILIE

Rosengewächse (Rosaceae)

HEIMAT

Die Gattung *Fragaria* umfasst rund 20 Arten. Ihre Hauptverbreitungsgebiete sind warme Regionen der nördlichen Halbkugel.

GESCHICHTE

Erdbeeren hat man bereits in der Steinzeit verzehrt; im Mittelalter wurde die europäische Wald-Erdbeere (*Fragaria vesca*) großflächig vermehrt. Da die Wald-Erdbeere schnell verdirbt, muss sie innerhalb eines Tages verzehrt beziehungsweise verarbeitet werden. Durch Kreuzung der südamerikanischen großfruchtigen Chile-Erdbeere (*Fragaria chiloensis*) mit der nordamerikanischen aromareichen Scharlach-Erdbeere (*Fragaria virginiana*) gelang es um 1750, die Garten-Erdbeere (*Fragaria × ananassa*), eine sowohl großfruchtige wie auch länger haltbare Fruchtsorte, zu züchten. Aus dieser Urform wurden die heutigen Erdbeersorten gezüchtet.

BESCHREIBUNG

Mehrjährige Staude mit rosettig angeordneten langstieligen, 3-fiedrigen, manchmal 5-fiedrigen Blättern. Blätter und Sprosse mit Drüsenhaaren. Neben der generativen Vermehrung bilden Erdbeeren ausgehend von den Blattachselknospen Ausläufer, die auswurzeln und neue Pflanzen bilden (vegetative Vermehrung).

Der Blütenstand ist eine Trugdolde. Jede radiärsymmetrische Einzelblüte besitzt 5 grüne Kelchblätter, zwischen denen 5 kleinere Nebenkelchblätter stehen. Die weißen Kronblätter sind rundlich. Die zahlreichen, einzeln stehenden, kleinen, gelbgrün gefärbten Fruchtblätter mit seitenständigem Griffel befinden sich auf einem stark aufgewölbten Blütenboden. Die 20 Staubblätter mit gelben Antheren sind kreisförmig angeordnet. Nektarien befinden sich in einer Rinne zwischen dem Staubblattkreis. Die Blüten sind zwittrig und selbstfertil, jedoch ist für eine gleichförmige Fruchtausbildung sowie für die Fruchtqualität eine Insektenbestäubung erforderlich. Nach erfolgter Befruchtung entwickelt sich aus jeder Samenanlage ein Nüsschen, das dem sich weiter aufwölbenden Blütenboden außen aufsitzt. Die Erdbeere ist aus botanischer Sicht eine Sammelnussfrucht.

BLÜTEZEIT

Die übliche Blütezeit ist April bis Juni. Nach erfolgreicher Befruchtung der Samenanlagen können nach 4–5 Wochen ausgereifte Früchte geerntet werden. Durch Züchtung gibt es auch remontierende Sorten, die über mehrere Wochen Früchte hervorbringen.

STANDORT UND VERBREITUNG

Erdbeeren bevorzugen einen sonnigen, warmen und geschützten Standort. Optimal ist ein humoser, leicht feuchter, nährstoffreicher und durchlässiger Boden. Die Pflanzen vertragen keine Staunässe. Ideales Wachstum bietet ein Boden mit einem leicht sauren bis neutralem pH-Wert von 6,0–7,0.

Bedeutende Schädlinge und Krankheiten

	Pflanzenkrankheit / Schadbild	Schädling / Erreger
Tierische Schädlinge	kleine Löcher an Blatt- und Blütenblättern	Erdbeerblütenstecher (*Anthonomus rubi)*
	Blattvergilbung, verkrüppelte Früchte	Spinnmilben (*Tetranychus urticae)*
	Verticilliumwelke; Welkeerscheinung an den Blättern	Nematoden (*Verticillium albo-atrum, Verticillium dahliae)*
Mykosen	Rot- und Weißfleckenkrankheit; rote oder weiß gefleckte Blätter	*Diplocarpon earliana, Mycosphaerella fragariae*
	Mehltau; mehliger Überzug auf Blättern und Früchten	*Sphaerotheca macularis*
	Rote Wurzelfäule; Ausbildung von Kümmerfrüchten	*Phytophthora fragariae*
	Grauschimmel; weiche, braune Stellen an den Früchten, später mit grauem Schimmelpilzüberzug	*Botrytis cinerea*

Spätfrostgefährdete Lagen sollten gemieden werden. Kartoffeln oder Raps sind Wirtspflanzen für *Verticillium*-Erreger. Ein Fruchtfolgeanbau sollte daher vermieden werden.

BIENE UND BESTÄUBUNG

Auf 1 ha werden circa 40.000–50.000 Pflanzen angebaut. Bei mindestens 50–80 Blüten je Pflanze ist auf 1 ha mit rund 350.000 Blüten zu rechnen (21).

Die Blüten sind vorweiblich (proterogyn), um eine Selbstbefruchtung zu vermeiden. Sie bieten bestäubenden Insekten ein mäßiges Pollenangebot und am Blütengrund leicht zugänglichen Nektar. Die Nektarabsonderung für Wald-Erdbeeren wird mit 0,34 mg/Blüte/Tag und einer Zuckerkonzentration von etwa 45 % beschrieben, was einem Zuckerwert von 0,14 mg entspricht. Die Pollenmenge je Blüte beträgt circa 1,2 mg. Pollen- und Nektarqualität werden gemäß „Das Trachtpflanzenbuch“ (16) mit „1, wenig“ bewertet, was besagt, dass die Attraktivität für Insekten gering ist.

Da die einzelnen Fruchtblätter nacheinander reifen, sind zur vollständigen Bestäubung aller Narben (150–250) mehrere Blütenbesuche erforderlich. Zur kommerziellen Bestäubung werden meist Hummelvölker eingesetzt. Eine Beobachtung des Sammelverhaltens von Honigbienen und Hummeln zeigt jedoch, dass Hummeln die Blüten mehrfach, jedoch punktuell besuchen. Honigbienen hingegen laufen kreisförmig über die Blüten von innen nach außen, um alle Nektarquellen zu erreichen. Daher ist beim Einsatz von Honigbienen eine gleichmäßige Ausreifung des Blütenbodens und daraus sich ergebend der Erhalt formschöner Früchte wahrscheinlicher.

Für eine erfolgreiche Befruchtung beziehungsweise Vollertrag im Freiland sind mindestens 1 Bienenvolk/ha (optimal 2 Bienenvölker/ha) und 2–4 Hummelvölker/ha erforderlich. Alternativ können 6 Hummelvölker/ha eingesetzt werden. Im geschützten Anbau sind je 1.000 qm 1 darauf abgestimmtes Bienenvolk und 2 Hummelvölker aufzustellen.

FRUCHT

Sammelnussfrucht mit zahlreichen kleinen Nüsschen. Nach erfolgter Befruchtung geht von der Samenanlage ein hormoneller Reiz aus, der den Blütenboden stark anschwellen lässt und eine Scheinfrucht bildet. Je zahlreicher die einzelnen Samenanlagen befruchtet werden, desto ausgeformter ist die Scheinfrucht. Erdbeeren zählen zu den nicht-klimakterischen Früchten, sie reifen nach der Ernte nicht nach und müssen nach dem Pflücken innerhalb weniger Tage verzehrt oder verarbeitet werden.

HEUTIGE BEDEUTUNG UND VERWENDUNG

2020 wurden im Freilandanbau auf 11.190 ha rund 120.000 t vermarktungsfähige Erdbeeren geerntet. Dies entspricht einem Ertrag von etwa 107 dt/ha. Im geschützten Anbau wurde auf einer Fläche von 1.670 ha ein Ertrag von 190 dt/ha erzielt. Tendenziell steigt die Anbaufläche im Glashaus und Folienanbau.

Erdbeeren finden Verwendung in einer Vielzahl von Backwaren, in Fruchtjoghurt, als Konfitürenfrucht. Sehr beliebt ist sie zudem als Obst zum direkten Verzehr.

Himbeere

FAMILIE

Rosengewächse (Rosaceae)

HEIMAT

Die wilde Himbeere ist im gemäßigten bis kühlem Klima Europas sowie in Westsibirien weit verbreitet. Die meisten wilden Arten finden sich in Ost- und Südasien. Die Himbeere kommt in Höhenlagen der Alpen in bis zu 2000 Meter vor. Als Neophyt („Neubürger") ist sie in Nordamerika, Neuseeland und Grönland heimisch geworden.

GESCHICHTE

Aufgrund von Samenfunden bei Pfahlbauten aus der Jungsteinzeit wird angenommen, dass Himbeeren bereits in dieser Zeit verzehrt wurden. Ob sie bewusst angebaut wurden, geht aus den Funden nicht hervor. Plinius der Ältere erwähnt die Himbeere in seinem Werk „Naturalis historia" (um 77 n. Chr.)

Man nimmt an, dass Himbeerpflanzen um die Jahrtausendwende von den Griechen, später von den Römern aus der Nordwest-Türkei in das westliche Europa verbracht wurden.

Gezielt kultiviert und gekreuzt wird die Himbeere bereits seit 400 Jahren.

BESCHREIBUNG

Aus dem überwinternden Rhizom gehen Ruten hervor. Die ineinander wachsenden Ruten geben der Himbeere das Erscheinungsbild eines Strauches. Die Wuchshöhe dieses Scheinstrauches kann 0,6–2,0 m betragen.

Die wechselständig aus der Sprossachse hervorgehenden Fiederblätter sind gestielt und können 3, 5 oder 7 gezähnte Fiederblättchen tragen. Die Sprossachsen der Himbeere sind mit Stacheln bewehrt.

Im 2 Jahr werden zwischen Mai und August von der Sprossachse ausgehend Blütenrispen gebildet. Die zwittrigen Blüten sind radiärsymetrisch, f5-zählig mit doppelter Blütenhülle. Der stark vorgewölbte Blütenboden ist von 5 grünen Kelchblättern und 5 weißen Blütenkronblättern umgeben. Die bis zu 20 Staubblätter stehen frei.

Neben den Sommerhimbeeren, die im 2. Jahr fruchten, gibt es sogenannte Herbst-

himbeeren, die bereits im 1. Jahr Früchte tragen. Diese über einen längeren Zeitraum blühenden remontierenden Sorten können im geschützten Anbau bis zum November Blüten hervorbringen.

BLÜHZEIT

Der Blühzeitraum der Sommersorten ist von Mai bis Juli. Die Herbstsorten blühen von August bis November. In diesem Zeitraum ist die Kirschessigfliege (*Drosophila suzukii*) aktiv, so dass ein Anbau der Herbstsorten nur im geschützten Anbau möglich ist.

STANDORT UND VERBREITUNG

Wild wächst die Himbeere auf offenem Boden von Waldbrachen („Kahlschlagpflanze") und an Waldrändern in sonnigen bis halbschattigen Bereichen mit hoher Luftfeuchtigkeit und kühlen Sommertemperaturnen.

Da Himbeeren anfällig für Wurzelkrankheiten sind, vertragen sie keine Staunässe und keine langen Trockenperioden. Kulturhimbeeren gedeihen gut auf schwach sauren (pH 5,5–6,2), humusreichen, luftigen und tiefgründigen Böden. Lehmböden sind daher für den Himbeeranbau ungeeignet. Kultiviert werden Himbeeren in Reihe an 3 Drähten. Die Pflanzdichte beträgt anfänglich 0,5 m bei einem Reihenabstand von 3 Meter. Im 2. Jahr ist eine Pflanzdichte von 10 Ruten je Laufmeter anzustreben. Der Standort sollte hell, sonnig bis halbschattig sein.

BIENE UND BESTÄUBUNG

Auf 1 ha befinden sich bei einem Pflanzabstand von 0,5 m und einem Reihenabstand von 3 m 4000–5000 Scheinsträucher mit je circa 10 Fruchtruten. Bei einem gewünschten Fruchtbehang von nahezu 100 % und etwa 30 Blüten/Rute wären 1,2–1,5 Mio. Sammelblüten/ha erfolgreich zu befruchten.

Bei einer durchschnittlichen Nektarmenge von 17–22 mg/Blüte/Tag, einem durchschnittlichen Zuckergehalt von 24–42 % und daraus resultierend einem Zuckerwert von 3–7 mg sind Himbeeren sehr gute

Trachtpflanzen und werden von verschiedensten Insekten gerne besucht. Der Honigwert wird mit 117–122 kg/ha angegeben. Die Blüten sind pollenreich; an Pollen stehen täglich 0,2–1,1 mg mit einem hohen Stickstoffwert von circa 4,6 % zur Verfügung (14).

Die besten Befruchtungsergebnisse ergeben sich bei einer Befruchtung der Samenanlagen in den ersten beiden Tagen nach Blütenöffnung. Die Effektive Bestäubungsperiode wird mit 5 Tagen angegeben.

Durch die hohe Nektarmenge besteht die Gefahr der Rußtaubildung, wenn der Nektar nicht vollständig entfernt wird. Da Hummel oft Restnektar an der Blüte belassen, ist von einer reinen Hummelbestäubung abzuraten. Insbesondere im geschützten Anbau sind daher Bienenvölker die geeignetere Alternative.

Die Blüte des Himbeer-Scheinstrauches erstreckt sich über 3–4 Wochen. Ein Besatz von 2 Bienenvölkern oder 6 Hummelvölkern ist ausreichend. Eine Kombination von 2 Bienenvölkern mit einer Wildbienen-Einheit (500 Kokons *Osmia bicornis*) ist vorteilhaft.

FRUCHT

Die Himbeere ist eine Sammelsteinfrucht. Aus jeder befruchteten Samenanlage geht eines der Steinfrüchtchen hervor, die dann miteinander verwachsen. Da sie lose am Blütenboden anhaften, können die Früchte leicht von ihm getrennt werden.

Da die Früchte nicht nachreifen, können sie nur reif geerntet werden und benötigen eine sofortige Kühlung. Der Verzehr beziehungsweise die Verarbeitung soll innerhalb einer Woche erfolgen.

Die Himbeerfrucht ist sehr kalorienarm und eine geschätzte Frucht im direkten Verzehr sowie in Süßspeisen jeglicher Art.

HEUTIGE BEDEUTUNG UND VERWENDUNG

2020 wurden in Deutschland auf 971 ha Anbaufläche insgesamt 7136 t Himbeerfrüchte geerntet. Eine Aufschlüsselung dieser Zahlen ergibt, dass im Freiland auf einer Fläche von 576 ha 2148 t (3,73 t/ha) im Vergleich zum geschütztem Anbau auf einer Fläche von 395 ha 4988 t (12,63 t/ha) und somit fast die vierfache Menge geerntet wurden.

Der Pro-Kopf-Verbrauch lag im Jahr 2021 bei 1,1 kg.

Bedeutende Schädlinge und Krankheiten

	Pflanzenkrankheit / Schadbild	Schädling / Erreger
Tierische Schädlinge	Vektor für Sekundärinfektionen wie Rutenkrankheit; verbräunte Rutenabschnitte	Himbeerruten-Gallmücke (*Thomasiniana theobaldi*)
	Früchte werden weich und verlieren ihre Form, weiße Fäden ragen aus den Früchten	Kirschessigfruchtfliege (*Drosophila suzukii*)
Mykosen	Rutenkrankheit; zuerst Flecken-, später Streifenbildung	*Didymella applanata, Leptosphaeria coniothyrium*
	Wurzelfäule; Welkeerscheinung, Kümmerwuchs	*Phytophtora* sp.
	Fruchtfäule; mausgrauer, staubiger Pilzüberzug	*Botrytis cinerea*

Johannisbeeren

Johannisbeeren sind beliebte Gartenfrüchte. Es gibt sie in vielfältigen Sorten und Farbausprägungen. Im Erwerbsanbau haben nur die rot- und schwarzfruchtigen Sorten eine Bedeutung.

Die Rote Kultur-Johannisbeere (*Ribes rubrum*) entstammt aus einer Kreuzung der heimischen Ursprungsart *Ribes rubrum* mit der Felsen-Johannisbeere (*Ribes petraeum*) und der Troddel-Johannisbeere (*Ribes multiflorum*). Weiße Johannisbeeren sind lediglich eine Farbvariante der roten Art. Die Schwarze Kultur-Johannisbeere (*Ribes nigrum*) ist aus der vorhandenen Wildform optimiert worden. Ihren deutschen Namen erhielten die Pflanzen aufgrund der Fruchtreife früher Sorten um den 24. Juni: dem Geburtstag von Johannes dem Täufer.

FAMILIE

Stachelbeergewächse (Grossulariaceae)

HEIMAT

Weltweit umfasst die Gattung *Ribes* etwa 140–160 Arten. Hauptverbreitungsgebiete sind die nördlichen gemäßigten Waldformationen Europas, Sibiriens und Nordamerikas.

GESCHICHTE

Johannisbeeren sind seit dem 16.–17. Jahrhundert vor allem in England in Kultur. Der Apotheker und Botaniker Jacob Theodor Tabernaemontanus (1520–1590) beschreibt in seinem „Neuw Kreuterbuch" die Wirkungen der Schwarzen Johannisbeere. Dementsprechend wird diese Art in den Gärten vorwiegend als Heilpflanze, später als Obst angebaut. Erst mit Beginn der 2. Hälfte des vorigen Jahrhunderts setzte ein nennenswerter Obstanbau der Johannisbeeren ein.

BESCHREIBUNG

Johannisbeeren zählen zu den echten Sträuchern. Ihre Wuchshöhe beträgt circa 1 m (Rote Johannisbeere) beziehungsweise 1–1,5 m (Schwarze Johannisbeere). Sie verzweigen sich unmittelbar an der Basis. Die besten Fruchtqualitäten der Roten Johannisbeere erhält man an den 1-jährigen Fruchtruten. Mit zunehmendem Alter werden die Triebe kürzer und schwächer und dementsprechend reduziert sich die Fruchtqualität. Schwarze Johannisbeeren tragen ausschließlich am 1-jährigen Fruchtholz Früchte. Entsprechend ist ein starker Winterschnitt entscheidend für Traubenlänge, Beerengröße und damit auch für die spätere Pflückleistung.

Die Rinde der jungen grün-braunen Triebe ist leicht behaart, die Rinde älterer Zweige rötlich braun bis grauschwarz. Die langstieligen Blätter wachsen wechselständig, die Blattspreite ist 3- bis 5-lappig, die Blattränder leicht gezähnt. Die Blütenstände sind hängende Trauben beziehungsweise Schirmtrauben, die meist zwittrigen Blüten sind radiärsymmetrisch. Die f5-zähligen Kelchblätter sind an der Basis miteinander verwachsen, leicht behaart und zurückgeschlagen. Die 5 grünlich weißen Kronblätter sind deutlich kleiner als die Kelchblätter. Im becherförmigen Blütenboden (Hypanthium) sind deutlich 5 radiärsymmetrisch angeordnete Staubblätter präsentiert. 2 miteinander verwachsene Fruchtblätter bilden einen

unterständigen Fruchtknoten. Dieser enthält eine Vielzahl von Samenanlagen.

Die meisten Sorten sind selbstfruchtend, doch steigert die Fremdbestäubung den Ertrag deutlich.

Eines der großen Probleme von Johannisbeeren ist das „Verrieseln". Hierunter versteht man das Abfallen einzelner Blüten besonders im unteren Drittel des Blütenstandes. Die Ursachen hierfür können unzureichende Bestäubung der Blüten, ungünstige Witterungsverhältnisse (kühl, feucht), fehlender oder schwacher Rückschnitt sowie sortenbedingt sein.

BLÜHZEIT

Rote Johannisbeere blüht von April bis Mai, Schwarze Johannisbeere von Mai bis Juni.

STANDORT UND VERBREITUNG

Als Flachwurzler stellen die Pflanzen keine hohen Ansprüche an die Bodengründigkeit. Umso wichtiger ist die Beschaffenheit der Bodenoberschicht. Johannisbeeren bevorzugen einen schwach sauren Boden. Er sollte gut durchlüftet, der Humus- und Nährstoffgehalt recht hoch sein. Zur Blüte- und Fruchtreifezeit ist eine hohe Bodenfeuchte ein entscheidender Faktor. Winterkälte wird gut vertragen. Während der Blütezeit hingegen können Fröste zum Total-Fruchtverlust führen. Halbschattige bis sonnige und windgeschützte Standorte sind zu bevorzugen.

Wildformen der Schwarzen Johannisbeere sind selten. Sie finden sich in feuchten Regionen (Bruchwald, Auwald, Flussufer) auf humus- und nährstoffreichen leicht sauren

Böden. Wildformen der Roten Johannisbeere bevorzugen nährstoffreiche, humose, kalkhaltige Böden. Sie sind als Wildform nur noch in wenigen Regionen in Europa und Nordasien anzutreffen. Meist finden sich verwilderte Kulturformen.

BIENE UND BESTÄUBUNG

Rote Johannisbeeren werden in Spindelerziehung mit einem Pflanzabstand von 30–35 cm (eintriebige Erziehung) oder 60–75 cm (dreitriebige Erziehung) oder 1 m bei Heckenerziehung angepflanzt. Schwarze Johannisbeeren werden in Heckenerziehung mit einem Abstand von 1,5 m gesetzt. Der Reihenabstand beträgt in der Regel 3 m. Auf 1 ha werden rund 3.200 Sträucher der Roten und circa 2.500 Sträucher der Schwarzen Johannisbeere kultiviert.

Bei guter Wasserversorgung sondern die Nektarien große Mengen für Insekten leicht zugänglichen Nektars ab. Die tägliche Nektarproduktion je Blüte beträgt bei der Roten Johannisbeere im Mittel 2,1 mg mit einer Zuckerkonzentration von 16–32 %, für die

Bedeutende Schädlinge und Krankheiten

	Pflanzenkrankheit / Schadbild	Schädling / Erreger
Tierische Schädlinge	Triebe welken und sterben ab	Johannisbeerglasflügler (*Synanthedon tipuliformis*)
	Schwarze Johanisbeere: Triebverkahlung, starker Seitentriebwuchs (Hexenbesen)	Johannisbeergallmilbe (*Cecidophyopsis ribi*)
	Fraßschaden an Blättern	Stachelbeerblattwespe (*Nematus ribesii*)
Mykosen	Mehliger Pilzüberzug über Blätter, Triebe und Früchte	Amerikanischer Stachelbeermehltau (*Sphaerotheca mors-uvae*)
	Blattfallkrankheit; fleckige, später sich gelb verfärbende Blätter	*Drepanopeziza ribis*
	Rotpustelkrankheit; kräuselige Blätter, absterbende Triebe	*Tubercularia vulgaris*
	Johannisbeersäulenrost; bräunlich fleckige Blätter, frühzeitiger Blattfall	*Cronartium ribicola*

Eine Virose, die Brennnesselblättrigkeit, tritt bei Schwarzen Johannisbeeren deutlich häufiger auf als an roten Sorten.

Schwarze Johannisbeere 3,1–13,7 mg bei einer Zuckerkonzentration von 9–26 %. Daraus ergeben sich tägliche Zuckerwerte von 0,7–5,4 mg.

Mit 0,2–0,3 mg je Blüte ist die Pollenmenge sehr gering (16). Nektar- und Pollenmenge werden mit „mittel (2/1)" bewertet. An windigen Standorten ist die Sammelaktivität auf die Morgenstunden beschränkt, da der Blütenbecher in den Mittagsstunden keinen Nektar vorweist und hierdurch kein Sammel- und Bestäubungsflug in der Kultur stattfindet.

Sofern ausreichend Nektar vorhanden ist, verbleiben die Insekten in der Kultur. Bei attraktiven Konkurrenztrachten wandern sie in diese ab. Um eine gute Bestäubung zu erzielen, ist ein hoher Besatz an bestäubenden Insekten erforderlich:

- Rote Johannisbeere: mindestens 4–6 Bienenvölker sowie 2 Wildbienenhotels mit je 1.000 Kokons *Osmia cornuta*
- Schwarze Johannisbeere: mindestens 4 Bienenvölker sowie 2 Wildbienenhotels mit je 1.000 Kokons *Osmia bicornis*.

FRUCHT

Beerenfrucht, mit deutlich erkennbaren erhaltenen Kelchblättern und einer hohen Anzahl winziger Samen. Der Geschmack der Beeren ist säuerlich süß, ihr Vitamin-C-Gehalt sehr hoch. Die Fruchtreife ist je nach Sorte von Juni bis August.

HEUTIGE BEDEUTUNG UND VERWENDUNG

Entsprechend Daten des Statistischen Bundesamts wurden 2020 in Deutschland auf einer Gesamtfläche von 2.117 ha 950 ha Rote/Weiße Johannisbeeren und 1.167 ha Schwarze Johannisbeeren mit einer Erntemenge von 7.449 t (Rote/Weiße Johannisbeere) und 4.521 t (Schwarze Johannisbeere) angebaut. Dies entspricht einer Erntemenge von 7,84 t/ha (Rote/Weiße Johannisbeere) und 3,87 t/ha (Schwarze Johannisbeere).

Johannisbeeren finden u. a. Verwendung für Backwaren, als Fruchtsaft, in Konfitüren, als Ergänzung in Süßspeisen wie Eis, Joghurt oder Quark, als Trockenfrüchte in Müsli- oder Getreideriegeln, als Ergänzung zu herzhaften Fleischgerichten, zum direkten Verzehr oder als Deko auf einer festlichen Tafel.

Kulturheidelbeere

Als Heidelbeere oder auch Buschbeere bezeichnet man eine strauchförmige Pflanze mit Beerenfrüchten, „die in der Heide wachsen". Diese Namensgebung bezeichnet nicht nur die Wildform der „Blaubeere" *Vaccinium myrtillus*, sondern auch die Preiselbeere (*Vaccinium vitis-idaea*) und die Moorbeere (*Vaccinium uliginosum*).

Die in Kultur genommene Heidelbeere (Kulturheidelbeere *Vaccinium corymbosum*) stammt aus Nordamerika. Europäische Wildform und Kulturheidelbeere sind leicht voneinander zu unterscheiden: Während *Vaccinium myrtillus* als 50–60 cm hoher Stauch wächst, erreichen Kulturheidelbeeren Wuchshöhen von 150–200 cm. Die Beeren von *Vaccinium myrtillus* sind deutlich kleiner, mit stark blau färbendem Fruchtfleisch, wohingegen Kulturheidelbeeren Größen von fast einer Eineuromünze erreichen und helles, grünlich gelbes Fruchtfleisch besitzen.

FAMILIE

Heidekrautgewächse (Ericaceae)

HEIMAT

Die in Deutschland angebauten Kulturheidelbeeren sind überwiegend Kreuzungen aus den in Nordamerika beheimateten Arten *Vaccinium angustifolium* und *Vaccinium corymbosum* sowie Kulturformen der genannten Elternarten.

Man findet Heidelbeeren auf sumpfigen Wiesen und feuchten Nadelwäldern sowie auf Hochmooren und Heiden, alles Standorte mit einem pH-Wert von 4,0–5,0.

GESCHICHTE

Anfang des 20. Jahrhunderts begannen die Pflanzenzüchterin Elizabeth Coleman White und der Botaniker Frederick Vernon Coville erste Züchtungsversuche mit der Wildform *Vaccinium formosum*. Bereits nach 5 Jahren konnten sie die erste großfruchtige vermarktungsfähige Sorte 'Rubel' in großen Flächen anbauen. Es folgten weitere Sorten aus Kreuzungen weiterer Wildformen.

In Europa wurden Heidelbeeren erstmalig 1923 in den Niederlanden und ab 1930 in Deutschland kultiviert.

Weitere Züchtungen folgten zu den heutigen kultivierten großfruchtigen Arten. Zuchtziele sind neben der Fruchtgröße die Fruchtqualität, hohe Fruchtfestigkeit einhergehend mit der Haltbarkeit, Fruchtfarbe mit hohem Anthocyangehalt sowie veränderte Ansprüche an die Bodenqualität wie größere pH-Wert- und Trockenheits-Toleranz. Weitere Züchtungen haben die Veränderung des Blüh- oder Erntezeitpunkts zum Ziel.

BESCHREIBUNG

Die Kulturheidelbeere ist ein je nach Art 1–4 m hoher, stark verzweigter rundlicher Busch mit spröder, rissiger Rinde. Die kurz gestielten, länglich runden bis elliptischen Laubblätter stehen wechselständig, haben eine durchschnittliche Länge von 5–6 cm, sind meist spitz zulaufend. Die Blattoberseite ist kahl, die Blattunterseite entlang der Nervatur leicht behaart.

Kulturheidelbeeren blühen überwiegend an den Seitentrieben 1. Ordnung. Die Blütenknospen erscheinen in der Mehrzahl an den

Triebspitzen, weniger an der Triebbasis. Der Blütenstand ist eine Doldentraube mit bis zu 12 gestielten, glockenartigen Einzelblüten. Die blasige Blütenröhre wird gebildet aus 5 miteinander verwachsenen weißen Blütenkronblättern. Die Blüten sind zwittrig mit je 8–10 Staubblättern, die die deutlich höheren Griffel umgegeben. Der Fruchtknoten ist unterständig und von 5 miteinander verwachsenen Kelchblättern umgeben. An der ausgereiften Frucht sind Reste der Kelchblätter als Erhebung deutlich erkennbar.

Die Größe der Beeren variiert je nach Sorte; sie sind durchschnittlich zwischen 5–12 mm breit. Einige Sorten tragen Früchte mit einer Größe von bis zu 30 mm. Auch die Anzahl der Samen je Beere variiert von 30–80 Samen.

BLÜHZEIT

Kulturheidelbeeren blühen circa 4 Wochen von Ende April bis Ende Mai. Hauptblühzeit sind die ersten Maiwochen. Auch wenn die Narbe bis zu 8 Tage empfänglich ist, muss

Bedeutende Schädlinge und Krankheiten

	Pflanzenkrankheit / Schadbild	Schädling / Erreger
Tierische Schädlinge	Fraßschaden an Blüten, Knospen und Blättern	Kleiner Frostspanner (*Operophtera brumata*)
	eingerollte Triebspitzen	Gallmücken (*Dasyneura oxycoccana, Prodiplosis (Contarinia) vaccinii)*
Mykosen	Grauschimmel; grauer Pilzrasen auf Trieben, Blüten und Früchten	*Botryotinia fuckeliana*
	Monilia-Triebsterben; absterbende Triebspitzen, Blüten oder Früchte	*Monilinia vaccinii-corymbosi*

die Samenanlage binnen 3–4 Tagen befruchtet werden. Einige Heidelbeersorten sind selbstfertil, andere benötigen eine Bestäubersorte in der Nachbarschaft. Durch die kurze fertile Phase sind für hohe Erträge Bestäuberinsekten erforderlich.

STANDORT UND VERBREITUNG

Heidelbeeren benötigen saure, humose, gut durchlüftete bzw. durchlässige Böden im pH-Bereich von 4,0–5,0 in lichter bis schattiger Lage.

Stehen keine geeigneten Bodenverhältnisse für den Anbau von Heidelbeeren zur Verfügung, können Heidelbeeren auch in einer verbreiterten Pflanzmulde oder in Pflanzkübeln mit geeignetem Substrat kultiviert werden.

BIENE UND BESTÄUBUNG

Die Aufstellung der Bestäubungsinsekten erfolgt bei einer Blütenöffnung von 5–10 %.

Bei einer Pflanzkultur von 1 m Strauchabstand und 3 m Reihenabstand befinden sich circa 2500 Sträucher auf 1 ha mit insgesamt mehr als 5 Mio. Blüten/ha.

Um einen hohen wirtschaftlichen Fruchtbehang zu erzielen, sollten 60–80 % der vorhandenen Blüten erfolgreich befruchtet werden.

Ein sicherer Fruchtbehang wird nur erreicht, wenn nach Blütenöffnung binnen 3–4 Tagen die Samenanlage befruchtet wird. Auch wenn die Blüte 6–8 Tage fertil bleibt, ist die Effektive Bestäubungsperiode mit 3–4 Tagen anzugeben.

Entsprechend der kurzen Effektiven Bestäubungsperiode und des hohen gewünschten Fruchtbehangs ist eine Mischung aus Wildbienen (*Osmia bicornis*) und Honigbienen vorzunehmen. In der Literatur werden 2–4 Bienenvölker/ha als ausreichend angesehen (22). Empfehlenswert wäre ein Besatz von 6–8 Honigbienenvölkern und 2–3 Wildbienenzuchteinheiten mit je 500 Wildbienenkokons. Treten regional und saisonal Schlechtwetterperioden auf, kann entsprechend ein Bienenvolk gegen drei Hummelvölker getauscht werden.

FRUCHT

Sobald die Samenanlage erfolgreich befruchtet ist, entsteht 2–3 Monate später eine Beere (Juli–August), die 30–80 kleine Samen enthält. Mit der Anzahl an Samen steigt auch die Größe der Beere. Durch die Insektenbestäubung kann die Anzahl der Samenkörner und damit die Größe der Früchte erhöht werden. Eine gute Bestäubung verkürzt die Reifezeit der Früchte.

HEUTIGE BEDEUTUNG UND VERWENDUNG

In Deutschland wurden 2020 auf 3.289 ha 11.301 t Heidelbeeren geerntet (Statistisches Bundesamt). Dies entspricht einer Erntemenge von 3,44 t/ha beziehungsweise 34,4 dz/ha. Das ist etwa ⅓ der gesamten Strauchbeerenproduktion (35.830 t).

Kulturheidelbeeren werden sehr stark von Witterungseinflüssen beeinträchtigt. So gibt es enorme Schwankungen im Ernteertrag. Vergleichsweise wurde 2009 mit 69,7 dz/ha die doppelte Erntemenge erzielt.

Der Pro-Kopf-Verbrauch in Deutschland liegt bei 4 kg (2019, Statistisches Bundesamt) im Jahr. Heidelbeeren finden u. a. Verwendung für Backwaren, in Milchprodukten, als Konfitüre oder Säften und den direkten Verzehr.

Pfirsich

Der Pfirsich (*Prunus persica*) ist eine der edelsten Obstarten und beliebtesten Gartenfrüchte. Ihn gibt es in vielfältigen Sorten und Fruchtformen. Im Erwerbsanbau kann der Pfirsich wegen seines hohen Wärmebedarfs nur in milden Klimaregionen angebaut werden. In der Regel gilt: Dort, wo Wein angebaut wird, kann auch Pfirsich gute Ernten hervorbringen.

Die glattschalige Nektarine (*Prunus persica* var. *nucipersica*) ist keine eigene Art. Sie ging aus einer Knospenmutation einer Pfirsichsorte hervor.

FAMILIE

Rosengewächse (Rosaceae)

HEIMAT

Pfirsich wurde bereits vor rund 4000 Jahren in Nord- und Mittelchina kultiviert.

GESCHICHTE

Über Persien (Iran) gelangte der Pfirsich nach Griechenland und Italien. Römer brachten ihn schließlich in die milden Regionen Deutschlands.

BESCHREIBUNG

Pfirsichbäume erreichen je nach Unterlage eine Wuchshöhe von 2–6 m. Im Hausgarten können sie auch als Spalier erzogen werden.

Die Zweige sind kahl und langgezogen, die Rinde der sonnenzugewandten Seite ist rot, auf der Schattenseite grün. Die wechselständig angeordneten Blätter sind 8–15 cm lang und ca. 2–4 cm breit, am Ende spitz zulaufend mit leicht gezähnten Blatträndern, in Knospenlage gefaltet. Die meist einzelnen Blüten erscheinen vor den Blättern, sie sind kurz gestielt bzw. am Zweig fast aufsitzend. Die doppelte Blütenhülle ist 5-zählig radiärsymmetrisch angeordnet. Die 5 Kelchblätter sind ganzrandig und leicht behaart, die rosafarbenen, ovalen Kronblätter meist ganzrandig. Der Blütenbecher ist glockig. In jeder Blüte befinden sich etwa 20 Staubblätter mit meist rotfarbenen Antheren. Das Fruchtblatt bildet einen oberständigen Fruchtknoten und beherbergt 2, manchmal auch 3 Samenanlagen, wobei nur 1 zur Samenreifung kommt.

Die meisten Sorten sind selbstfruchtend, doch steigert eine Fremdbestäubung den Ertrag und die Fruchtqualität deutlich. An guten Standorten ist der Fruchtansatz sehr hoch. Es sollte daher eine konsequente Fruchtausdünnung erfolgen. Idealerweise wird dies über eine Fruchtholzausdünnung (Frucht-Schnitt) nach der Bestäubungsperiode gewährleitet. Je nach Sorte wird ein Fruchtbehang von ca. 90–150 Früchten pro Baum angestrebt.

Pfirsiche fruchten am einjährigen Holz und verkahlen rasch. Ein kräftiger Schnitt nach der Ernte ist Grundvoraussetzung für einen guten Ertrag im Folgejahr.

BLÜHZEIT

Pfirsich blüht je nach Sorte sehr früh – bereits Mitte bis Ende März (Rheinebene) bis Ende April.

STANDORT UND VERBREITUNG

Optimal sind spätfrostgeschützte Südlagen mit nährstoffreichen, gut durchlässigen leichten Böden. Löss, lehmige oder mit viel Humus angereicherte Sandböden sind optimal. Auf tonreichen, schwereren Böden kann es leicht zu Gummifluss (physiologische Störungen wie z. B. des Wasserhaushalts, des Stoffwechsels) und mangelhafter Holzreife kommen. Zur Förderung der Trieb- und Fruchtentwicklung müssen auf Sandböden Bewässerungsmöglichkeiten gegeben sein.

BIENE UND BESTÄUBUNG

Im Erwerbsobstbau befinden sich bei einem Pflanzabstand von 4,5 m und einem Reihenabstand von 2,25–3 m auf 1 ha etwa 1100 Bäume (Eigenangaben). Die Blütendichte beträgt ca. 1,0 Mio. Blüten/ha mit einer Effektiven Bestäubungsperiode von 3–5 Tagen.

Angestrebt wird ein Fruchtbehang von 15 kg Früchten je Baum bzw. 16,5 t/ha. Dies entspricht einem Erntevolumen von ca. 90–150 pflückreifen Früchten je Baum und ca. 5–10 % befruchteten Blüten des ursprünglichen Blütenaufkommens.

Pfirsich ist mit einem Zuckerwert von 1–2 mg und einer Pollenmenge von 0,3–0,8 mg je Blüte (16) eine für Insekten sehr attraktive Pflanze. Die Nektar- und Pollenqualität wird jedoch mit „mittel" (2 / 2) bewertet.

Entsprechend der frühen Blühperiode und der kurzen Effektiven Bestäubungsperiode ist ein Besatz von 2–3 Bienenvölkern, 4 Erdhummelvölkern und 1 Wildbienenhotel mit 500 Kokons *Osmia cornuta* (ca. 200 weibliche Tiere) optimal. Je nach Wetterlage kann es sinnvoll sein, die Anzahl der Bienenvölker zu reduzieren und die der Wildbienen-Einheiten oder Erdhummelvölker zu erhöhen.

Bedeutende Schädlinge und Krankheiten

	Pflanzenkrankheit / Schadbild	Schädling / Erreger
Tierische Schädlinge	ausgehöhlte Frühjahrestriebe, Fraßschäden an Früchten	Pfirsichwickler (*Cydia molesta*)
	Kümmerwuchs und Absterben von Trieben und Ästen	Maulbeerschildlaus (*Pseudaulacaspis pentagona*)
	Kümmerwuchs an Trieben	Blattläuse (*Brachycaudus schwartzi, Brachycaudus persicae*)
	Wuchshemmung; Einfluss auf Blattdifferenzierung im Folgejahr	Gemeine Napfschildlaus (*Parthelocanium corni*)
Mykosen	Kräuselkrankheit; stark eingekräuselte Blätter	*Taphrina deformans*
	Pfirsich-Mehltau; weiße, mehlartige Flecken auf Früchten	*Sphaerotheca pannosa* var. *persicae*
	Monilinia-Fruchtfäulen; braune Faulstellen an Früchten	*Monilinia fructigena, Monilinia laxa*
	Pfirsichschorf; dunkelbraune Läsionen an Blättern, schwarzer, samtiger Überzug an Früchten	*Venturia carpophila*
Bakteriosen	Wurzelkropf; Kümmerwuchs	*Agrobacterium tumefaciens*
	Bakterienbrand / löchrige Blätter, fleckige verschorfte Stellen an Früchten	*Pseudomonas mors-prunorum*
Virosen	Scharka; verminderte Wuchsleistung der Bäume, verformte Früchte	Plum Pox Virus
	Ringflecken; rotbraune fleckige Blätter, später nekrotische Stellen	Prunus Ringspot Virus

FRUCHT

Rundliche Steinfrucht von 4–10 cm Durchmesser mit deutlich ausgebildeter Längsachse. Das üppig-saftige Fruchtfleisch ist weiß, gelb oder rot und löst sich im reifen Zustand leicht vom Kern. Die Fruchtreife ist je nach Sorte von Ende Juli bis Ende August.

Reife Früchte sind sehr behutsam zu lagern, da bereits bei leichten Druckstellen die Fäulnis einsetzt.

HEUTIGE BEDEUTUNG UND VERWENDUNG

2018 wurden in Deutschland 300.000 t Pfirsiche verarbeitet. Ein Vergleich der letzten Jahre zeigt einen sukzessiven Anstieg der Verbrauchsmenge.

Große Mengen werden als Frischobst vermarktet. Sie werden verwendet für Backwaren, als Fruchtsaft, in Konfitüren und lassen sich gut als Konservenfrucht für mehrere Jahre lagern. Die Kerne finden Verwendung in der Herstellung von Persipan.

Die Erntemenge in Europa betrug im Jahr 2020 3,8 Mio t.

Pflaume

Die Kulturpflaume (*Prunus domestica*) ist aus einer spontanen Kreuzung der Kirschpflaume (*Prunus cerasifera*) und der Schlehe (*Prunus spinosa*) entstanden.

Zwetschge (*Prunus domestica* subsp. *domestica*), Mirabelle (*Prunus domestica* subsp. *syriaca*) und Reneclaude (*Prunus domestica* var. *claudiana*) sind aus botanischer Sicht Unterarten der kultivierten Pflaume *Prunus domestica*.

FAMILIE

Rosengewächse (Rosaceae)

HEIMAT

Die Pflaume ist beheimatet in Vorderasien, Klein- und Mittelasien. Angenommen wird, dass bereits Alexander der Große die Pflanze von seinen Kriegszügen in seine Heimat mit-

brachte. Um die Jahrtausendwende etablierte sich Damaskus als Zentrum des Pflaumenhandels. Aus dieser römischen Provinz verbreitete sich die Pflaume ebenfalls in Italien und Griechenland. Von dort gelangte sie durch die römische Expansion nach Frankreich und Deutschland. Carl von Linné erwähnte die Pflaume erstmals 1753. Den Früchten werden verdauungsfördernde Eigenschaften zugeschrieben. Bereits vor 2000 Jahren wurde die Wirkung der Pflaumen von Marcus Valerius Martial in einem Gedicht erwähnt: „Nimm Pflaumen für des Alters morsche Last, denn sie pflegen zu lösen den hartgespannten Bauch …"

BESCHREIBUNG

Die Kulturpflaume wird als 4–6 m hoher Baum kultiviert. Frei wachsend kann er eine Größe von 9 m erreichen. Die Rinde ist braun und leicht behaart. Die Blätter sind 4–10 cm lang und länglich elliptisch, am Rand gekerbt bis gesägt.

Der Blütenstand ist eine sitzende Dolde mit meist paarigen Einzelblüten. Die zwittrigen Blüten sind circa 2–4 cm groß, radiärsymmetrisch mit 5 Kelch- und 5 weißen bis grünweißen Blütenkronblättern. Je nach Sorte sind bis zu 20 Staubblätter (Stamina) vorhanden. Das eine Fruchtblatt kann 1 oder 2 Samenanlagen enthalten, wobei sich bei erfolgreicher Befruchtung immer nur 1 Samenanlage zur Frucht entwickelt. Die Fruchtreife ist Ende August/Anfang September. Das Fruchtfleisch ist grünlich bis gelb, die Schale je nach Sorte von grünlich bis blau-violett. Der Geschmack ist leicht aromatisch bis säuerlich.

Die meisten Pflaumensorten besitzen einen 6-fachen Chromosomensatz (hexaploid). Durch diesen vielfachen Chromosomensatz sind alle Übergänge von selbstfertil bis selbststeril möglich. Untersuchungen zeigen jedoch, dass ein aus Selbstbestäubung hervorgegangener Fruchtansatz während der Fruchtfallperiode von der Pflanze eher abgestoßen wird als durch Kreuzbestäubung entstandene.

BLÜHZEIT

Blütezeit ist je nach Sorte von Anfang April bis Mitte Mai. Die Blühdauer ist sehr kurz und beträgt etwa 14 Tage.

STANDORT UND VERBREITUNG

Pflaumen benötigen sonnige, geschützte Standorte. Der Boden sollte mittelschwer, humusreich, feucht und kalkhaltig sein. Der Boden darf, insbesondere zur Blütezeit, nicht austrocknen.

BIENE UND BESTÄUBUNG

Bei Pflanzabständen mit 5 × 3,5–4 m werden auf 1 ha zwischen 500–800 Bäume kultiviert (Obstleitfaden). Die Blütendichte je ha beträgt etwa 2–3 Mio. Blüten.

Um eine optimale äußere und innere Fruchtqualität zu erreichen und um rhythmisch 2-jährig wechselnden Ernteerträgen (Alternanz) vorzubeugen, ist je m Fruchtholz ein Behang von 20–40 Früchten gewünscht. Ausgehend von der ursprünglichen Blütendichte entspricht dies 10–20 % marktfähiger Früchte je Baum beziehungsweise 25 kg/Baum.

Mit einer Nektarsekretion je Sorte von 1,4–6,5 mg/Blüte/24 Stunden, bei einer Zuckerkonzentration von 19–35 % und einem Zuckerwert von 0,3–1,4 mg. Nektar- und Pollenmenge werden als „mittel (2 / 2)" eingestuft. Der Eiweißgehalt des Pollens ist mit einem Anteil von über 25 Prozent sehr hoch (16). Die Pollenanzahl beträgt 20.000–40.000 je Blüte. Trotz einer Auskeimrate von 20–75 % (Laborwerte) ist eine erfolgreiche Befruchtung der Samenanlage durch einen einmaligen Blütenbesuch gewährleistet.

Bei einer Effektiven Bestäubungsperiode von 3–4 Tagen und einer durchschnittlichen Blühdauer von 10–14 Tagen sind 3–4 Bienenvölker kombiniert mit 6 Hummelvölkern und 2 Wildbieneneinheiten mit je 500 Kokons pro ha einzusetzen, bei Junganlagen entsprechend weniger.

FRUCHT

Steinfrucht, je nach Sorte variantenreich in Gestalt, Größe, Form und Farbe. Das saftige, grünliche bis gelbe Fruchtfleisch schmeckt süßlich bis herb. Der Steinkern ist meist ellipsoid abgeflacht mit zum Teil spitz auslaufenden Enden. Die Fruchtreife ist überwiegend im August/September.

HEUTIGE BEDEUTUNG UND VERWENDUNG

Die Welternte beträgt rund 13 Mio. Tonnen, wobei China mit 55 % der Hauptproduzent ist. In Deutschland werden bundesweit circa 4200 ha Pflaumen und Zwetschgen mit einer Erntemenge von etwa 47.000 t angebaut. Dies entspricht einem durchschnittlichen Ertrag von 111 dt/ha. Die größten Anbaugebiete für Pflaumen liegen in Baden-Württemberg, Rheinland-Pfalz und Niedersachsen (Erhebung 2020, Statistisches Bundesamt).

Pflaumen/Zwetschgen finden u. a. Verwendung für Backwaren, als Fruchtmus, als Trockenfrüchte in einer Vielzahl von Produkten oder zum direkten Verzehr.

Bedeutende Schädlinge und Krankheiten

	Pflanzenkrankheit / Schadbild	Schädling / Erreger
Tierische Schädlinge	vorzeitiger Fruchtfall	Pflaumenwickler (*Grapholita funebrana)*
	1–3 mm große Wucherungen (Gallen) an Blättern	Pflaumenblatt-Beutelgallmilbe (*Eriophyes similis)*
	stark verkrüppelte Blätter und Triebe	Blattläuse (*Brachycaudus cardui, B. helichrysi, Hyalopterus pruni* u. a)
Mykosen	Spitzendürre; abgestorbene Triebspitzen	*Monilinia laxa*
	Fruchtfäule	*M. fructigena*
Virosen	bandförmige Aufhellungen; mosaikartige Verfärbungen an Blättern	Bandmosaik-Virus (Plum line pattern)
	Narren- oder Taschenkrankheit; vorwiegend an Zwetsche; mehliger Belag an jungen Früchten; Früchte ohne Steine	*Taphrina pruni*
	Pockenkrankheit vorwiegend bei Zwetsche; ringförmige Flecken an Blättern und Früchten	Scharka-Virus

Raps

Angebaut werden sogenannter Sommer- sowie Winterraps, überwiegend jedoch Winterraps, da die Erträge bei Sommerraps deutlich unter denen von Winterraps liegen. Die Wirtschaftlichkeit von Sommerraps begründet sich auf einem weitaus geringeren Nährstoffbedarf sowie einem geringeren Aufwand an Pflanzenschutzmaßnahmen.

Die bestäubungsrelevanten Anbauflächen dienen der Saatgut- oder Rapsölgewinnung. Rapsöl zeichnet sich durch seinen hohen Anteil an ungesättigten Fettsäuren aus und erfreut sich daher als Speiseöl einer großen Beliebtheit. Neben Speiseöl wird es zunehmend auch als nachwachsender Rohstoff zur Erzeugung von Biokraftstoffen oder für technische Öle in der Industrie verwendet. Etwa drei Viertel des in Deutschland erzeugten Rapsöls werden hierfür genutzt.

FAMILIE

Kreuzblütler (Brassicaceae)

HEIMAT

Herkunftsgebiet: östlicher Mittelmeerraum. Vorwiegend kultiviert wegen des hohen Samenölgehaltes als Speise- und Lampenöl.

GESCHICHTE

Raps (*Brassica napus*) ist wahrscheinlich aus einer spontanen Kreuzung von Wildkohl (*B. oleracea*) und Rübsen (*B. rapa*) entstanden. Erste Beschreibungen deuten auf eine Verwendung von Rapsöl als Lampenöl in Indien (2000 v. Chr.) hin. Erste Anbauversuche erfolgten bereits im antiken Griechenland und im Römischen Reich.

Großflächiger Anbau für Rüböl als Lampenöl erfolgte erst im späten Mittelalter, ausgehend von den Niederlanden über ganz Europa. Im 16.–17. Jahrhundert war Raps in den Niederlanden und in Nordwestdeutschland, der nah verwandte Rübsen in Ostdeutschland die wichtigste Ölfrucht. Nach Verdrängung der Nutzung des Lampenöls durch Petroleum wurden immer wieder Versuche unternommen, Rüböl/Rapsöl als Speiseöl beziehungsweise Raps als Futterpflanze zu etablieren. Erst durch eine erfolgreiche Kreuzungslinie der „0-Sorte“ (1974) bzw. der „00-Sorte“ (1986) und somit der Beseitigung von giftigen respektive krebserregenden Stoffen wie Erucasäure und Glucosinolaten konnte Rapsöl als Speiseöl bedenkenlos genutzt werden.

BESCHREIBUNG

Blütenformel: d K4 C4 A2+4 G(2): disymmetrisch, 4 Kelchblätter, 4 Kronblätter, 6 Staubblätter in 2 Reihen angeordnet, 2 miteinander verwachsene Fruchtblätter, oberständig.

Je nach Varietät ist Raps eine 1- oder 2-jährige krautige Pflanze mit aufrechter, stark verzweigter Sprossachse am Ende, mit je einer sogenannten Traube als Blütenstand mit 20–60 Einzelblüten. Die Pflanze erreicht eine Wuchshöhe von 30–150 cm. Bezugnehmend auf Winterraps erfolgt die Aussaat im August/September mit einer Aussaatdichte je nach Aussaatzeitpunkt von 30–50 Samen/m². Das sogenannte Rosettenwachstum wird bis zur Winterruhe erreicht. Entscheidend für das spätere Wachstum und den Ertrag ist die Ausbildung einer bis zu 1,8 m tiefen Pfahlwurzel bis zur Winterruhe. Nach der Winterruhe erfolgen „nur“ noch Streckenwachstum und Ausbildung von Blüte, Frucht und Samen.

Die 4 leuchtend gelben, unverwachsenen Kronblätter bilden eine circa 0,7–1,5 cm lange Kronröhre, Griffelnarbe und Staubblätter stehen deutlich außerhalb der Kronröhre.

STANDORT UND VERBREITUNG

Raps benötigt zur ungehinderten Wurzelausbildung einen tiefgründigen Boden mit einem pH-Wert > 6,0. Tiefgründige Lehmböden sind besonders geeignet. Tonige Böden mit Neigung zur Staunässe und leichte sowie flachgründige Böden mit der Gefahr der Austrocknung mindern den Ertrag. Der Anbau erfolgt weltweit.

Aussaatzeit von Winterraps ist Anfang August bis Anfang September. Bis zur Winterruhe sollte der Rapskeimling mindestens 8 Blätter (Rosettenstadium) ausgebildet haben.

BLÜTEZEIT

Die Blütezeit von Winterraps ist Anfang April bis Ende Mai, Sommerraps schließt sich im Juni bis Juli an. Die Pflanze blüht je nach Witterungsbedingungen 2–4 Wochen, die Einzelblüte bis zu 6 Tage. Die Anwesenheit von Bestäuberinsekten verkürzt die Blühdauer auf 1–2 Tage.

BIENE UND BESTÄUBUNG

Rapspflanzen sind generell selbstbefruchtend. Sowohl windige Standorte als auch Bestäubungsinsekten erhöhen den Ertrag jedoch deutlich. Der Einsatz von mehreren Bienenvölkern kann eine Ertragssteigerung von 25–35 % bewirken. Zudem wird die Samenqualität durch Fremdbestäubung erheblich gesteigert. Rapsblüten sind sehr attraktiv für Bienen. Sie weisen einen Zuckergehalt von etwa 44–59 %, eine Nektarmenge von 0,6–1,6 mg/Blüte (= Zuckergehalt/Blüte 0,29–0,9 mg) auf, haben einen Pollenwert von 1–1,3 mg/Blüte mit einem Eiweißgehalt von 22–25 % (Gesamtstickstoffgehalt 4,3–4,9 %). Konkurrenztrachten sind bei solchen Trachtwerten unbedeutend.

Ausgehend von einer Aussaatdichte von 40 Pflanzen/m² und durchschnittlich 800 Blüten je Pflanze befinden sich auf 1 ha etwa 320–400 Mio. Blüten. Jede Blüte besitzt in der Regel mehr als 30 Samenanlagen. Die Effektive Bestäubungsperiode beträgt 4 Tage, manche Quellen wie z. B. Hortipendium erwähnen hierfür sogar nur 1–2 Tage.

Der Bienen-Völkerbedarf liegt bei 4–6 Völkern/ha zur Ölsaatgewinnung und bei 6–8 Völkern/ha zur Saatgutgewinnung (Hybridbestäubung). Ein Einsatz von Hummelvölkern oder Wildbienen ist bei der hohen Blütenanzahl nicht wirtschaftlich.

Die zu erwartende Ertragssteigerung durch Bestäubungsinsekten ergibt sich aus einer erhöhten Anzahl an ausgebildeten Schoten, einer homogenen Ausreifung der gesamten Kulturfläche und einer Verkürzung der Reifephase.

FRUCHT

Je Pflanze finden sich circa 600–950 Schoten mit einer echten Scheidewand. Jede Schote beherbergt durchschnittlich 25–30 Samen mit einem Tausendkorngewicht von circa 5 g. Die Samenreife bei Winterraps ist je nach Witterung Mitte Juli bis Anfang August.

HEUTIGE BEDEUTUNG UND VERWENDUNG

2020 wurden in Deutschland auf einer Fläche von 956.600 ha 3.514.100 t Raps geerntet. Drei Viertel der Rapsanbaufläche dienen der Erzeugung von Kraftstoffen und Industriefetten. Die restlichen 25 % werden für Futtermittel und Speiseöle angebaut.

Bedeutende Schädlinge und Krankheiten

	Pflanzenkrankheit / Schadbild	Schädling / Erreger
Tierische Schädlinge	Vergilben und Verkümmern von Schoten, die vorzeitig aufplatzen	Kohlschotenmücke (*Dasineura brassicae)*
	Fraßschäden an Kelch- und Blütenblättern	Rapsglanzkäfer (*Meligethes aeneus)*
	Lochfraß und Aufreißen des Stängels, Stängelverkümmerung	Große Rapsstängelrüssler (*Ceutorhynchus napi)*
	Larve frisst Samen in der Schote	Kohlschotenrüssler (*Ceutorhynchus assimilis)*
Mykosen	Weißstängeligkeit; weiße bis weißgraue Flecken auf Stängel und Seitentrieben	*Sclerotinia sclerotiorum*
Bakteriosen	Kohlhernie; schwach entwickelte Pflanze, geringe Standfestigkeit	*Plasmodiophora brassicae*

Speisekürbis / Zucchini

Der Speisekürbis (*Cucurbita* spp.) zählt zu den Kürbisgewächsen. Von der Vielzahl der inzwischen bekannten Kürbisarten wurden 5 in Kultur genommen (*C. pepo, C. moschata, C. maxima, C. ficifolia, C. argyrosperma*), die meisten Zuchtformen gehen aus den 3 erstgenannten Arten hervor. Neben der botanischen Unterteilung werden Kürbisarten und -sorten nach dem Zeitpunkt der Ernte in Winter- beziehungsweise Sommerkürbisse unterteilt.

Der Winterkürbis wird voll ausgereift geerntet und zeichnet sich durch sehr lange Haltbarkeit aus. Seine Schale ist fest und hart, der Stiel leicht verholzt. Sommerkürbisse hingegen werden meist im unreifen Stadium geerntet. Die dünne Schale ist weich, das Fruchtfleisch weich und faserig. Sommerkürbisse sind im Vergleich zu Winterkürbissen meist milder im Geschmack. Ihre Haltbarkeit ist in der Regel auf 3 Wochen begrenzt. Wichtige Vertreterin des Sommerkürbisses ist Zucchini (*Curcurbita pepo* ssp. *pepo* convar. *giromontiina*).

Einige der am meisten vermarkteten Winterkürbisse sind 'Hokkaido' (*Cucurbita maxima* ssp.), 'Rouge vif d'Étampes' (*Cucurbita moschata* ssp.) oder 'Ölkürbis' (*Cucurbita pepo* ssp.).

FAMILIE

Kürbisgewächse (Curcurbitaceae)

HEIMAT

In der Familie Curcurbitaceae sind 90 Gattungen und 850 Arten gelistet. Ihre Hauptverbreitungsgebiete sind vorwiegend tropische Regionen. Die meisten Arten sind klimmende Gewächse. Bedeutende der menschlichen Ernährung dienende Gemüsearten sind Gurke, Zuckermelone, Wassermelone und die variationsreichen Kürbisse. Sie werden genutzt zum Verzehr, als ölreiche Samen, aber auch als Zierpflanzen.

GESCHICHTE

Der **Kürbis** ist eines der ältesten kultivierten Gemüse. In Süd- und Mittelamerika wurde ein Anbau bereits vor 7000 Jahren nachgewiesen; Kürbis gilt seither als eines der wichtigsten Grundnahrungsmittel. Ende des 15. Jahrhunderts erfolgte der Anbau in Europa. Erstmals in der Literatur erwähnt wird „der neue Kürbis" im „New Kreuterbuch" von Leonhart Fuchs Mitte des 16. Jahrhunderts.

Interessant zu wissen

Seit vielen Jahrhunderten bis heute wird von den Maya in Mittelamerika das „Milpa- Landwirtschaftssystem" betrieben, eine Mischkultur sich unterstützender Ernährungspflanzen. Hierbei werden vorwiegend Mais, Bohnen und Kürbisse angebaut. Der Mais dient als Kletterhilfe für die Bohne. Der großblättrige Kürbis schützt den Boden vor Austrocknung. Diese Mischkultur ist so perfekt, dass sie auch als „Die drei Schwestern" bezeichnet wird.

Die **Zucchini** ist eine Varietät des Gartenkürbis (*Cucurbita pepo*). Ihre Ursprungsart ist vermutlich *C. texana* beziehungsweise *Cucurbita pepo* ssp. *texana*, der texanische Wildkürbis. Erste Anbauversuche von Zucchini in Italien datieren auf das 17. Jahrhundert. Erstmals beschrieben wurde Zucchini 1856 durch den Botaniker Charles Victor Naudin.

BESCHREIBUNG

Kürbisse und Zucchini sind kriechende, 1-jährige Pflanzen mit wechselständigen, großen, gelappten Blättern. Sie sind einhäusig (monözisch), die eingeschlechtlichen gelb-orangefarbenen, männlichen und weiblichen Blüten stehen einzeln an langen Stielen in den Blattachseln. Die männlichen Blüten sind etwas kleiner und haben einen längeren Stiel. Die weiblichen Blüten erkennt man am deutlich ausgeprägten Fruchtknoten. Wie bei allen monözischen Pflanzen ist eine Fremdbestäubung durch Pollenüberträger (vorwiegend Bienen und Hummeln) eine Grundvoraussetzung für einen Fruchtansatz.

Kelch und Krone sind 5-teilig zu einem glockenförmigen Kelch verwachsen. Die männliche Blüte besitzt 5 Staubblätter, wobei je 2 verwachsen sind und das 5. freisteht. Zusammen bilden sie einen Kegel, der den freien Zugang zu den Nektarien am Blütenboden erschwert. Die männlichen Blüten produzieren Nektar und Pollen, die weiblichen Nektar. Die 3 Fruchtblätter der weiblichen Blüte bilden einen unterständigen Fruchtknoten. Die daraus entstehenden Früchte sind 3-fächrige Beeren.

BLÜTEZEIT

Je nach Sorte blühen Speisekürbisse von Juni–August. Die Blütezeit von Zucchini ist Juni. Die Blühperiode kann 4–6 Wochen andauern.

STANDORT UND VERBREITUNG

Gezüchtete Kürbis- beziehungsweise Zucchinisorten finden sich weltweit in warmen Regionen. Wildformen sind in amerikanischen warmen Tieflandgebieten mit hoher Sonneneinstrahlung und großen Regenmengen anzutreffen.

Kürbisse bevorzugen durchlässige, humose, nährstoffreiche und warme Böden. Zur Bodenvorbereitung sollte der Boden gut gelockert und je nach Bodentyp eine Mischung aus Kompost, Pferdemist und Hornspänen (Horngrieß) eingearbeitet werden. Der Boden sollte während der kompletten Wachstumsphase gut mit Wasser versorgt werden. Je mehr Sonnenstunden auf die Frucht einwirken, desto besser ist die Fruchtausfärbung (Kürbis).

BIENE UND BESTÄUBUNG

Zucchini haben einen Platzbedarf von ca. 1–1,5 m². Die Pflanzdichte für Zucchini wird mit 12.000–13.000 Pflanzen/ha beschrieben (Doppelreihe 0,6 m auf 1,2 m). Der Platzbedarf für Kürbis ist mit circa 3 m² doppelt so hoch wie bei Zucchini. Das Blütenaufkommen/ha für Zucchini beträgt mindestens 240.000–260.000, für Speisekürbis circa 120.000–130.000.

Kürbisse stellen hohe Mengen an Nektar und Pollen zur Verfügung. Beispielhaft wird für den Gartenkürbis eine durchschnittliche Nektarmenge von 98,4 mg und eine Pollenmenge von 15.000 Pollen/Blüte angegeben. Die Zuckerkonzentration beträgt je nach Art zwischen 16,0 und 65,0 %. Die Nektarqualität wird mit „3, gut“, die Pollenqualität mit „2, mittel“ bewertet.

Die Blütenanatomie erleichtert eine Bestäubung durch blütenbesuchende Insekten: Um an den Nektar am Blütenboden der männlichen Blüten zu gelangen, nimmt das nektarsaugende Insekt zwangsläufig ein Pollenbad. Die Nektarien der weiblichen Blüten befinden sich nicht am Blütenboden, sie umgeben den Griffel. Zudem befindet sich an der Pollenoberfläche eine ölige Substanz, damit beim Blütenbesuch möglichst viel Pollen an den Insektenhaaren hängen bleibt. Selten blühen die männlichen und weiblichen Blüten einer Pflanze zum gleichen Zeitpunkt. Hierdurch wird die Kreuzbestäubung gefördert und die Bestäubung mit eigenem Pollen verhindert.

Entsprechend einer Untersuchung von Michael Rubinigg nimmt die Keimfähigkeit des Kürbispollens innerhalb von 24 Stunden rasch ab. Daher sollte die Übertragung des Pollens in den Vormittagsstunden direkt nach Öffnung der Blüten erfolgen (24). Zudem sind für eine erfolgreiche Befruchtung mehrere Insektenbesuche erforderlich. Daher ist ein hoher Insektenbesatz in der Kultur empfehlenswert.

Für eine erfolgreiche Befruchtung bzw. Vollertrag sind mindestens 2 Bienenvölker/ha (optimal 4 Bienenvölker/ha) und 2 Hummelvölker/ha erforderlich. Alternativ können 6 Hummelvölker/ha eingesetzt werden. Sind Wildbienenkokons zur Blühsaison noch erhältlich, sollten 2–3 Einheiten mit je 500 Kokons aufgestellt werden.

FRUCHT

Der Kürbis ist die Pflanze mit den größten Beeren und größten Samen. Wegen ihrer Festigkeit wird sie auch als Panzerbeere bezeichnet. Mit über 90 % Wassergehalt gehört der Kürbis zu den wasserreichsten

Gemüsearten. Die bevorzugte Erntezeit ist Juni–Oktober.

HEUTIGE BEDEUTUNG UND VERWENDUNG

Speisekürbis wurde im Jahr 2020 auf einer Fläche von 4.673 ha angebaut. Die Anbaufläche hat sich somit seit 2008 (1.640 ha) fast verdreifacht. Als Jahreserntemenge gibt das Statistische Bundesamt 86.885 t an. Hoher Zuwachs findet sich auch bei Zucchini. 2008 wurden in Deutschland Zucchini auf einer Fläche von 1.031 ha angebaut, im Jahr 2020 waren es 1.234 ha. Im Jahr 2020 wurde auf dieser Fläche eine Gesamtmenge von 46.534 t Zucchini beziehungsweise 37,7 t/ha geerntet. Für Speisekürbis betrug die durchschnittliche Erntemenge 18,5 t/ha. In italienischen Anbaubetrieben werden Spitzenerträge von 70 t/ha beschreiben (StMELF, Bayerisches Staatsministerium für Ernährung, Landwirtschaft und Forsten).

Speisekürbis und Zucchini werden frisch in einer Vielzahl von Gerichten verwendet. Sie können sowohl roh oder gekocht als auch gebraten verzehrt werden. Auch die Blüten – vorwiegend von Zucchini – gelten gebraten oder als Rohkost als Delikatesse.

Bedeutende Schädlinge und Krankheiten

	Pflanzenkrankheit / Schadbild	Schädling / Erreger
Tierische Schädlinge	Fraßschäden an Blättern und Blüten	Nacktschnecken (*Arion vulgaris* syn. *A. lusitanicus*)
Mykosen	Echter Mehltau; weiße Flecken auf Blättern und Früchten	*Erysiphe cichoracearum, Sphaerotheca fuliginea*
	Gurkenkrätze; dunkle, eingesunkene Flecken auf Früchten	*Cladosporium cucumerinum*
	Fusarium-Welke; Welken der ganzen Pflanze	*Fusarium oxysporum*
	Gummistängelkrankheit; Welke-Erscheinungen, Absterben der Pflanze	*Didymella bryoniae*
Virosen	verkrüppelte Früchte	Zucchini yellow mosaic virus

SERVICE

Quellenverzeichnis

(1) Sprengel, Konrad Christian: Das entdeckte Geheimnis der Natur im Bau und der Befruchtung der Blumen, 1793, Vieweg Verlag

(2) Sprengel, Konrad Christian: Die Nützlichkeit der Bienen und die Notwendigkeit der Bienenzucht, von einer neuen Seite dargestellt, 1811, Vieweg Verlag; digitale Kopie Unibibliothek der Universität Regensburg

(3) Deutscher Imkerbund: Interneteintrag „Bienen_Bestaeubung_Zahlen" (abgerufen Oktober 2022)

(4) Dornhaus, A., Chittka, L. (1999): Evolutionary origins of bee dances. Nature 401, 38

(5) Dornhaus, A., Chittka, L. (2001): Food alert in bumblebees (*Bombus terrestris*): Possible mechanisms and evolutionary implications, Behavioral Ecology and Sociobiology Volume 50, 570–576

(6) Westrich, P. (2019): Die Wildbienen Deutschlands, 2. Auflage, Verlag Eugen Ulmer, Stuttgart

(7) Träger, Beate, Grolje, Wolf-Rüdiger (1987): Zur Biologie von *Lucilia sericata* Meig. (Diptera, Calliphoridae) und deren Nutzung als Bestäuber von Kulturpflanzen. Hercynia NF, Leipzig 24–2, S. 152–165

(8) Pruna et al. (2019): Life cycle of *Lucilia sericata* (Meigen 1826) collected from Andean mountains, Neotropical Biodiversity, 5:1, 3–9

(9) Coulson, David & Stout, Jane C. (2001): Homing ability of the bumblebee *Bombus terrestris* (Hymenoptera, Apidae)

(10) Monzon, Víctor H., Bosch, Jordi, Retana, Javier (2004): Foraging behavior and pollinating effectiveness of *Osmia cornuta* (Hymenoptera: Megachilidae) and *Apis mellifera* (Hymenoptera: Apidae) on «Comice" pear, Apidologie, S. 575–585

(11) Menzel, R., Eckold, M. (2016): Die Intelligenz der Bienen. Verlag Knaus, München

(12) Roeder, Stefan 1, Serra, Sara und Musacchi, Stefano (2021): Effective Pollination Period and Parentage Effect on Pollen Tube Growth in Apple, Plants 2021, 10, 1618

(13) Sanzol, J., Herrero, M. (2001): The effective pollination period in fruit trees, Scientia Horticulturae 90 (2001), 1–17

(14) Heß, Dieter (2019): Die Blüte, 3. Auflage, Verlag Eugen Ulmer

(15) Corbet, SA, Williams, IH, Osborne, JL (1991): Bees and the Pollination of Crops and Wild Flowers in the European Community, Bee World Volume 72

(16) Maurizio, A., Grafl, I. (1981): Das Trachtpflanzenbuch. Verlag Ehrenwirth, München

(17) Clément, H., Le Conte, Y., Barbançon, JM., Vaissière, B. et al. (2010): Le Traité Rustica de l'apiculture. Éditions Rustica, Paris

(18) Bayrisches Staatsministerium für Ernährung, Landwirtschaft und Forsten (2014): Bayrischer Obstleitfaden.

(19) Kompetenzzentrum Gartenbau (KOGA) Dienstleistungszentrum ländlicher Raum Rheinland-Pfalz

(20) Ritter, W., Schneider-Ritter, U. (2020): Das Bienenjahr, Imkern nach den 10 Jahreszeiten der Natur. Verlag Eugen Ulmer, Stuttgart

(21) BDSE Beratungsdienst Spargel und Erdbeeren, Webseite (abgerufen Oktober 2022)

(22) Kubersky, Ulrike & Boecking, Dr. Otto (2007): „Leitfaden zur Bestäubung von Heidelbeeren", Niedersächsisches Landesamt für Verbraucherschutz und Lebensmittelsicherheit

(23) Sanzol, J., Herrero, M. (2001): The "effective pollination period" in fruit trees, Scientia Horticulturae, Vol 90, S. 1–17

(24) Dr. Michael Rubinigg (2015): Ländliches Fortbildungsinstitut LFI, Kursunterlagen

Über den Autor

Friedhelm Kemmeter, Diplombiologe, seit 2007 aktiver Bestäubungsimker in einer Vielzahl von Kulturen in Freiland, Gewächshaus und Folientunnel. Seit 2013 Vorsitzender der Vereinigung der Bestäubungsimker in Deutschland e. V. Sein Anliegen als Autor, Referent und Schulungsleiter ist, das Thema Bestäubungsimkerei als eigenständigen Zweig der Imkerei zu etablieren sowie Wissen zu biologischen Abläufen in der Imkerei und in der Landwirtschaft zu schulen.

Dank

Dass dieses Buch in Sprache und Gesamtdesign so gelingen konnte, wie es nun vorliegt, ist vor allem zwei Unterstützerinnen zu verdanken: Die hervorragende redaktionelle Betreuung insbesondere durch Frau Regina Franke als Lektorin, die mit großem Sachverstand den Texten den letzten Schliff gab, hatte mich mit viel Humor immer wieder aufs Neue zum Schreiben motiviert. Frau Barbara Hanselmann von eh-mediendesign war mit viel Geduld und Eigeninitiative beim Erstellen der Grafiken und Bearbeitung der Bilder eine zuverlässige Hilfe.

BILDQUELLEN

Bis auf die folgenden stammen die Fotos vom Autor, Grafiken gemeinsam mit sh-mediendesign.

Titelfoto: MakroBetz/Shutterstock.com
Amorella Kirsch-Manufaktur Mainz: S. 150, 151
Marcel Abuja: S. 26
Bayer AG: S. 46, 56 (Graphik sh-Mediendesign)
Bibliothèque nationale de France: S. 9
Freek Bloom: S. 48, 98
Deutscher Wetterdienst (DWD): S. 124, 125, 127
Karin Fuchs: S. 76, 86, 187
Gerard Hollander: S. 39 (2u), 120, 162, 163
Dr. Jürgen Lorenz: S. 13
Obsthof Schuhmann Ladenburg: S. 172, 173, 175
Robert Schmid: S. 119
Science Photo Library/EYE OF SCIENCE: S. 78
Science Photo Library/Power and Syred: S. 82
Alfons Strauch: S. 60 (li)
Viacheslav Lopatin/Shutterstock.com: S. 8
Schmuckelement Biene: Siegfried Lokau

Register

IMPRESSUM

Anmerkung zur Schreibweise (Gendering): Gendergerechtigkeit und Inklusion sind bei uns gelebte Praxis – bei der Auswahl unserer Themen, bei der Recherchearbeit, in der Gestaltung. Unsere Texte meinen alle. Damit unsere Inhalte jedoch gut lesbar bleiben, verzichten wir in diesem Werk auf die jeweilige Mehrfachnennung oder Anpassung der Schreibweise bestimmter Bezeichnungen an die weibliche, männliche oder diverse Form.

Die in diesem Buch enthaltenen Empfehlungen und Angaben sind vom Autor mit größter Sorgfalt zusammengestellt und geprüft worden. Eine Garantie für die Richtigkeit der Angaben kann aber nicht gegeben werden. Autor und Verlag übernehmen keine Haftung für Schäden und Unfälle. Bitte setzen Sie bei der Anwendung der in diesem Buch enthaltenen Empfehlungen Ihr persönliches Urteilsvermögen ein.
Der Verlag Eugen Ulmer ist nicht verantwortlich für die Inhalte der im Buch genannten Websites.

Bibliografische Information der Deutschen Nationalbibliothek
Die Deutsche Nationalbibliothek verzeichnet diese Publikation in der Deutschen Nationalbibliografie; detaillierte bibliografische Daten sind im Internet über http://dnb.d-nb.de abrufbar.
Das Werk einschließlich aller seiner Teile ist urheberrechtlich geschützt. Jede Verwertung außerhalb der engen Grenzen des Urheberrechtsgesetzes ist ohne Zustimmung des Verlages unzulässig und strafbar. Das gilt insbesondere für Vervielfältigungen, Übersetzungen, Mikroverfilmungen und die Einspeicherung und Verarbeitung in elektronischen Systemen.

© 2023 Eugen Ulmer KG
Wollgrasweg 41, 70599 Stuttgart (Hohenheim)
E-Mail: info@ulmer.de
Internet: www.ulmer.de
Projektleitung: Antje Munk
Lektorat: Regina Franke
Herstellung: Isabell Scherrieble
Umschlaggestaltung: Verlag Eugen Ulmer
Satz: Susanne Junker, www.redsign.de, Stuttgart
Reproduktion: time:ray, Jettingen
Druck und Bindung: Pustet, Regensburg
Printed in Germany

FSC www.fsc.org MIX Papier | Fördert gute Waldnutzung FSC® C014889

ISBN 978-3-8186-1452-2

HIER KÖNNEN SIE WEITERLESEN

Hier erfahren Sie, wie Sie Ihre Völker gut führen, Gefahren frühzeitig abwenden und Krankheiten effizient bekämpfen. Dr. Wolfgang Ritter erklärt, wann biologische und wann konventionelle Maßnahmen sinnvoll sind. Ebenso wichtig ist ihm die richtige Vorbeuge, um gesunde Völker und rückstandsfreien Honig zu erhalten.

Bienen gesund erhalten. Bienenkrankheiten vorbeugen, erkennen und behandeln. W. Ritter 3., akt. und erw. Auflage 2021. 264 S., 177 Farbfotos, 69 Zeichn., geb. ISBN 978-3-8186-0969-6

Sowohl Einsteiger als auch Fortgeschrittene erhalten hier ein sehr gutes Arbeitsmittel, das durch seine klare Gliederung bei allen Imkerarbeiten rund ums Jahr hilft!

Das Bienenjahr - Imkern nach den 10 Jahreszeiten der Natur. Ein phänologischer Arbeitskalender. Imkern in Zeiten des Klimawandels. W. Ritter, U. Schneider-Ritter. 2020. 232 S., 200 Farbfotos, 40 Zeichnungen, Klappenbroschur. ISBN 978-3-8186-1140-8.

Den ersten eigenen Honig herstellen und vermarkten mit dem Gütesiegel „Echter Deutscher Honig". Werner Gekeler, staatlicher Fachberater für Imkerei, führt Sie in diesem Leitfaden durch die Kurs- und Prüfungsvorbereitung der Honigschulung und dem Fachkundenachweis Honig.

Fachkundenachweis Honig. Gewinnung, Bearbeitung und Vermarktung. Optimale Kursvorbereitung. W. Gekeler. 2020. 128 S., 86 Farbfotos und -zeichn., 11 Tab., kart. ISBN 978-3-8186-1141-5.

Wagen Sie einen Neuanfang und machen Sie Ihr Hobby zum Beruf! Der erfahrene Berufsimker Marc-Wilhelm Kohfink hilft Ihnen bei diesem Schritt. Er gibt hilfreiche Einblicke aus seinem Berufsalltag und berichtet, welche Herausforderungen ein Berufsimker täglich meistern muss.

Imker – Vom Hobby zum Beruf. M.-W. Kohfink. 2018. 128 S., 53 Farbfotos, kart. ISBN 978-3-8186-0124-9.

In diesem Buch finden Sie Unterkünfte für Igel, Eichhörnchen, Fledermäuse, Vögel, Eidechsen, Kröten und Insekten. 30 Anleitungen zeigen, wie Sie die Nützlingsunterkünfte bauen und Ihren Garten dadurch bereichern.

Ideenbuch Nützlingshotels für Igel, Vögel, Käfer & Co. 30 Projekte von Meisenmütze bis Hummelparadies. M. Gastl. 2., aktualisierte Auflage 2022. 96 S., 44 Farbfotos, 30 farbige Zeichnungen, geb. ISBN 978-3-8186-1293-1.

Hier erfahren Sie, wie Bienenhotels richtig gut werden: garantiert bienenfreundlich und gern angenommen! Schritt für Schritt zeigt Ihnen die Autorin, wie Sie Insektenhotels selbst bauen können.

Richtig gute Insektenhotels. Nisthilfen für Wildbienen nach dem Baukastenprinzip. H. Hofmann. 2021. 128 S., 130 Farbfotos von Frank Hecker, 5 Farbzeichnungen, kart. ISBN 978-3-8186-1318-1.